地势坤，君子以厚德载物。

你一定爱读的极简未来史

㉕ Things

You Need to Know

About

the Future

〔英〕
克里斯托弗·巴纳特◎著
Christopher Barnatt

侯永山◎译

图书在版编目（CIP）数据

你一定爱读的极简未来史 /（英）克里斯托弗·巴纳特著；侯永山译. —北京：北京联合出版公司，2019.1

ISBN 978-7-5596-2816-9

Ⅰ. ①你… Ⅱ. ①克… ②侯… Ⅲ. ①科学技术—技术史—世界—普及读物 Ⅳ. ①N091-49

中国版本图书馆CIP数据核字（2018）第270731号

著作权合同登记　图字：01-2018-8465号

你一定爱读的极简未来史

作　　者：（英）克里斯托弗·巴纳特
译　　者：侯永山
责任编辑：管　文

北京联合出版公司出版
（北京市西城区德外大街83号楼9层　　100088）
三河市冀华印务有限公司印刷　　新华书店经销
字数：256千字　　710毫米×1000毫米　1/16　　印张：18.5
2019年1月第1版　　2019年1月第1次印刷
ISBN 978-7-5596-2816-9
定价：45.00元

序言

用未来的视角塑造我们的生活

未来我们将会怎样生活？人类会如何演化？这对我们来说是两个重要的问题。对于未来可能发生的很多事情，我们感到既害怕又担心。

大概到 2030 年，一对夫妻就可以自由选择孩子的性别、头发的颜色等各种各样的身体特征；各种生物塑料瓶可能会直接从树上长出来；数以亿计的人工智能或机器人会对我们俯首帖耳、唯命是从；3D 打印机会被用来大量制造各种各样的产品，甚至可以直接打印出人类的各种器官，就像现在打印照片那样；我们大部分的食物有可能在摩天大楼里种出来；人们可以活到 150 岁或者更长；而在那个时候，我们的电脑也已经能独立思考了。就像本书接下来二十五章中介绍的那样，已经出现的科学进步大有潜力，经常让人震惊不已。

我们的科技在不久之后就会帮我们去做很多我们原来觉得不可思议的事情。与此同时，像石油、淡水等自然资源的短缺也会极大地影响我们的生活。过不了十几年，我们就可能会陷入工业衰退的旋涡。不管你喜不喜欢，我们正在进入一个前所未有的技术发展时代，而与此同时，地球上的粮食开始变得越来越少。

纵观人类发展史，高级人类文明的发展从来没有像现在这样悬而未决。我们没有水晶球可以预言未来即将发生什么。尽管如此，我们仍然可以通过研究已然面临的挑战、下一代科学技术和流行趋势来洞察未来大概的样子。换句话说，我们可以把对未来的视角作为一种工具，来塑造我们的未来。

对于希望拥有未来视角和想了解未来的人而言，本书是一个工具包。在某些方面，它也是一个改变世界的宣言。从一个层面来说，我们要去检验本书二十五章里所论述的改变在未来几十年里是否会发生。更重要的层面是，这本书揭示了随着科技的发展，未来将给我们带来哪些机会。从生物能开发到资源枯竭，从太阳能开发到太空旅行，从气候变化到垂直农业，从清洁核能到电动汽车，本书将全力为你提供一个关于未来的蓝图。

不要因一棵树而忽视了广袤的森林

对于未来观察者，最危险的事情是只盯着眼前几棵自己感兴趣的树，而忽视了广袤的森林。为了避免这个错误，本书二十五章被分成五个部分，每个部分都会有一个明确的主题。

第一部分关注地球和地球资源，名为“富足时代的结束”。不管你喜欢不喜欢，我们文明的发展与扩展面临着地区资源枯竭的挑战。很多人非常关心这一点。然而，对于未来的塑造者来说，“富足时代”的终结要求我们立即行动起来，它将彻底地推动创新的历程。

第二部分转向制造业和农业，以确定“下一个工业浪潮”。从青铜时代到铁器时代到蒸汽时代，我们制造东西的主要手段一次又一次地决定了我们的生活方式。因此，这部分研究了包括纳米技术、3D 打印和合成生物学在内的关键制造业的发展。

第三部分的内容涉及未来的能源和交通，并在“为第三个千年加油”的主题下分组进行讨论。没有人确切地知道化石燃料还能维持多久，更不用说何时终止使用化石燃料了。然而，我们可以肯定的是，化石燃料不会像过去两个世纪那样成为未来文明的基石。本部分着重探讨了其他形式的动力，还讨论了如何开发太空旅行，以便于从我们的地球之外获得资源。

第四部分着重于“计算与无机生活”，内容涵盖云计算、人工智能和机器人。我们可能仍然在太空中寻找着其他智慧生命，但在接下来的几十年里，我们更有可能遇到全新智能的数字物种，这些物种完全是我们自己制造的。

最后，在“人类 2.0”的旗帜下，第五部分将探讨未来的医疗保健和寿命延长手段。我们的人口已经在迅速老龄化，而延迟退休从经济角度来说是不可取的。随着许多新的医疗方式的出现，不久的将来，许多社会规范明显需要重新调整。当我们开始控制自己的进化时，许多道德甚至宗教问题也需要得到解决。

强化你的未来意识

我们都有关于时间的意识，我们习惯于把时间分成过去、现在和未来三个部分。这说明我们每个人都有一定的未来意识。心理学家汤姆·隆巴尔多（Tom Lombardo）定义“未来意识”为思考和感觉未来的能力。而个体未来意识的差异将导致其对未来预测能力的差异。

本书旨在提高我们对未来的预测能力。通过本书，你会对未来可能出现差异的事物有更深刻的理解。虽然直接告诉你明天将不同于今日是显而易见的，但是永恒的变与不变之间的规律才是最值得被记住的。

我们的大多数远古祖先终其一生都处于大自然无休止的循环过程中。随着季节更替、岁月流逝，昼夜长短变化，气候冷热交替，在收获季和宗教节日到来之际，人们总会以一种相同且永不过时的方式进行庆祝。数以亿计的人随之出生、成长和死亡，但是他们几乎过着同一种模式的生活，区别只是名字不同而已。

对我们大多数远古祖先来说，生活更像是一个周期的循环，而不像一条向前延伸的直线。如序言图 1 所示，人们普遍认为生命将在一个有限的模式里不断重复下去。过去是这样，现在也是，而未来则往往意味着世界毁灭，只能由神来主宰。

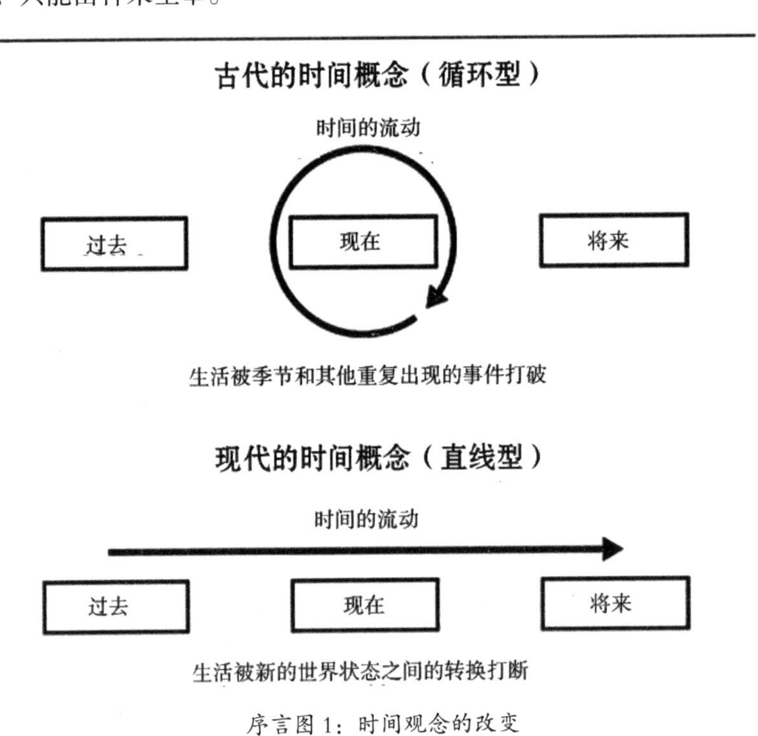

序言图 1：时间观念的改变

这种对未来感觉的区分，来自我们近代的祖先，他们不光从自然中获取资源，还从他们生活的地方开始改变世界。举例说，埃及人修建了金字塔，为后人改变了地貌。一条线性的历史由此展开，人们可以追溯金字塔建造之前、建造之时以及之后被金字塔这个巨大的坟墓改变的地平线和人们的想法。自从我们的祖先开始分辨过去、现在和未来，历史就开始像一条线那样发展了。但是，对过去、未来的严格划分，是由科技革命驱动的。铁路、汽车、飞机、互联网以及其他科技成果，更突出地体现了我们这个时代和过去那个时代的不同。今天，世界上大多数国家的人们已经习惯了看电视、打电话和上网。当然，我们也清楚地知道，对于一两代之前的人来说，我们今天习以为常的生活是多么不可思议。

消除大众的错觉

我们对过去与现在之间鸿沟的认识不尽相同，令人惊讶的是，许多人对未来的看法仍然有些狭隘。几十年来，大多数个人和组织似乎把重点放在了短期视野上，就好像文明一直在试图回归到一个周期性的，甚至是静止的时间观念点上一样。

今天，我们生活的各个方面都在急剧地发生着变化。如果我们认为文明只是简单的复制，那就需要拉响警钟了。毋庸置疑，大多数人确实希望在几年之后，穿着不同款式的服装，谈论新款的手机。然而，很少有人知道，在短短几十年里，我们现有的原材料、制造方法、能源、饮食、预期寿命和旅行的自由可能会发生根本性的变化。许多人，尤其是许多实业家、政治家和其他权威人士，确实缺乏未来意识。

人们普遍认为，未来几十年将是现在的升级，这种观点是很危险的。最近的全球性金融危机理应让我们对未来的乐观看法提出质疑。然而不幸的是，事实并非如此。

历史上从未有过房地产价格上涨、经济无限扩张的情况。永久财富也从未通过金融数学的魔力被创造出来。很多书（不限于本书）都在探讨为什么世界上大多数掌控世界的人相信这些事情已经变成现实。我说这些话的目的是想说明，我们仍然沉醉于一些更危险的大众错觉之中。不仅如此，我们似乎已经形成了一种信念，即地球的自然资源是无限的，目前的农业方法可以养活 90 亿人口，发达国家的大多数人大半生都在从事着非生产性的工作，人类的进化已经走到了尽头。

本书将解释为什么未来不会是对今天的克隆，并以此来纠正这一错误认识。接下来的二十五章内容将探索未来的发展，如电动汽车、太阳能和云计算等，在未来几年内很可能会成为寻常事物；如太空旅行、人工智能、量子计算和超人类主义，将会真正提升未来可能性的极限。因此，不可避免的是，我所谈及的二十五件事情中有些可能是不正确的。然而真正重要的是，本书能够帮助我们接触到各种各样未来的可能性和弃旧图新的动力。没有人确切地知道几十年后的世界会是什么样子。之所以这样说，是鉴于目前面临的挑战和机遇。我敢打赌，到2030年，我们生活的方方面面将与今天截然不同。

***

下个星期的彩票中奖号码是多少?

每当听众听说我是未来学家时，他们的反应五花八门。通常至少有一个非常热心的人认为“未来”这个主题令人兴奋。然而，在持怀疑态度的听众中，通常也会有一些人不好对付。有些听众甚至在我开始演讲前长篇大论地抨击我，指责我的演讲是无稽之谈。更常见的是，几个狡猾的反对者会问我能否给出下个星期的彩票中奖号码。

正如我在前文解释的那样，未来研究的目标并不是预测某个单一的、确定的未来。相反，我们的目的是尽可能多地提供可接受的选项。本书中讨论的二十五件事，每件都可能对许多人的日常生活产生重大影响。然而，面对摆在面前的挑战和机遇，哪些事件会对我们产生影响将取决于我们所有人做出的选择。

最重要的是，我希望本书能激发你的想象力。正如温斯顿·丘吉尔（Winston Churchill）曾经说的那样，“未来的帝国是思想的帝国”。这意味着，我们首先需要在头脑中构建未来，然后才能用我们的双手去创造它。有些人可能会带着恐惧、困惑和惊奇被动地展望未来；然而，有目的地展望未来无疑更过瘾，也更有益处。

克里斯托弗·巴纳特

目录 Contents

第一部分　富足时代的结束

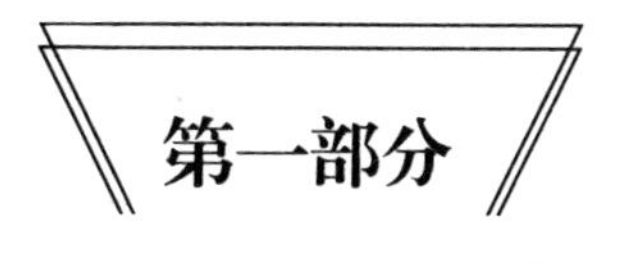

第一部分

富足时代的结束

– 第一章 –
石油峰值

当我开始写这本书的时候，一个朋友告诉我，这本书应该只包含一个主题。他半开玩笑地解释说，在他看来，关于未来，我们唯一需要知道的事情是“我们都注定要完蛋”。

未来，石油、淡水、食品和许多我们目前认为理所当然的事情是最不确定的。气候变化和人口增加也会使未来几十年的生活更加艰难。然而，即使面对这些挑战，我也拒绝接受“我们都注定要完蛋”这一日益盛行的说法。一次又一次，人类文明在巨大的逆境面前不断繁荣起来，走向伟大。我们没有理由认为这种情况不会再次发生。

对于未来的艰难不必有所担忧，但理解未来几十年所面临的挑战是至关重要的。因此，本书的开头部分就概述了富足时代的结束，我想我不必为此向读者致歉吧。但我也想澄清一点，我的本意不是散布末日论。更确切地说，我把这些材料预先安排在前面是为一些必要的东西做铺垫，这些东西使得进行根本性的改革和令人兴奋的创新成为必要。对此，本书后面的章节将做详尽阐述。

最基本的挑战

如果让我只强调有关未来的一件事，那就是石油峰值。今天，石油已经成为工业文明的命脉。因此，未来石油供应的变化将对我们的生活产生根本性的影响。

“石油峰值”指的是全球石油产量达到最高水平的时间点。在此之后，我们所剩的石油储量比我们所开采出来的要少。我们是否现在已经接近这个时间点，还是会在 10 年之后、20 年之后，或者 30 年之后接近这个时间点，这是一个极具争议性的话题。不管怎样，越来越多的证据表明，石油峰值将会在 2030 年前后到来。例如，2009 年 9 月，英国能源研究中心（UK Energy Research Centre）发布了《全球石油消耗报告》（*Global Oil Depletion Report*）。经过对 500 多项研究成果的复审、对行业数据库的分析，以及对 14 个全球供应预测的比较，得出的结论是：“2030 年之前的常规石油产量峰值很可能出现，而且在 2020 年之前出现峰值的风险非常大。”

众所周知，五十多年来，某个特定地区石油产量的上升和下降遵循所谓的“钟形曲线”。1956 年，地球物理学家马里恩·金·哈伯特（Marion King Hubbert）绘制出了第一条“钟形曲线”，用以预测美国的石油产量将在何时达到顶峰。哈伯特估计，石油产量的顶峰将出现在 1966 年至 1972 年。当时大多数人认为哈伯特的说法很荒谬。然而，他是对的，真正的高峰发生在 1970 年。

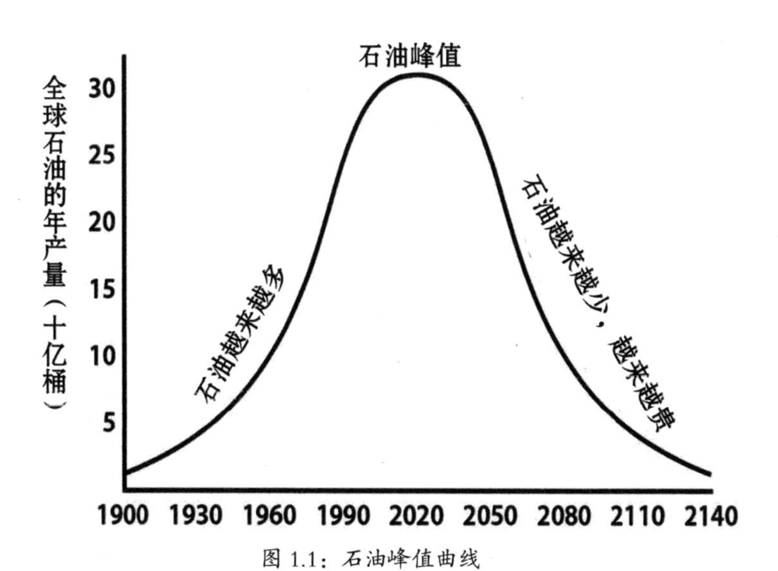

图 1.1：石油峰值曲线

图 1.1 显示了全球石油生产的钟形曲线。为了清晰起见，曲线左边给出的历史数据是近似值。正如我们看到的那样，横轴上的确切日期也存在争议。这表明，图 1.1 是大多数当前预测的象征。

石油峰值之所以重要，是因为当全球石油产量的钟形曲线达到顶峰时，石油将开始变得越来越稀缺和昂贵。也有许多评论人士预测，油价上涨将引发金融市场的石油危机。例如，网站 LifeAfterTheOilCrash 指出，当石油需求与供应之间出现 10% 至 15% 的缺口时，即可能对全球经济产生严重影响。

但石油峰值并不意味着石油耗尽，明白这一点很重要，尽管石油枯竭终究会发生。相反，石油峰值关系到非同小可的近期后果——未来 20 年内，我们将在钟形曲线上触顶。

我们对液态黄金的依赖

所有的工业化社会都是以石油为基础的。事实上，要强调人类文明对石油的依赖程度是相当困难的。首先，石油是个人出行的生命线，在一些国家中，私家车用油几乎占到了石油消耗总量的 50%。石油也被用于农药生产，以及耕种、收割、包装和运输我们的大部分食物。基于这些原因，自 2002 年以来，许多发达国家的每卡路里热量都需要消耗大约 10 卡路里的石油能量。许多日常用品也都是用石油生产的，比如全部或部分用塑料或尼龙制成的物品，甚至是柏油路面。

在普通人家或工作场所，你会发现自己置身于至少部分从石油中获得的物品之中。在你的视野中，大部分东西至少经历了一次靠石油驱动的旅程。想象一下你的日常生活，如果每件有塑料外壳的物品都被移走会是什么景象，更不用说所有的电脑、手机和其他电子设备了。DVD 是由石油制成的，许多地毯和家具面罩也是如此。我们身上穿的大部分衣料至少有些是油基材料制成的，甚至纯棉衣服通常也会有尼龙纽扣或配件。洗涤剂、大多数化妆品和许多药品也在一定程度上依赖于石油，大量的包装材料也是油基材料制成的。因此，一旦石油匮乏、价格昂贵，我们的世界将变得面目全非。

根据国际能源署（International Energy Agency，IEA）的数据，世界目前每年消耗40亿吨石油（约300亿桶石油）。预计到2030年，需求量将翻一番，仅中国就占了这一预期增幅的一半。全球对石油的依赖程度是惊人的。

的确，我们在不断地发现新的石油来源。然而，总的说来，我们发现和开采新的石油的速度很慢。因此，我们正在消耗现有的石油储备。正如保罗·罗伯茨（Paul Roberts）在他的著作《石油的终结》（*The End of Oil*）中所阐述的那样，自1995年以来，新发现的石油储量仅占全球石油消耗速度的40%左右。石油发现与消耗之间的差距也在不断扩大。

很显然，我们不能寄希望于无限期地发现新的石油储备而继续大肆消耗石油。最终，当全球石油产量开始下降并持续走低时，我们必定会到达那个时间点。毕竟图1.1所示的石油峰值和钟形曲线所表示的就是这个意思。

2009年，利用英国石油公司发布的《世界能源统计年鉴》（*BP Statistical Review of World Energy*），网站www.theoildrum.com收集数据并发表了一篇文章，直言不讳地指出了我们所面临的形势。文中写到，到2009年，全球54个石油生产国和地区中，只有14个国家仍在增加石油产量，另外30个国家的产量将达到顶峰，剩下的10个国家的产量处于持平或下降状态。

还剩下多少石油?

目前世界上大约有7万个油田。其中，25个巨型油田产量约占常规石油产量的四分之一，100个油田产量占石油生产总量的一半。多数大型油田的产量也远远超过了峰值水平，它们的产量平均每年至少下降6.5%。要填补这种产出空缺，就需要相当于每三年出现一个新的沙特阿拉伯。几乎没有人奢望能够发现更多新的巨型油田。

尽管石油产量容易计算，但对于地下究竟还有多少石油仍存在许多争议。同样重要的是，要区分石油储量，即经济上有望开采的石油储量和预估总量，后者包括了不一定能开采的石油资源。

对石油储量的估计常常被分为“已探明的”“很可能的”和“可能的”三种。然而，这些术语在使用时界限不清。据一则广为传播的报道称，世界现存石油储量大约是 1.2 万亿桶。这一数字与迄今为止全球石油产量的总和大致相同。据估计，目前已探明的、很可能的和可能的石油储量，即“终极可采资源”（URR），可达 4 万亿桶。也就是说，大约 2.3 万亿桶的最高估计数很具有代表性，而且似乎是最可信的。因此，“还剩下多少石油”的答案是“在 1.2 万亿桶到 2.3 万亿桶”。

据报道，石油储量在逐年增加。然而，需要明白的是，这种“储量增长”主要是对已知油田规模原始估计的重新审定，而不是发现了新油田。此外，还有许多影响石油储量估算的经济和政治因素。

例如，世界上大多数主要的石油生产国都是石油输出国组织（OPEC，简称欧佩克）的成员。在 1985 年，欧佩克的石油储备估计有 4000 亿桶。然而，当时欧佩克决定，每个成员国允许的石油生产和销售配额都应由其已探明的储量决定。随后，每个欧佩克成员国都对自己的石油储备进行了重新评估，这就意味着到 1986 年，欧佩克拥有 7000 亿桶石油储备。在 2009 年末，欧佩克估计已探明石油储量的成员国储量仅略高于 1 万亿桶，并声称这占全球已探明石油储量——约 1.33 万亿桶的 80% 左右。欧佩克对石油储量可能估计过高，这一度引发巨大的争议。几个知名的消息来源指出，欧佩克已探明的石油储量不超过 9000 亿桶。

在现有油田储量增长的报告中，有些是可信的。原因有二：一是因为油价上涨，原来开采成本过高的石油资源得以被开采；二是随着石油提取技术不断改进，一些早期的巨型油田的规模似乎被低估了。也就是说，储量增长仅限于大型油田、老油田和陆上油田，这意味着我们不应该指望它能继续增长下去。

非常规石油

目前，几乎所有对石油储量的估计都只集中在石油上，有时也被称为“常规石油”。然而，那些在石油峰值辩论中持乐观态度的人认为，对所谓的“非常规石油”的开采，可能会填补石油供应量减少所留下的缺口。

石油是一种很容易流动的液体，可以在不经过处理的情况下被泵出。相比之下，非常规石油的黏性要大得多，需要处理或稀释后才能提取。非常规石油包括“重油”，以及从油砂、沥青砂（沥青）和油页岩中提取的石油。从沥青砂中提取石油不仅是经过论证的，而且在技术上是可行的。例如，自2006年以来，加拿大从沥青砂中提取的石油日产量已超过100万桶。

尽管约80%的常规石油储备位于中东，但比例大致相同的非常规石油储备却在委内瑞拉、加拿大和美国。据估算，这些国家可能拥有超过3万亿桶的非常规石油资源。但从技术上和经济上来说，可能只有相对较少部分可以开采。

即使将技术上和经济上的限制忽略不计，许多其他因素也可能限制非常规石油的开采。首先，环境压力可能会阻碍许多地区的非常规石油开采。其次，非常规石油的开采所需的能源消耗也比传统石油高三倍，因此这使得其开采环保性更低、成本更高。此外，使用非常规石油的碳排放量要高于传统石油，这一点也让人们很担心。

英国能源研究中心的《全球石油消耗报告》确实考虑到了非常规石油。然而，即便考虑到这一点，该报告仍明确地得出结论，2030年之前的峰值可能不只是常规石油生产，而是包括“所有的石油生产”。

理解含义

根据目前全球每年约300亿桶的石油消耗水平，以及所剩石油可能在1.2

万亿桶到 2.3 万亿桶的现状，所有常规石油将在未来 40 年至 75 年内消耗殆尽。然而，正如已经指出的那样，预计到 2030 年，全球石油需求量将翻一番。即使那时的石油供需大致持平，常规石油产量也会在 25 年到 40 年后降至非常低的水平。

增加一些可实施的非常规石油开采，上述的估计年限可延长 10 年甚至更长时间。然而，即使再有 50 年，也不足以让我们的文明摆脱对液态黄金的依赖。我们还需要记住的是，当我们达到全球石油产量下降的峰值，需求开始超过供应的时候，我们将会感受到这一影响。

许多评论人士预计，我们将在 2030 年之前达到石油峰值，全球石油供应紧张，油价大幅上涨很可能在此之前发生。例如，国际能源署在 2008 年曾警告称，全球金融危机之后，许多项目的取消或推迟将会造成近期石油供应紧张。2010 年，英国政府前首席科学家大卫 · 金爵士（Sir David King）也预测，全球石油需求最早将在 2014 年开始超过供给。2009 年，一支由易卜拉欣 · 萨米 · 那萨维（Ibrahim Sami Nashawi）带领的科威特大学团队也估计 2014 年到达石油峰值。在易卜拉欣 · 萨米 · 那萨维的领导下，该学术团队基于对哈博特的油田产量钟形曲线模型的改进，阐释了技术变化、生态、经济和政治对所有主要产油国的生产趋势的影响。

2010 年，据英国劳埃德保险公司和英国皇家国际事务研究所发布的一份白皮书预测，中期石油供应危机已出现端倪。这份重量级的出版物还强调，一些人预计石油峰值最早将在 2013 年出现，伴随而来的油价飙升每桶超过了 200 美元，这种可能性绝非危言耸听。

峰值后的石油价格上涨将会带来重大的影响。首先，这将导致所有或部分石油制品价格的上涨。其次，石油价格的上涨也会带来其他商品价格上涨，因为大多数商品的运输成本增加了。然而，石油供需之间日益扩大的差距所带来的后果，则可能是最严重的。

多数预测表明，石油峰值过后，石油供应量将会在每年下降几个百分点。这也可能是在全球石油需求量不断上升的情况下出现的。对经济学家来说，未来的供应 / 需求差距可能会因价格上涨而被“固定”，因为一些消费者用不起石油了。然而，目前石油对我们的运输、农业和工业生产系统至关重要，因此其对所有需求的影响都可能是严重的。例如，第四章讨论到，如果一些农民为了提高粮食价格而减产，进而导致粮食产量下降，那么大范围的饥荒就很可能会出现。

关于石油峰值的辩论

应对未来石油峰值挑战的唯一有效措施是平稳地过渡到后石油经济。这个过渡显然需要几十年，而不是几年。因此，石油峰值问题需要尽快提到政治和工业议程上来。

尽管目前迫切需要的是达成广泛的共识和采取一致的行动，但到目前为止，围绕未来石油供应的争论已经形成了两种截然不同的派系。一方面，我们有所谓的“早期石油峰值论者”，他们认为我们的石油储量约为 1.2 万亿桶，并将在 21 世纪内达到峰值；另一方面，还有“晚期石油峰值论者”，他们认为我们的石油储量已经超过了 2 万亿桶，并普遍认为，日益先进的提取技术将使以前无法开采的常规和非常规石油资源得到充分利用。因此，许多晚期石油峰值论者将石油峰值推迟到 2030 年，甚至更晚。

上述段落表明了两个完全对立的立场。但遗憾的是，事实并非如此。从根本上来说，我们见证了一场激烈的辩论，一派认为后石油经济将在 10—20 年后到来，另一派则相信 20—30 年之后它才会到来。对于那些寻求政治选举或计划中期投资或个人事业的人来说，这两种时间跨度可能会有很大的不同。然而，对于更广泛的文明而言，从这两种观点中得到的信息是，现在我们就需要着手对以石油为基础的经济实施转型，以盘活目前的非经济型储备。毕竟，即便是最乐观的晚期石油峰值论者也预测近期油价会大幅上涨。

***

后石油经济的机遇

在这一章的开头，我承诺不会散播悲观情绪，仿佛厄运即将到来似的。诚然，石油峰值是一个严重的问题，将对我们今后几十年的生活产生重大影响。然而，我们也有很多方法可以把未来的最大问题转化为未来的机遇。

最明显的是，人类可以通过开发和利用新的能源和新的交通工具以应对石油峰值的到来，从而让局势峰回路转。比如第三部分将要详述的，风能、波浪能、太阳能、核能和动能都将在第三个千年中各显神通。又如第二部分所概述的，纳米技术和合成生物学也为我们提供了人工合成新燃料的希望。扩大种植转基因作物会提高粮食产量，同时降低使用基于石油的杀虫剂的需求。

从更广泛的意义上来说，已经有一些迹象表明工业文明能够并且将会更节省能源和资源。例如，第十六章所陈述的云计算技术已经使我们能够以数字化的方式进行通信和贸易，从而减少了人们和物品的来回移动。此外，第十章也提到，我们有可能在城市地区种植一些粮食，从而缩短粮食运输的距离。

最后，几乎所有我们用来应对气候变化的措施都可能有助于我们向后石油经济的转型。事实上，目前我们正在努力减少温室气体的排放，这也是我们应对石油峰值影响的最佳策略。

气候变化及其影响，以及我们未来的应对措施，恰好是下一章的内容。

- 第二章 -
气候变化

本书中提到的许多主题可能会让你大吃一惊。不过，用一个章节专门讨论气候变化问题则并不显得奇怪。

除了石油峰值，气候变化是我们面临的另一个大挑战。气候变化对我们未来的粮食和水的供应有着直接和严重的影响。展望未来，气候变化及其应对措施也将推动许多技术创新，对此，本书在其他章节将进行详述。

本章回顾了一些最广为接受的气候变化科学、信息和预测。目前，本书的一些材料在某些地区仍存在争议。然而，许多政府和其他机构正开始制定相关政策以应对气候变化及其可能产生的影响。无论证据的合法性如何，为应对气候变化所产生的新的立法机制和商业策略将会影响到我们所有人。从这个意义上说，全球民众意识到气候正在发生变化，这种意识的日益增长与实际气候变化本身一样重要。

气候变化及其影响

根据政府间气候变化专门委员会（Intergovernmental Panel on Climate Change，IPCC）的说法，现在有大量证据表明气候系统变暖是毫无疑问的。目前全球平均温度比一个世纪前高了 0.74℃。经过测量得知，几十年来，全球平均气温在持续上升。

气候正在发生变化，因为燃烧化石燃料和其他一些工业活动正在增加大气中温室气体的含量。这种高浓度的温室气体会导致太阳热量的增加。因此，政府间气候变化专门委员会预测，到 2100 年，全球平均气温将上升至少 1.1℃，最高可达 6.4℃。

全球气温上升几摄氏度，可能听起来并不太多。然而，在世界的许多地区，这些变化预计将导致降雨量大增，夏季更干燥、更闷热，干旱也会增加。因此，气候变化对农业的影响将是严重的。例如，国际水稻研究所（International Rice Research Institute）估计，在未来几十年里，占人类 60% 主食的大米产量可能会下降 4%—13%，谷物产量也有可能下降。例如，在气温上升 2℃之后，南欧的农作物产量预计将下降 20%。第四章将更深入地探讨气候变化对未来粮食生产的影响。

尽管气候变化将导致全球平均气温上升，但有些地区可能会变得更冷。冰雪的融化已经导致进入北冰洋的淡水数量的增加。反过来，人们担心，这可能已经在减缓一种被称为“北大西洋暖流”的墨西哥湾暖流。这股暖流向欧洲输送热量。然而，由于冰川融化，海洋中盐浓度的降低可能会限制北大西洋暖流所依赖的温盐环流的过程。因此，英国和其他北欧国家的平均气温可能在 20 年内下降 5℃或更多，因而欧洲北部地区的未来是更热还是更冷仍处在争论之中。

我们确切知道的是，两极地区的冰川融化正在导致海平面上升。在过去的一百年里，海平面已经上升了 17 厘米。政府间气候变化专门委员会预测，气候变化将导致全球海平面上升至少 18 厘米，到 2100 年最高可达 59 厘米。

在世界的大部分地区，如果天气不好，海平面上升将导致洪水泛滥。在许多地方，海平面上升也会把干涸的土地变成湿地，把湿地变成开阔的水域，侵蚀海滩，增加河口的盐浓度。事实上，据估计，由于全球变暖导致的冰原融化或坍塌，最终可能会威胁到耕地，而全球每二十个人当中就有一个人依靠耕地生活。

全球大约有 1 亿人生活在海拔不到一米的地方。因此，政府间气候变化专门委员会预测，海平面上升将会带来非常严重的后果。例如，大约五分之一的孟加拉国将会被洪水淹没。政府间气候变化专门委员会还预言，由于气候变化，7.5 千万—2 亿人将面临洪水风险。许多大城市都建在江河之上或靠近大江大海的地方，当全球气温上升 3℃或 4℃时，上升的海平面将威胁到许多重要的城市，包括伦敦、上海、纽约、东京和香港。

由于海平面上升，一些岛国将完全消失。太平洋上的图瓦卢（Tuvalu）的珊瑚岛已经面临被海水淹没的事实。因此，该国正计划将 1.1 万名居民迁往新西兰。

气候变化也将对环境产生更广泛的影响，许多生态系统可能严重受损或被摧毁。政府间气候变化专门委员会估计，如果全球平均气温上升 2℃，15%—40% 的物种将面临灭绝。一些气候模型甚至预测，如果全球气温再上升一点点，亚马孙雨林将受到严重的破坏。

温室气体的水平

温室气体在大气中保存热量不仅是一个自然过程，还是地球生命生存的必要条件。事实上，如果没有温室效应，地球的平均气温可能会低至零下 18℃，而不是现在的平均约为 15℃。

大气中存在的几种气体导致地球能保存热量。最重要的是，水蒸气就是一种温室气体。然而，随着工业化进程的加快，真正重要的是二氧化碳、甲烷和一氧化二氮。它们在大气中持续聚集。大多数温室气体排放来自燃烧化石燃料、制造水泥、清理土地和农业生产。具体来说，当我们燃烧石油、天然气、煤炭和木材时，二氧化碳就会释放出来。在制作水泥时，石灰石中也会释放出二氧化碳。其中涉及的化学过程，再加上窑中燃料的燃烧和其他一般能源需求，这意味着水泥工业产生的二氧化碳排放量约占全部二氧化碳排放量的 5%。

此外，为获取木材而砍伐树木，以及为开辟耕地及人类定居地而焚烧泥炭地和森林，也会产生大量的二氧化碳。树木、其他植被和泥炭地能吸收和储存二氧化碳，它们的毁灭会将二氧化碳释放回大气层。事实上，根据全球林冠项目科学家的说法，目前正在进行的森林砍伐造成了大约 25% 的二氧化碳排放量。

甲烷是一种比二氧化碳效果更强的温室气体，在煤、天然气和石油的生产过程中被释放出来。垃圾填埋场、水处理厂会释放甲烷，所有牲畜和其他动物的消化系统也会释放甲烷。而燃烧化石燃料、使用肥料以及其他一系列工业活动则会释放一氧化二氮。

温室气体的浓度以二氧化碳的百万分比来衡量，其他气体的浓度也照此衡量。今天，大气中温室气体的总浓度约为百万分之四百三十。其中二氧化碳的浓度大约为百万分之三百八十。相比之下，早在 18 世纪中期工业革命之前，二氧化碳的浓度为百万分之二百八十。1958 年，著名的气候学家查理斯·大卫·基林（Charles David Keeling）开始进行详细的测量，当年大气中二氧化碳的浓度为百万分之三百一十七。即使每年的全球二氧化碳的排放量保持稳定，到 2050 年，大气中二氧化碳的浓度也可能达到百万分之五百五十。然而，全球二氧化碳排放量实际上正在迅速上升，这意味着到 2035 年大气中二氧化碳的浓度可能就能达到百万分之五百五十。大多数预测表明，这将导致全球气温上升 2℃以上。正如上文已经说明的，即便全球温度只升高超过 2℃，其后果也可能相当严重。

如果人类不想失去对气候变化的控制，那么每年全球温室气体排放量就需要减少，与地球移除这些气体的自然能力保持平衡。2006 年，提供给英国政府的《斯特恩报告》对我们的选择进行了详细的分析，它特别提出了一个现实的目标，试图将温室气体浓度控制在百万分之四百五十到百万分之五百五十。如要将这个温室气体浓度上限稳定在百万分之五百五十，就要求全球温室气体排放量在下个十年（2021—2030）达到峰值，到 2050 年将其降至目前水平的 25% 以下。为了将温室气体浓度稳定在百万分之四百五十，需要排放量在这十年（2011—2020）达到峰值，每年下降 5%

以上，那么到2050年其可降至目前水平的70%以下。所有这些主张都明确要求全球迅速行动起来，从根本上做出改变。例如，斯特恩的研究表明，到2050年，发电企业必须脱碳60%—75%，以确保温室气体排放稳定在或低于百万分之五百五十的温室气体水平。

应对后果

不管我们现在采取什么措施，气候变化都将持续几十年，由气候变化引发或加剧的紧急状况所造成的损失越来越大。例如在英国，每个下雪天和冬天极端天气造成的经济损失就高达2.3亿到6亿英镑。这样糟糕的日子还将增多——当北大西洋暖流无法进入，欧洲北部变冷时，情况更糟。如果情况继续恶化，与天气有关的灾害，如2005年的卡特里娜飓风和2011年的澳大利亚洪水可能会变得更加频繁。目前，卡特里娜飓风仍然是历史上由天气造成的损失最惨重的自然灾害。然而，这种悲惨的纪录将会继续被打破。

面对气候变化，灾后重建计划和准备工作需要加快步伐。2010年9月，英国政府意识到了这一点，将重心从单纯的减缓气候变化转向适应气候变化。其政府公告包括保护发电站免受洪水侵袭的计划，以及在干旱的夏天保护医院免受水资源短缺的影响。这些适应气候变化的措施将不可避免地导致我们所有人的税收提高和物价上涨。

在接下来的两章中，我们将了解到许多国家需要采取行动，努力保护他们未来的饮用水和粮食供应。我们还应该想到，由于农作物产量下降以及极端天气对农业生产的破坏，粮食价格可能会持续上涨。

在工业化国家，人们吃肉的压力可能会增加。这将有助于减少两方面的温室气体排放。一方面，它将减少农场动物的甲烷排放；另一方面，它将减少森林砍伐。根据绿色和平组织（Greenpeace）的数据，在2004—2005年，超过290万英亩的亚马孙雨林被摧毁，变成种植动物饲料的土地；同时，每生产一磅汉堡就要毁掉220平方英尺[①]的雨林。

面对气候变化，一些行业，如保险业，也需要从根本上重新考虑他们的商业模式。例如，在今天，大多数财产保险覆盖所有的风险；在未来，除了火灾险和盗窃险，洪水险和天气损害险也会成为独立险种。事实上，如果不发生这种情况，那么许多财产将变得不可投保。

在不久的将来，大多数国家可能会花费数亿美元、英镑、欧元或日元用以改善防洪措施和减少海岸侵蚀。例如，英国环境局指出，到2035年政府将不得不每年花费超过10亿英镑用于这些项目。然而，这样的代价很有可能被认为太大，因为随着气候变化的影响，公民还是不得不搬迁。决定这条界线的位置将会成为一个重大的政治问题。到21世纪中叶，政治家们甚至可以承诺国家的哪一地区需要保护，哪一地区没有必要保护，哪一地区保护起来太费钱，并在此基础上进行竞选活动。

更紧迫的是，规划实施中需要更加关注气候变化。例如，在英国的洪泛平原上，房屋建造继续有增无减。这必须叫停，我们需要建造完全不同类型的住宅，它们要能抵御不可避免的、经常不断的洪水。在建筑行业，能够应对这种设计上的挑战的公司会有更大的发展前途。如果哪家公司开发出全新的建筑方法以减少对水泥的依赖，那么，这家公司同样会大获成功。让现有的建筑和基础设施适应气候变化是建设方面另一个巨大的挑战和机遇。事实上，根据《斯特恩报告》，每年仅在经济合作与发展组织（Organization for Economic Co-operation and Development，OECD）国家中，这样的建筑工程费用可能在15亿到1500亿美元。

阻止未来的气候变化

与那些消除引起气候变化之因素的措施相比，从根本上应对气候变化

① 1平方英尺约为0.09平方米。

的措施对我们生活的影响可能较小。除非公众激烈反对，否则，大多数政府现在会采取重大的气候变化缓解措施。这可能会创造新的行业和机会，然而，由于政府的行动，我们大多数人需要改变生活方式。

对于政府来说，最行之有效的措施是鼓励或诱导人们和企业提高他们的能源效率。由于石油峰值和资源枯竭，能源价格在未来几十年将大幅上涨。如果直接或间接地对碳排放征税变得可能，那么能源价格将会进一步上涨。虽然转而利用风能、波浪能、太阳能和核能将有助于我们减少温室气体的排放，但未来这些替代能源将比目前燃烧化石燃料所获得的能源要贵得多。因此，毫无疑问，大多数人的生活方式将不得不减少能源消耗。

幸运的是，技术发展将会让我们的生活变得越来越节能。低能耗灯泡的能耗比传统灯泡低 80% 左右。几年之后，我们甚至能用上更高效的 LED 灯泡。

据估算，欧盟的低能耗灯泡有可能每年减少 2000 万吨的碳排放。因此，欧盟于 2009 年禁止生产和进口 100 瓦磨砂白炽灯泡也就不足为奇了。随着许多其他种类的电器变得更加节能，未来类似的举措是不可避免的。今天，我正在一个低能耗的 41 瓦的个人电脑和显示屏上输入这些文字。相比之下，一年前，我是在非常普遍的能耗是 220 瓦的台式电脑上输入文字。我们所有人都有很多机会减少能源消耗。考虑到并行交付带来的成本节约，用不了多久，我们中的许多人会购买低能耗的电子设备。

人们通过提高能源效率来减少对能源需求是一个方面，但更重要的是改变生活习惯。不断上涨的能源价格可能在一定程度上促使人们转变观念，更多的人会在不使用电器时关闭电源。他们甚至可能减少一些自驾游，少吃进口食品，因为这些食品在到达我们的餐桌上之前要旅行几千英里。然而，教育和说服大多数人为了保护明天的世界而停止旅行和消费可能是极其困难的。

正如上一章阐述的，在几十年之内，常规石油的供应将会受到越来越多的限制。然而，煤炭和潜在的非常规石油的供应将会持续几十年。毫无节制地消耗这些相对丰富的能源会使排放到大气中的温室气体更多，从而进一步加剧气候变化。发电站可以安装碳捕获设备以减少二氧化碳的排放量。然而，说服那些需要使用该技术的厂家同样会很困难，因为这样做会使他们的能源成本更加高昂。中国经济增长的 80% 是由煤炭推动的，目前计划新建 544 座燃煤发电站。西方的道德权威提醒东南亚国家，不要像西方国家那样以污染为代价去实现工业化，但收效甚微。

道德权威的缺失不可避免地导致森林砍伐，而森林砍伐加重了温室气体的排放。目前，我们每年砍伐约 5000 万英亩[①]的雨林，这相当于英格兰、苏格兰和威尔士面积的总和。这相当于把大约 20 亿吨二氧化碳释放到大气中。这个排放量远远高于全球运输业（包括航空业）的排放量。正如全球林冠项目的负责人安德鲁·米切尔（Andrew Mitchell）所指出的，“热带森林是气候变化起居室里的大象[②]”。

大量证据表明，大幅减少森林砍伐是延缓未来气候变化的最低廉的手段之一，问题是如何付诸实施。正如已经指出的，对肉类需求的增长推动了土地的开垦，以种植动物饲料。从某种程度上来说，每个人都可以为减少森林砍伐出一份力。然而，如果要说服印度尼西亚、巴西和刚果的人们转向其他行业，就迫切需要大量资金和国际支持。我们不能指望这些国家摧毁它们的经济，除非更广泛的世界为它们提供一种切实可行的替代行业，并且这个行业对我们所有人的未来都有影响。

地球工程解决方案?

我们的政治家们不太可能就减少全球碳排放的措施达成一致。在未来的几十年里，大气中的温室气体含量可能会继续显著增加。当（如果）这种情形发生的时候，我们将需要一个更彻底的应对气候变化的办法，已经

① 1 英亩约为 4047 平方米。

② “起居室里的大象”，指显而易见却被人们刻意回避及无视的问题。

提及的任何办法都无济于事了。事实上，当今许多人之所以反对那些应对气候变化的措施，是因为他们认为我们将来能够在全球范围内实施宏大的技术性解决方案。

未来的“地球工程”已经提出了控制气候变化的方案，包括液化工业排放的二氧化碳，并将它们埋在地下，或者培育新的海洋藻类来吸收海洋中更多的二氧化碳。或者如第七章阐述的，也许有一天，可以建立以纳米技术为基础的温室气体过滤工厂，从大气中提取多余的温室气体。从战略上来说，这些工厂遍布全球，它们有可能将温室气体浓度恢复到工业化以前的水平。而另一个最雄心勃勃的气候变化解决方案可能涉及在太空中建造太阳帆。

地球接收到的太阳辐射水平几乎是不变的。气候变化已经开始发生，因为大气中温室气体浓度的增加导致地球保留了过多的热量。为了防止这种情况发生，目前讨论的所有气候变化缓解措施都试图控制温室气体排放水平。然而，基础物理学告诉我们，如果太阳辐射量减少，我们就能幸福地生活在更高的温室气体浓度中。

从理论上来讲，巨大的太阳帆可以建造在轨道上来遮蔽地球，阻止我们接收到过多的太阳辐射。虽然面积巨大，但可能只需要用几百个原子厚的塑料或金属制成。今天制造这样的帆是不太可能的，然而，在第七章中讨论的纳米技术的发展表明，太阳帆的建造可能在未来十几年内成为可能。

2001 年，肯尼斯·伊·罗伊（Kenneth I.Roy）在空间技术和应用国际论坛（Space Technology and Applications International Forum）上发表的一份白皮书指出，10 万平方千米的太阳帆可能足以让人类控制气候变化。这样的帆也有可能产生电力传送到地球。即使有了今天最好的空间访问技术，在地面上建造这样的帆并将它们送入轨道也是不太可能的。事实上，据罗伊说，10 万平方千米的帆可能重达 4000 万吨。因此，太阳帆必须在太空中建造，而且可能使用从月球或小行星上开采的原材料。

太阳帆听起来不可思议，而且造价非常昂贵。但是，在20世纪60年代初，人类首次登陆月球，而那次登月计划并未抱有拯救地球的野心。目前，用太阳帆解决全球变暖难题可能还只是一个荒唐的想法。然而几十年以后，相对于彻底地改变人们的生活方式，包括说服数十亿人少消费和减少旅行，太阳帆可能是个更可行的选择。

***

学会关心未来

在接下来的几十年里，气候变化将对我们所有人产生越来越大的影响。对一些人来说，这些影响将仅限于食品价格的上涨，以及极端天气带来的偶尔的轻微破坏。然而，对于世界人口中不幸的大多数来说，气候变化将导致洪水、干旱以及由此造成的食物和水的短缺。毫无疑问，世界上较贫困地区的许多人将死于气候变化所导致的灾害。

人类在应对气候变化方面所面临的困难是，让当今越来越多的人开始关心未来的全球人口。作为20世纪资本主义研究领域的思想领袖，著名经济学家约翰·梅纳德·凯恩斯（John Maynard Keynes）曾辩称："从长远来看，我们都已死亡。"他的推论是，企业、政府和个人可以忽视其行为的长远后果，这样可能带来几十年的便利。然而，凯恩斯和他的追随者忽略了一个简单的事实，从长远的角度来看，我们的孩子及其后代将仍然活着，并将承受我们当前自私愚蠢所造成的后果。与2008年的金融危机一样，气候变化也足以让我们抛弃20世纪那些"衣冠禽兽"所宣扬的短期经济逻辑。这一点在英国政府的《斯特恩报告》中彰显出来。该报告最令人吃惊的开场白之一是，人们接受了"气候变化是有史以来最严重、最广泛的市场失灵"的说法。随后，该报告根据经济逻辑所提出建议的方式可谓相当离奇。

除了石油峰值，气候变化有一种不可能消失的物理确定性，我们必须行动起来。考虑到全球人口的增长，石油峰值和气候变化都可能对未来的农业生产和淡水供应产生重大影响。因此，接下来的两章将讨论未来可能出现的粮食短缺和所谓的“水峰值”现象。

- 第三章 -
水峰值

不管信不信，每个人都听说过气候变化。即使他们不知道“石油峰值”这个词，大多数人都知道最终我们将耗尽石油。然而，跟一般人提到“水峰值”这个词，最常见的反应是一脸茫然。

水峰值指的是我们达到可用淡水供应的自然极限的时间点。超过水峰值意味着对淡水的需求将开始超过供给。根据联合国的数据，到 2025 年，将有 18 亿人面临“绝对缺水”的局面，全球三分之二的人口可能面临淡水供应紧张或限制。

我们星球上有些地区的淡水显然比其他地区的淡水多。因此，世界上不同的地方将会在不同的时间达到当地的水峰值。联合国认为，全球 43 个国家约有 7 亿人生活在缺水的环境中。目前，所有这些人都居住在非洲、南亚和其他干旱频繁的地区。然而，中国和欧洲的部分地区现在也被联合国列为“中高级别缺水地区”。

遍地有水吗?

当第一次听到水峰值时，许多人的最初反应是难以置信。就像他们经常争论的那样，世界上超过三分之二的地方都被水覆盖着！在太阳系中，我们的地球有时甚至被称为“蓝色星球”。与石油和其他化石燃料不同，大多数水在被消耗后还会自然再生。那么，我们的水会不会用完呢?

据估计，地球上大约有14亿立方千米的水。然而，大约97%的水是咸的，不适合农业或人类饮用。此外，绝大多数的淡水都被冻在了极地冰囊里，其余的大部分都在土壤中，或者在地下很深的地方，无法获取。因此，可供人类和其他所有陆地生命饮用的淡水少得可怜，淡水来自湖泊、溪流、降雨、融雪、冰川融水和可开采的地下水和地下蓄水层。诚然，这一全球储备仍然非常庞大，然而，它的分布也很不均匀。

随着时间的推移，几乎所有当地的淡水资源都会自然地补充。这是通过地球的水文循环、降水、地表径流和从海洋到陆地的大气湿度的转移而发生的。然而，在特定的气候条件下，任何特定的淡水资源的补给速度几乎是固定不变的。因此，如果用水量超出它们自然的补充水平，所有的淡水资源都将面临它们自己的产量峰值。

图3.1为地下水蓄水层单一水源的潜在水峰值曲线。如图所示，蓄水层的自然补给水的获取遵循钟形曲线，其产量超过顶峰就不可避免地下降到自然补给水平。

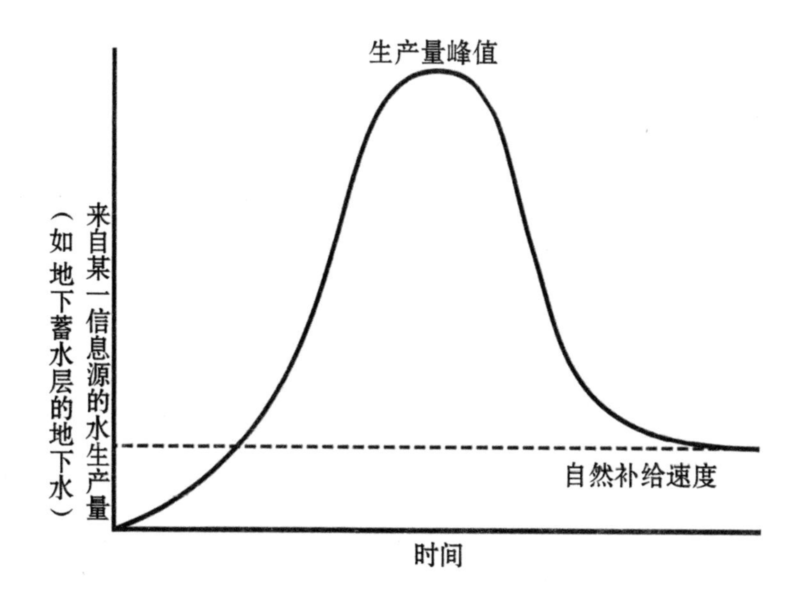

图3.1：水峰值曲线

一些地下水蓄水层的补给相当迅速，因此，其自然补给水平很可能高于图 3.1 的垂直轴。然而，其他所谓的“化石地下水”来源已经积累了数千年，自然补给要么很慢，要么根本没有。例如，美国奥加拉拉蓄水层和沙特阿拉伯的乌姆拉德马（Umm Er Radhuma）没有有效的自然补给能力，最终将被抽干。

世界上许多地区已经或即将面临地下水的生产高峰。例如，德里、拉贾斯坦邦和印度的许多其他地区都依靠地下水资源，而地下水的消耗速度几乎是自然资源补给的两倍。其他过度开采地下水蓄水层的国家包括中国、伊朗、以色列、墨西哥和西班牙。

总的来说，世界上大约一半的人口生活在地下水位下降的国家，在某些地方，这种情况正以惊人的速度发生。例如，位于中国华北平原腹地的河北省，其蓄水层不断下降。更糟糕的是，在印度北部的古吉拉特邦，地下水位每年的下降速度比中国河北省更快。由于这些地区的水井要么已经干涸，要么每年都需要加深，农业将不可避免地受到影响，危机逼近。

大部分不是来自地下蓄水层的水是从湖泊和溪流中获取的。当雪或冰川融化的时候，这些水源通过降雨和径流得到了自然补充。然而，如果用水的速度超过了其补给速度，那么湖泊和溪流仍然会出现产量峰值，如图 3.1 所示。毋庸置疑，大多数开放性水源的自然补给速度都高于垂直轴。

水、气候变化和环境

不幸的是，人类对淡水日益增长的需求并不是造成供应压力的唯一因素。正如上一章所详述的，气候变化也将对此产生越来越大的影响。即使全球气温有微小变化也足以改变降雨强度和持续时间，导致湖泊蒸发得更快，从而引发更多的干旱。在未来几十年里，由于冰川减少，依赖冰川融化径流的社区也会面临当地的水峰值。随着全球气温升高，气候变暖，饮用水的需求也会增加，灌溉系统的需求量也将增加，因为以前由雨水自然灌溉的农作物需要人工灌溉了。

在世界的某些地方，人类、农业和工业的用水量也开始造成潜在的不可逆转的环境破坏。2009年，太平洋研究所（Pacific Institute）试图通过引入“生态水峰值”来强调这一危险。正如《世界水资源报告》（*The World’s Water*）所指出的，人类的每一个新的用水项目同时“降低了水支持生态系统的作用，并削弱了其服务人类的能力”。那些暂时被占用或移动的水源曾经是陆地生物、鸟类、水生植物和动物的栖息地。

当某个地区消耗的水超过了生态可维持的峰值时，其影响可能是非常严重的。例如，自1900年以来，世界上一半的湿地已经消失。这不仅导致了许多物种的灭绝，还导致了许多人类居住的旱地地区洪水泛滥。河流因提供饮水和农业灌溉而枯竭，这经常导致自然植被缺水，继而导致野生动物的食物短缺和栖息地的丧失，最终造成土壤侵蚀。

在20世纪，人类对淡水的消耗增加了9倍。一些预测表明，我们现在正在利用几乎一半的可再生和可获得的淡水资源。如果我们的用水量继续增加，那么必然会对许多生态系统造成严重破坏，其结果不言而喻。

水峰值的影响

水峰值是未来的一个挑战，其影响非常广泛，包括对人类和非人类。人类文明所消耗的大约8%的水用于饮用和基本的家庭用途。在大多数发达国家，这种国内供应在未来可能会受到更大的限制，但不会有断供危险。然而，在许多地区，粮食生产所需的大量水资源的供应却很难说。

人类用水至少有70%被用于农业。例如，生产一吨粮食所需的水量约为1000吨，而生产一吨大米所需的水量高达5000吨。在任何降雨不足的地区，所有或部分的水必须通过灌溉提供。因此，一些主要的农业地区目前过度用水将在未来引起严重后果。

例如，世界银行（World Bank）报告称，中国海河流域的用水量超出了其自然补给量。一旦水资源枯竭，预计每年供应缺口达400亿吨。这意味着该地区的粮食收成将减少4000万吨，这些粮食足以养活约1.2亿人。从中国的总体上来看，小麦和粮食产量在1997年达到了顶峰，两种主要农作物的产量都在下降，部分原因就是缺水。

印度的情况可能更糟。例如，在印度南部的泰米尔纳德邦（Tamil Nadu），水位下降已经导致小型农场95%的水井干涸。在全国范围内，集约耕作方式使印度的小麦和水稻总产量仍然保持增长态势。然而，在全国大部分地区地下水位下降的情况下，用不了十几年，灌溉用水的缺失可能会导致粮食产量下降。印度已经处在粮食供应和消费紧缺的边缘，这很可能会导致一场人道主义灾难。

我们将在下一章了解到，水峰值只是可能限制未来全球粮食供应的挑战之一。然而，随着水资源短缺变得越来越严重，它将不可避免地影响到农业以外的领域。前联合国秘书长潘基文多次警告说，用不了几十年，缺水将威胁到经济增长、人权、健康和人身安全以及国家安全。

国内水供应不足对健康和安全的潜在影响是不言而喻的。而水峰值将导致粮食短缺，其影响更是不可低估。虽然水供应不足对更广泛的工业和经济上的影响可能不会那么明显，但也不能小觑。

许多工业过程都是高度耗水的，大约22%的水用于工业。例如，在生产金属、化学品、纸制品和电子元件时需要大量的水。在煤炭、石油、天然气和其他燃料的开采以及大多数发电系统的运行中，水也是至关重要的。事实上，美国的燃料生产和发电行业的用水需求仅次于农业。

2010年3月，由国际民调公司（Globe Scan）和商业智库可持续发展组织开展的一项对1200名可持续发展专家的调查报告显示，未来的水资源短缺将“推动全球产业转型”。正如可持续发展专家杰夫·埃里克森（Jeff Erikson）所指出的，淡水稀缺将渗透到商业的方方面面。例如，目前计划在中国建立新工厂的任何公司都需要考虑喜马拉雅冰川的融化，这些冰川是中国最重要河流的源头。与此同时，美国的制造商未来可能不得不将工厂从越来越干燥的西南地区重新搬回水资源丰富的大湖地区。

水峰值解决方案

“水峰值”这个词正越来越多地被用来表示水稀缺性情况，与石油峰值的情况类似。在某些方面，采用同样的术语是必要的，尤其是当它有助于提高商业和公众意识的时候。然而，未来的石油和水资源的稀缺是非常不同的，从而需要一些不同的解决方案，认识到这一点也很重要。

与水不同，石油的使用几乎完全是消耗性的。换句话说，除了一些塑料的回收，一旦我们使用了石油，它就被烧掉了，不能再使用了。相比之下，几乎所有的用水都是非消耗性的。然而，有些水在使用过后，可能在几百年甚至几千年之内人类无法饮用；但如果有足够的时间和技术支持，即使是工业污染最严重的水资源也有可能再次被使用。

虽然将石油从地球的一个地方输送到另一个地方很合算，但长距离运输大量的水是不可能的。这意味着，与石油形成鲜明对比的是，在许多地方，水会变得越来越稀缺，而在其他地方，水则很充足。对许多人来说，水峰值的最大后果将不是当地缺水，而是来自世界各地的食品和其他商品的供应减少，因为食品和其他商品的供应地出现了干旱。这可能是欧洲等地区将面临的一个大问题，因为欧洲已经依赖于从他国进口食品，如印度、南非和埃塞俄比亚，而这些国家已经面临缺水的挑战。我们所有人都会受到水峰值的影响，只是方式不同而已。

我们应对石油峰值的长期解决方案主要涉及开发和采用替代燃料和制造材料。与此相反，淡水的替代品并非唾手可得。对于那些住在海边的人来说，海水淡化厂将是一个选择，而有些地区已经建设了海水淡化厂。目前，海水淡化的成本非常高。然而，正如第七章所讨论的，在未来，纳米技术的发展可能会让海水淡化变得很划算。

石油峰值和水峰值的共同点就是要求我们必须更有效地利用每一种资

源。为此，一些研究水峰值的人认为，我们需要走“更温和的道路”。这将需要发展一种更一体化、更持久的方法，以制造出传统上依赖水的产品。

例如，主张采取更温和路线的人建议我们开发更节水的洗涤和卫生设施，而不是继续走我们目前的“硬路”，如建造更多的水坝、水泵、管道和水处理厂。许多国家可以把用水量与水质相匹配，在许多降雨丰富的国家，住宅可以利用雨水冲洗厕所和浇花园。同样，一些农业和工业用水的需求可能会从回收的废水中得到满足，而不是使用被提纯的饮用水。

水峰值近在眼前

短期内，对于发达国家的大多数人来说，水峰值不可能带来直接的、局部的影响。但值得注意的是，水资源短缺已经远远超出了传统的干旱地区。例如，2010 年 9 月，几家新闻机构报道说，塞浦路斯已经成为欧洲第一个体验水峰值的国家。

位于地中海的塞浦路斯大约有 100 万人口，也是数百万人的年度旅游目的地。传统上，岛上的水源来自地下蓄水层。然而，由于海水侵入，这些水源已经枯竭了。这些含水层的水变咸，不适合饮用了。植被也因此受到严重影响，有些地区 50% 的树木因缺水而死亡，继而土壤侵蚀也开始对土地造成损害。

在经历了四年的干旱之后，2008 年，塞浦路斯政府不得不花费 3900 万美元从希腊进口好几油轮的淡水。即便如此，每家每天也只有几个小时的供水。整个岛上的许多农场动物都死了。

正如塞浦路斯的水开发主管索福克瑞斯·阿尔特拉里斯（Sofoclis Aletraris）告诉美国有线电视新闻网（CNN）的，该国的“水文化”正在发生变化，现如今，没有哪名塞浦路斯人还会将水视为寻常之物。塞浦路斯政府现在也在对海水淡化厂进行大量投资，并计划从处理海水中获取满足其城市所需的饮用水。正如这个案例所显示的，水峰值是一个真正的挑战，一些国家已经开始转变观念并实施技术解决方案。

***

文明的流动

大多数成规模的早期人类定居点都发现于大江岸边，这并非巧合。纵观历史，文明总是不得不找到足够的水源。在未来，这也不太可能改变。因此，许多目前依赖过度抽取地下水蓄水层的国家迟早需要搬迁。在水峰值的情况下，世界贸易格局也有可能大幅改变，水峰值甚至有可能影响各国未来在全球的主导地位。

与大多数商业分析师交谈，他们会告诉你，未来的经济看中国和印度。然而，这两个国家在迅速实现工业化的进程中部分利用了它们的水资源，并且对水资源的利用远远超出了它们的自然补给速度。因此，中国和印度在世界范围内崛起的过程中可能还将面临不小的挑战。水峰值已经是未来的一张重要王牌，大多数分析师没有将其考虑在内。

在过去的50年里，发达国家允许自己与许多实际的生活方式分开。但不久，水峰值现象就可能会扭转这一趋势。今天，大多数人幸运地生活在一个发达国家，他们仍然认为水是取之不尽、用之不竭的资源。我们中的许多人甚至每天都会浪费大量的淡水，而这些浪费掉的水足以让地球上其他地方一个快渴死的人起死回生。考虑到水并不是一种可运输的资源，我们对此无能为力。

同样值得反思的是，目前地球上只有一半的人从水龙头里取水。很多生活在缺水地区的人，最大的愿望就是拥有这样一个水龙头，而不必担心它会干涸。因此，任何人都不能否认，提供充足且满足全球需求的水是个巨大挑战。而最重要的是，这是全球人类以前从未遇过的挑战。

- 第四章 -
粮食短缺

到2030年，地球上的人口可能至少达到80亿，而未来的粮食供给，在石油峰值、气候变化和水峰值的影响下，将会减少，由此会引起非常严重的后果。具体来说，石油将变得更稀少、更昂贵，这将改变粮食生产和运输的方式及其带来的经济效益。气候变化已经降低了农业产量，同时也削弱了一些地区种植现有作物的能力。越来越少的淡水将进一步减少农作物产量，有些地区甚至会颗粒无收。

除了石油峰值、气候变化和水峰值之外，还有五个主要挑战威胁着未来的粮食安全。首先，由于人口膨胀，越来越多的人需要从相同的或不断减少的农业用地中得到粮食。其次，随着工业化的继续推进，肉类在人类平均饮食中的比例正在增加，这将进一步消耗我们的农业资源。再次，鱼类资源正在减少。又次，我们正在见证所谓的“非粮食农业”的增长，越来越多的土地被用来种植制造生物燃料和其他石油替代品所需的农作物。最后，同时也是最重要的是，合理比例的农业用地的生产率正在下降。

幸运的是，我们已经认识到几项创新可以使我们在未来生产足够的粮食。这些解决方案包括利用基因技术改造农作物以提高其产量和质量（将在第八章讨论），以及垂直农业（将在第十章讨论）。饮食的改变，以及更多地转向当地粮食生产，所有这些都有助于解决粮食短缺问题。这说明我们必须意识到在未来的几十年里，粮食供应可能会减少，我们的饮食习惯需要随之改变。

石油峰值和粮食供应

正如第一章所指出的，现在发达国家每吃一卡路里的食物，就需要消耗大约 10 卡路里的石油能量。换句话说，一盒一千克的早餐麦片的生产和运输需要消耗大约半加仑[①]的石油。尽管许多人可能没有意识到，但石油峰值确实威胁着我们的驾车出行和航空能力以及未来的粮食供应。

在 20 世纪五六十年代，世界农业发生了“绿色革命”，生产力提高了几百个百分点，部分原因是发展了新的作物品种。然而，增加农业生产主要依靠的是以石油为燃料的农业机械和灌溉系统，以及以石油为基础的杀虫剂和无机肥料。正如统计数据所显示的，今天的粮食生产仍然高度依赖石油。虽然我们不会坐在餐桌旁直接把石油倒在盘子里喝下去，但我们大多数人都是通过间接摄入石油来填饱肚子的。

目前，如果停止使用基于石油的杀虫剂，人类就无法养活自己。然而，在未来，基因改造作物更能抵抗疾病，这可能使我们在农田里使用较少的石油。有机纳米技术也有可能作为传统农药的替代品而发展起来。作为另一种选择，未来的小型机器人可能会在我们的农田里忙碌或盘旋在我们农田的上空，寻找并消灭捕食珍贵粮食的昆虫和其他害虫。

如果要维持现有的粮食生产水平，目前的灌溉系统和农业机械也是必不可少的。虽然这些不需要石油推动，但我们确实需要马上着手考虑如何用其他方式提供动力。更紧迫的是，我们还需要在离家更近的地方开始粮食生产。我们现在所吃的粮食大多来自几百英里甚至几千英里之外。这些粮食也常常或至少部分需要塑料包装。因此，在这些特殊方面减少粮食对石油的依赖应该是当务之急。

---

① 1 加仑（美制）约为 3.8 升。

气候变化和粮食生产

全球平均温度每上升 1℃可能导致全球的玉米、水稻和小麦的产量下降约 10%。海平面上升，再加上格陵兰岛和南极西部冰原的加速融化，甚至有可能导致亚洲各水稻种植三角洲洪水泛滥。当然，在世界的某些地方，平均气温的适度上升可能会增加某些农产品产量。例如，20 世纪后期，一些热带水果可以在英格兰南部生长。然而，总体而言，气候变化将阻碍而不是帮助全球粮食生产。

正如英国政府的《斯特恩报告》所言，“气候变化将导致全球范围内因营养不良而死亡的人数增加”。由于气候变化带来的恶劣天气，世界各地将在一定程度上遭受更大的作物损失和作物质量下降，在某些国家，这种影响可能是灾难性的。

例如，政府间气候变化专门委员会的一名来自菲律宾的成员罗德尔·D. 拉斯考（Rodel D. Lasco）博士预测，日益频繁的洪水和干旱将极大地降低该国数百万英亩农田的生产力。全球变暖也有引发珊瑚礁死亡的风险。菲律宾非常关注的另一个问题是，几乎所有的小岛屿社区都靠捕捞该地区 2.7 万平方千米的珊瑚为生。

水峰值和粮食短缺

世界上大约一半的人口生活在地下水位下降的国家。据估计，目前全球约有 4 亿人都是通过过度抽取水源来灌溉农田的，其中中国有 1.3 亿人，印度有 1.75 亿人。人类平均每天消耗大约 4 升水。但是，一个人每天摄入的食物至少需要 2000 升水才能生产出来。因此，未来的水供应不足很可能导致粮食短缺。

沙特阿拉伯的粮食生产是最容易受到水资源短缺影响的国家之一。该国几乎所有的粮食都是从依赖于化石地下水蓄水层灌溉的土地上生产出来的，而化石地下水蓄水层是无法补给的。多年来，沙特阿拉伯利用其石油财富补贴小麦的产量，其成本是世界平均水平的 5 倍。然而，由于地下蓄水层已经被抽干，小麦产量从 1992 年峰值的 410 万吨下降到 2010 年的 120 万吨左右。由于透支未来几十年的地下水，其最大的地下水蓄水层日渐枯竭，沙特阿拉伯已全面禁止小麦种植。

沙特阿拉伯提供了最极端的例子，说明了水资源的峰值将如何限制未来的粮食生产。然而，世界经济论坛（World Economic Forum）更笼统地预测，如果不采取行动，到 2030 年，水资源短缺可能会使世界粮食产量减少 30%。这相当于从全球粮食供应中去除印度和美国目前生产的所有粮食。

幸运的是，现有的水供应可以更有效地利用。由于蒸发和径流，许多灌溉系统浪费了超过 50% 的供水。然而，高低压自动喷水装置可以减少 30% 的水浪费，而滴灌可以使灌溉系统的水利用率提高一倍。由种植喜水作物（如水稻）转变为种植耐旱作物（像小麦），也可以显著提高蛋白质产量，而灌溉水平不变。鉴于这个原因，北京周围的水稻生产现在正在逐步停止，而埃及也在限制稻米生产，以支持其他谷物生产。

我们的人口增长

每年大约会新增 7900 万人需要喂养。这些新增的人口大多分布在水资源日益匮乏的地区，且这些地区的人们已经开始挨饿。随着世界人口的进一步增多，食品和淡水的短缺也可能引发人道主义危机。

即使对本章所强调的所有其他问题都忽略不计，到 2030 年地球上的人口达到 80 亿时，世界上现有的农业用地和目前的农业生产方式能否让人人吃饱，仍值得商榷。除此之外，如果不采取根本性的行动来改变我们的饮食方式及种植方法，那么到 2050 年，养活 90 亿或更多的人将是绝对不可能的。而且，这些必需的改变也需要几十年的时间才能实现。

日益增长的肉类消费

富含肉类的饮食更消耗资源。这是因为供人类食用的动物都必须经历从出生到被屠宰的过程。因此，当我们吃肉时，我们就间接地消耗掉了所选动物在其一生中所吃掉的食物的数量。

目前世界上吃肉最多的国家是加拿大和美国。为了给这些国家供应牛肉、猪肉和家禽肉，每年每人需要收获大约800千克的谷物。谷物的绝大部分被喂给动物，它们将其转化为肉类蛋白质供人类食用。相比之下，像印度这样贫穷的国家，平均每人每年需要的粮食不足200千克。几乎所有这些谷物都直接作为素食的一部分被直接食用。

幸运的是，全世界超过50%的牲畜只吃草而不吃谷物。它们吃草的牧场也常常位于陡峭之地或干旱之地，无法用于种植粮食作物。因此，在这片土地上放牧则是有效地利用了农业资源。然而，适宜放牧的草原是有限的，粮食仍然被广泛用于喂养大多数家禽以及许多猪。

工业化程度越高，人们消耗的肉类越多。例如，在中国，1995年人均肉类消费量为25千克，到2008年已经上升到53千克。生产1千克肉需要消耗大约5千克的谷物。因此，虽然中国人口在1995年至2008年只增长了10%，但在这13年间，粮食消耗却增加了4倍。中国和其他快速工业化国家对肉类需求的增长并没有放缓的迹象。世界银行估计，到2030年，全球肉类需求预计将增长85%。

即使不考虑人口增长，在未来一二十年里，全球肉类需求将开始明显超过全球肉类供应。控制气候变化也需要少养排放甲烷的家畜。因此，任何食用大量肉类的人都应该在接下来的20年里开始吃更多的素食。

日益减少的鱼类资源

不幸的是，我们无法用增加海产品的办法来应对可能下降的家畜供应。

四分之三的鱼类资源已经被捕捞，这种捕捞已经超过鱼类资源的产能，不得不进入休渔期以恢复元气。在未来，鱼的供应量将会越来越少。事实上，根据2010年年底出版的十年《海洋生物普查》（*Census of Marine Life*），除非采取必要措施，否则到2050年全球范围内的捕鱼业将完全崩溃。

简单地说，目前世界上的海洋捕捞量远远超出其自然补给速度。如果我们不停止目前的做法，那么鱼库存补给的自然比率就有接近于零的危险。实际上，我们已经达到甚至越过了“鱼峰值”，这将对未来全球的食物供应产生非常重大的影响。

《海洋生物普查》为十组大型海洋物种的数量建立了历史基准线。其中包括洄游鱼类（在淡水和咸水之间游动）、礁石鱼和深海鱼类。《海洋生物普查》发现，这些鱼类的大多数已经减少了近90%，其中最主要的原因是过度捕捞和栖息地被破坏——几乎所有海洋都受到了人类活动的影响。许多科学家认为，即使尚未达到历史基准线，海洋生物也将很快濒临灭绝。因此，不幸的是，海洋在未来给人类提供食物方面，应该列在“问题”一栏，而不是“解决方案”一栏。

非食品农业

如果说石油峰值、气候变化、水峰值、人口增长、肉类消费的增加和鱼类资源的减少还不够严重的话，那么越来越多的土地正在被用于非粮食农业则应该称得上严重。最值得注意的是，大量的土地被用于种植玉米、油菜、甘蔗和其他农作物，用于生产生物燃料。例如，根据国际能源署的数据，从2001年到2008年，全球生物柴油产量增长了10倍，达到每年109亿升。

每一英亩用于种植生物燃料作物的土地原来都被用于粮食生产。到21世纪下半叶，生物燃料可能是许多工业过程中必不可少的化石燃料替代品。因此，生物燃料的生产仍将是必不可少的。

燃烧生物燃料产生的碳排放要比燃烧等量的化石燃料少。从理论上讲，改用生物燃料有助于减缓气候变化。然而，在实践中，越来越多的人认识到，转化为生产生物燃料的雨林、泥炭地和其他地区的碳排放量，远远超过最终的生物燃料。至少目前来说，如果生物燃料是在现有农田上种植的作物生产出来的，那么它就是环保的。但这样一来，加大生产生物燃料将不可避免地减少全球的粮食供应。

土地的所有权和生产力

由于已经阐明的许多原因，可行的农业用地正在变成一种稀缺的和更昂贵的资源。因此，一些发达国家的企业和政府现在花费数十亿美元购买其他国家的农田以保证未来的粮食供应，就不足为奇了。

非洲的土地已经被用来为英国超市种植粮食。尽管如此，生活在这些农场附近的非洲人仍在挨饿。其他在非洲购买农田的国家包括卡塔尔、约旦、科威特、沙特阿拉伯、韩国等。利比亚在乌克兰购买了 25 万英亩土地。

外国收购贫困国家的土地，所掠走的不仅仅是土地，还有其他重要的自然资源。例如，任何在非洲购买土地的国家，运出水果或蔬菜的同时，也带走了干旱大陆的水。正如上一章所指出的，大量的水不能远距离运输。然而，在外国进行的任何农田收购都是间接的水收购。因此，富裕国家在海外的购买行为和大面积种植行为是不是有可能、能不能被接受，仍然是一个富有争议的问题。韩国也曾计划在马达加斯加购买大量土地。

许多可耕土地的价值也在减少，土壤侵蚀已经降低了全球约 30% 的农业用地的生产力。随着过度放牧、过度耕作和森林砍伐在许多快速工业化地区泛滥，土地沙漠化的脚步也不可避免地在加快。尤其在中国，土壤被侵蚀已经迫使大约 2.4 万个村庄完全或部分地放弃了农田。在远古时代，许多人类文明因无法在自己的本土生存而消亡。对于当今全球很多强大的国家来说，除非它们开始改变自己的生活方式，否则在相对不远的未来，它们也将面临远古人类文明类似的命运。

比较乐观的一面是，一些农业用地的生产潜力开始增大。通常情况下，这种潜力增大是每年从相同的田地里种植一种以上的作物达到的。的确，在1950—2000年，世界粮食产量增长了三倍，这得益于亚洲地区合理的多种作物混合种植。作物的基因改良——将在第八章中讨论——可能增加未来的多品种种植。在新的作物品种实验室中，抗病能力更强、抗旱和抗寒能力更强的作物也可以提高农业用地产量。在未来，我们也可能在以前贫瘠的土地上种植新的或耐受力更强的作物品种，收获粮食。

***

宝贵的粮食

从2006年中期到2008年中期，大米、小麦、玉米和大豆的价格大约上涨了两倍。2008年的全球金融危机可能导致了油价暂时稳定，甚至略有下降。然而，到2011年年初，全球食品价格再次快速上涨，并再创新高。因此，2006年至2008年粮食价格飙升的情况很可能会再次发生，因为正如本章所概述的，未来粮食生产将会受到限制。粮食歉收也已经促使一些国家限制粮食出口，比如2010年遭遇粮食歉收的俄罗斯，2011年因洪水导致粮食歉收的澳大利亚。在发展中国家，充足的粮食供应一直是一个大问题。然而，在10年之内，无论在国内还是国外，粮食供应都将成为每个国家的头等大事。

从技术上来说，在未来的几十年里，地球上的每个人可能不愁填饱肚子。然而，这需要我们对所生产的粮食进行实质性的改变——包括我们食物链中广泛的基因改造，以及数十亿人饮食方式的改变。因此，在未来一二十年，粮食短缺问题将不会得到有效的解决。

近年来，世界上饥饿人口的数量一直在上升，超过10亿人面临营养不良。每天大约有1.6万名儿童死于饥饿。保护全球粮食安全的行动和措施不可能立刻见效，因此，粮食问题不容乐观。事实上，正如地球政策研究所（Earth Policy Institute）的莱斯特·R. 布朗（Lester R.Brown）在2010年1月的《未来学家》（*The Futurist*）中所言："除非主要国家集体动员稳定生产，稳定气候，稳定地下蓄水层，保护土壤，保护农田，并限制使用谷物来生产汽车燃料，否则粮食安全问题将进一步恶化。"

除了能源和其他大多数资源，食品也将变得更加昂贵。因此，大多数人将不得不把收入的大部分花在食物上。现在发达国家也不能想吃什么就吃什么了，大富豪和极端自私的人除外。

我们也可以确信，在未来，我们的粮食将更多地在当地种植，从而减少长途运输带来的资源消耗。我们吃的东西也可能会受到基因改造的影响，许多欧洲人可能不喜欢这个概念。然而，在美国，甚至非洲的部分地区，转基因食品链已经成为现实。

在21世纪第二个十年开始的时候，未来的粮食短缺很可能会破坏国家的稳定，动摇政权，引发严重的贸易限制，甚至引发战争。因此，应对未来全球粮食安全的挑战很可能会带来巨大的痛苦。然而，从积极的一面看，这也可能增加对粮食和粮食供应的关注，使当今发达国家的人口与自然世界重新联系起来。我们所有人的生存都依赖于农业。在未来，这一点将变得更加明确，而不再是数百万人可以轻易忽视的东西了。

第五章
资源枯竭

不管你喜不喜欢，富足的时代已经结束了。除了石油、水和食物之外，在未来的几十年里，许多其他原材料也将变得稀缺。而目前，我们就已经面临几种金属的短缺，而这些金属在电子和电子元器件生产中至关重要。因此，我们将不得不少消耗一点，更加珍视原材料。

在自然资源萎缩的情况下，人类继续扩张。如果忽视这一点，未来这种日渐危险的事态可能会在全球范围内引发冲突。因此，我们需要改变我们的资源利用方式，以继续维持今天全球的相对和谐。等到无米下锅的时候再去想办法是不明智的生存策略。

2011 年 5 月，联合国环境规划署（UNEP）的一份报告把我们的立场阐述得很明确。正如报告所解释的，如果放任不管，到 2050 年，人类对自然资源的需求可能会增加到每年约 1400 亿吨的矿物、矿石、矿物燃料和生物量。这是我们目前资源消耗速度的三倍，远远超过了可持续发展的水平。正如联合国环境规划署的执行主任阿希姆·施泰纳（Achim Steiner）后来所解释的，我们需要“紧急反思”资源利用与经济繁荣之间的关系。或者简而言之，我们将不得不以更少的投入实现更多的产出。

一切都有峰值吗？

大多数分析人士预计，我们将在 2013—2030 年达到石油峰值。与此同时，我们目前从地面提取的许多其他资源预计将在大致相同的时期达到峰值。例如，锌（Zinc，用于制造多种电池）和钽（Tantalum，用于生产可充电电池、电容器和电阻器）预计在2025—2035年达到峰值。与此同时，锑（Antimony，在半导体生产中必不可少）将在2020—2040年达到顶峰。

一些重要的贵金属可能会出现供应短缺。例如，铟（Indium）——液晶平板显示器生产中的一个重要元素，到2020年可能会非常稀缺，除非发现新的储量。铟的价格也反映了这一点，从2003年的每千克40美元跃升到2011年的每千克600美元以上。目前在制造发光二极管（led）和一些太阳能电池中至关重要的镓（Gallium）的供应也有可能不稳定。甚至常见的铜和锡的储备，在2050年以后也无法满足日益增长的全球需求。因此，现在有些人说“一切都有峰值”或许并不夸张。

目前所有旨在减少对化石燃料依赖的措施都使我们更依赖于其他资源，而这些资源本身很快就会变得稀缺。例如，尽管我们可以用传统的核电站取代燃煤发电站，但这些电站目前都是由铀（Uranium）推动的。不幸的是，可利用的铀储量可能只够开采80年。电动汽车的广泛应用（如第十一章所述）也将极大地增加我们对锂（Lithium）、锌、钽和钴（Cobalt）等贵金属的依赖，因为这些金属在可充电电池的生产中都是必不可少的。同样，传统太阳能电池的使用（如第十三章所述）将增加我们对镓、银和金的依赖。

所谓的稀土金属（REMs）的供应也可能变得极其稀缺。稀土金属是我们已经依赖的17种金属的一组，而大多数下一代能源技术都可能非常依赖它。例如，稀土金属钕（Neodymium）是世界上最强的磁铁，因此用于生产发电机和电动机。类似地，稀土金属镝（Dysprosium）能让电动马达磁铁的重量减轻90%，而稀土金属铽（Terbium）则能让电灯更有效率。如果未来没有了稀土金属的供应，我们将无法使用传统的方法制造电动汽车、风力涡轮机、太阳能电池或低能耗灯泡，更不用说激光器、计算机存储器、硬盘驱动器和智能手机了。

对西方来说，最感到担忧的是，如今中国的稀土金属矿石开采占了全球稀土金属矿石开采量的97%。中国还参与了相关金属几乎所有的生产，生产了约80%的稀土磁铁。有报道，在未来几年内，中国的稀土金属产量仅够满足其国内需求。而在过去十年里，全球对稀土的需求从大约4万吨增长到12万吨以上。因此，许多绿色技术的发展面临重大风险。

除中国之外，其他国家也确实存在稀土金属储备。因此，其他国家已经开启开采稀土金属的计划，也就不足为奇了。然而，开采这些稀土金属可能需要多年时间。稀土金属的开采过程非常脏，会造成严重污染。因此，几乎没有哪个国家会欢迎在他们家门口设立稀土金属采矿区，而这反过来又会减缓西方的稀土金属生产。在2020年之前，至少短期内稀土金属匮乏是不可避免的。因此，必须实施意义重大的稀土金属回收计划。

少投入多产出

一直以来，我们的大吃大喝令我们的祖先感到羞愧。然而，我们可以做五件事来应对资源消耗的许多挑战。这些方法是减少消耗、修复而不是取代、增加循环利用、减少浪费，以及最终在长期实现从太空获取资源。这些方法都不可能孤立奏效。因此，我们需要采取几种方法一起上的多元化策略。

减少全球对物质和能源的需求将使地球上的有限供应持续更长时间。面对日益发展的工业化，实现任何这样的削减似乎是不可能的。然而，气候变化已经改变了许多国家对能源和资源效率的看法和政策。实际措施也开始发挥作用。例如，节能灯泡正变得越来越普及，而节能电脑也紧随其后。事实上，早在2005年，英特尔就提出了“每瓦性能表现”的新口号。

数字技术也使越来越多的人获得了消耗更少资源的服务。例如，音乐产业已经将其大部分的产出进行了“非物质化”，现在数字下载的销售几乎相当于销售了更多的资源密集型光盘。到21世纪末，大量的文本和视频发行也可能是数字化的。Kindle电子书阅读器已经成为亚马逊网站最畅销的产品。2011 年 1 月，甚至有报道称，亚马逊网站的 Kindle 电子书销量已经超过了传统平装书。

回归产品修复时代

另一种降低资源耗竭影响的方法是修复而不是简单地更换破损的东西，毕竟这是人类历史上惯用的做法，直到20世纪下半叶“一次性文化”的到来。为此，制造商需要着手设计能够被修复的产品，并让“计划报废”成为历史。随着资源消耗的增长，价格的上涨和原材料的缺乏也可能会使一些市场朝着这个方向发展。然而，政府进行干预可能会迫使制造商停止生产一次性产品。

电子工业出现的问题已经有了解决方案。今天购买一台 DVD 刻录机，当驱动器出现故障时，整台机器就报废了，结果导致其完好的机壳、调谐器、遥控器和电源也随之一起报废了。相反，如果台式电脑或笔记本电脑上的 DVD 驱动器出现故障，则很容易进行更换，因为它是标准部件。事实上，没有一家 DVD 刻录机制造商使用标准的、可更换的驱动器，这表明许多现有产品的设计水平有待提高。

不管制造商或政府是否采取行动，未来许多产品将变得更容易修复。正如下一章将讨论的，其中一个原因是 3D 打印机可以在任何时候、任何地方提供任何部件。如今，一个塑料或金属部件的破损经常使整个物品丧失功能。然而，在未来，3D 打印机将轻而易举地复制损坏的部件，即使制造商没有提供备用件。未来随着纳米技术（第七章）和合成生物学（第九章）的发展，我们甚至可能建造出自我修复机器。技术进步将再一次拯救稀缺资源。

增加循环利用

应对资源枯竭的第三个措施是增加循环利用。实际上，这将使我们能够将之前认为废弃的原料转化为新的资源。制造商需要再次行动起来。“摇篮到摇篮”这个术语已经被用来指在设计阶段，产品的每个组件都能够重复使用或被回收利用。这样的发展也有可能与更常规的产品修复相结合。

当我还是个孩子的时候，我的母亲经常告诉我，未来的人们会开采我们的垃圾填埋场，我敢肯定她几十年前的预言是正确的。现在从某些废旧电路板中提取黄金比从一些黄金矿石中提取黄金要便宜得多。如果你告诉大多数人他们可能在扔掉金子，他们会感到震惊。虽然在电脑、手机和音频插孔触点中使用了少量的黄金，但大多数人仍然习惯性地丢弃它们。

我们可能很快就会回收路边的灰尘。现在，在汽车中安装的催化式排气净化器可以减少尾气污染物的排放，这些净化器都使用了一些铂（Platinum），这是世界上的一种非常稀有、昂贵的金属。在英国，路边的灰尘中现在含有多达百万分之一的铂。因此，研究人员正在利用细菌工艺流程开发一种设备，它能够有效提取我们城市中新的精密金属矿藏。

减少浪费

第四个应对资源枯竭的措施是减少材料浪费的数量。这也可以通过多种方式实现。首先，随着许多原材料价格的上涨，企业可能会减少从生产线上丢弃的材料数量。他们也肯定会进一步减少那些永远不会出售的商品的库存，下一章将对此进行深入讨论。因为3D打印技术使按需进行数字制造成为可能，从而为减少库存提供了巨大的可能性。相应地，也就可以防止无用的东西堆满仓库和零售商店。如今，许多商店都堆满了那些永远不会被出售的产品。在书店里四处走动，思考陈列的书当中有多少最终会成为滞销书，这确实发人深省。如果企业更多地了解客户并采用按需生产的策略，这种浪费行为会大大减少。

另一种减少浪费的方法，是在产品包装上使用更少的材料。许多制造商已经开始使用更小巧、更具持续性、消耗资源更少的盒子和纸箱来包装他们的产品，而且这种趋势很可能会持续下去。我们甚至可以回到从前的时代，那时许多分销和购买的产品很少包装或根本没有包装。以前这是一种常见的做法，一个世纪前，人们几乎想象不到购买的水果、男装、女装和许多其他物品是放在塑封的盒子里的，而不是直接放在袋子里。对于大型制造商、批发商和零售网点来说，做出这种改变将会很困难，因为这会影响到他们的整个分销链。然而，由于许多资源的价格螺旋式上升，无包装产品可能会更便宜，从而刺激人们以新的方式去工作和购物。

从太空中获取资源

在地球这样一个封闭的系统中，实现持续的经济增长和人口扩张是不可能的。因此，我们应对资源枯竭的最终和长远措施是从地球以外获取原材料。纵观历史，我们的祖先为了寻找新的土地和新的财富而不断地从家乡冒险远行，我们有理由相信这种情况还会发生。事实上，正如我在 2011 年年中所写的，美国国家航空航天局（NASA）给一家私营机构拨发了一笔重要资金，这家机构正在开发第一代商用宇宙飞船。谷歌还赞助了一项名为“月球 X 奖”的竞赛，其中 29 家私营公司正在就将一架机器人飞船送上月球展开竞争。

我们唯一可以依赖的中长期资源很可能来自太阳的辐射。我们目前消耗的所有东西都是有限的。总有一天，我们的粮食袋子会空空如也。当我们在第十五章讨论太空旅行的时候，我们需要未雨绸缪，否则我们将逐渐走向灭绝。

***

未来的挑战及解决方案

石油峰值、气候变化、水峰值、粮食短缺和更广泛的资源消耗都是自然的必然。然而，正如我在第一章开始时所主张的，它们不应该成为末日论者的武器。当然，在未来这五项关键挑战将促使个人生活方式和更广泛的全球文明模式的根本性改变。历史上，我们也曾经历过实际或潜在的逆境，而正是这些逆境成就了伟大而根本的创新。

像大多数未来主义者一样，我每天都有精神分裂的感觉。一方面，我不断地意识到挑战的存在——如资源枯竭，这可能会限制我们未来的成就；而另一方面，我也同样意识到，在许多方面，许多前沿的创新可以改变和改善我们的生活。

全球文明不久将开始触及一些实际的资源限制。然而，在面对这些挑战的同时，我们正站在技术迅猛发展的边缘。从某种意义上说，人类文明现在必须学会利用其日益增长的智慧来应对日益减少的有形机遇。这也是每个人随着年龄增长而不得不面对的挑战，因此也不是什么可怕的事情。

由于大多数青少年缺乏生活阅历，他们知道得很少。然而，由于他们精力充沛、衣食无忧，大多数年轻人不愿意考虑这一点。不幸的是，当大多数人到三四十岁时，他们的健康状况和活力就会开始下滑。不过幸运的是，到了这个年龄，大多数人都获得了相当多的知识和经验。因此，虽然青春的逝去可能会令人遗憾，但大多数三四十岁的人仍对余生充满期待，尽管他们知道自己已经走过了他们的生理高峰。

与人类相比，我认为人类文明现在处于三十岁出头的年纪。因此，我们共同的青春期已经远远地被抛在我们身后了。虽然这可能有点令人难过，但它绝不意味着文明即将灭亡，或者我们注定失败。生活将会是不同的，也许会非常不同，因为我们的生活将更多地依赖于智慧，而不是物质资源。这里说的“不同”可能至少和今天一样好，而且可能会更好。

与大多数年轻人一样，迄今为止，人类文明已经取得了巨大的进步，但几乎失去了控制。然而，这种情况正在发生改变。事实上，在接下来的二十个章节中，大多数话题都涉及如何操纵我们生活的世界。我们将越来越多地制造出我们想要的东西、利用更广泛的能源资源、制造新的智能形式及重新塑造自我。在资源枯竭的背景下，人类控制的主要目标是未来将会发生的事情。这是不是一件好事，尤其是对地球上其他所有生命来说，是一种合理的质疑。然而，关于技术可能性的潘多拉盒子一旦打开，就不可能被关闭。无论我们是鼓吹者还是怀疑者，我们都有充分的理由去了解更多即将到来的技术革新。

第二部分

下一个工业浪潮

- 第六章 -
3D 打印技术

在历史上很多时候，新技术改变了事物的生产方式，例如，蒸汽动力、流水生产线和电脑都改变了工业景观。今天，我们正站在许多类似的工业革命的边缘，因此在接下来的五章里，我们将来研究那些在未来几十年改变制造业和农业的尖端技术。

利用新兴的纳米科学技术，越来越多的制造商将能生产出具有原子精度的产品。生物科学革命也即将到来，这将使农民和实业家能够控制生命本身，并在这个过程中创造出转基因植物和动物，以及下一代生物燃料和生物塑料。由于合成生物学的进步，我们甚至可以开始培育全新的生命形式，而这些人造的新生命形式将纯粹是为了生产某些化学物质。我们甚至可以在城市巨大的玻璃摩天大楼里生产食品和其他农产品，这就是所谓的“垂直农场”。

纳米技术、基因改造、合成生物学和垂直农业，都可能改变当今许多标准的生产方法。然而，它们仍然需要非常大的改进和公众的认可。相比之下，第五次全新的制造业革命将很快到来，即 3D 打印技术。它将使塑料和金属部件乃至此类材质的整个产品都可以使用类似于喷墨打印机和我们目前用于输出文件和照片的激光打印机打印出来。3D 打印技术也诞生于计算机行业，而计算机行业经历了实践的考验和革新，因此 3D 打印技术是一个成熟行业的成果，前景看好。

1984年的未来

第一台3D打印机是查尔斯·赫尔(Charles Hull)在1984年发明的。当时,赫尔使用专门的紫外线灯来硬化被称为"光固化聚合物"的液体塑料树脂。赫尔意识到,这在固化液体塑料树脂容器的特定部件方面存在着巨大潜力,由此促成一个3D物体的成型。

在经历很多个漫漫长夜和周末之后,赫尔发明了一种能够用计算机控制紫外线激光束的仪器,并用这个仪器将一桶光固化聚合物塑形成一个物体的表层。在这个表层之下,有一个喷光固化聚合物的升降台,打印过程中它会下降,在已塑形表层之下再喷一层光固化聚合物,而计算机控制的激光束继续固化这层光固化聚合物,这个过程不断重复,最终赫尔造出了一个小巧的蓝色塑料杯。

赫尔将他的3D打印过程命名为"3D光刻"。他还很快获得了一项专利,并成立了一家名为3D系统的公司,专门研发商用"3D光刻机"。到1988年,他们为大众市场提供了第二代3D打印机。

目前3D光刻技术是应用最广泛的3D打印技术,并且可能还会继续流行。由于它打印的速度相当慢,而且只能使用特定的塑料树脂制造单一颜色的物体,因此立体光刻可能会受到限制。然而,立体光刻作为一种3D激光打印技术,其程序非常精确。现在,3D打印机也有各种尺寸,小到5英寸×5英寸的、大到20英寸×60英寸的都有。

3D打印机一旦打印出物体,该物体就需要从它的印刷平台上分离下来。此后它们通常还需被置于强烈的紫外线下一个小时左右,以便其完全定型。在这之后,通常就可以按要求对它们进行打磨、打底漆、刷漆或电镀等后续工序。虽然早期的3D打印机只能输出相当脆的塑料,但现在已经开发出了广泛的可光固化树脂。这使得打印非常坚硬和灵活的物体成为可能。

立体光刻3D打印技术已经被广泛应用,最常见的是被用来创建新产品的功能原型。因此,在许多行业,立体光刻打印主要用于快速建模。例如,一个汽车工程师可以为一个新的齿轮箱测试打印部件，以检查所有的部件是如何组合在一起的。一些设计师现在也使用立体光刻打印来创建概念模型。例如，一个营销机构可能会使用立体打印机来制作一个新的洗发水瓶子的模型。

立体打印机也越来越多地被用来制造最终生产模具的模具主件，并铸造出最终用途的塑料或金属零件。因此，你已经拥有的一些产品，它们的原始模具很有可能就是由立体打印机制作出来的。

随着可光固化树脂的发展，一些公司甚至开始直接使用立体打印机制造最终的生产组件。当只需要生产几百个部件时，这种做法通常比使用传统的生产线要划算得多。立体打印技术还可以用于高度个性化的制造，因为每个部件都可以通过 3D 打印做出来。

一系列过程

在 20 世纪 80 年代末和 90 年代初，随着立体打印技术的发展，许多其他 3D 打印工艺或“添加剂制造”技术也被开发出来。第一个是“熔融沉积成型工艺”（FDM），该工艺是通过移动打印头将热塑性塑料从加热的喷嘴挤出，按照预定轨迹逐层进行熔体沉积，最终成型。斯科特·克伦普（Scott Crump）于 1988 年发明了熔融沉积成型法，并成立了斯特塔西（Stratasys）3D 打印公司，开发和销售 FDM 3D 打印机。

就像立体印刷术一样，如今的 FDM 3D 打印机越来越多地被用于制作概念模型、产品原型、模具主件，甚至是最终组件。FDM 的优点之一是，它可以使用与注塑成型相同类型的热塑性塑料来制造 3D 物体。因此，FDM 印刷零件的材料性能与传统制造工艺的材料性能完全相同。

第二种 3D 打印技术是“选择性激光烧结工艺”（SLS）。这是由得克萨斯大学的卡尔·德卡德（Carl Deckard）在 20 世纪 80 年代发明的，但直到 1992 年才实现商业化。SLS 3D 打印机通过铺设连续的粉末层来打印物体。然后，每一物体层都被选择性地固化——或者“烧结”——用高温激光将粉末颗粒熔合在一起。选择性激光烧结工艺的另一种非常微妙的变体叫选择性激光熔化工艺（SLM）。这种工艺是将用来形成打印物体的粉末颗粒用激光完全熔化，而不仅仅是通过加热将它们熔合在一起。

通过使用不同的粉末，SLS用激光完全熔化或SLM 3D打印机可以输出各种材料的物品，如聚苯乙烯制品、尼龙制品、玻璃制品、陶瓷制品、钢铁制品、钛制品、铝制品，以及后来的纯银制品。因此，SLS 3D打印机不仅能用于快速成型，还可用于生产最终组件，这一点不足为奇。3D系统现在是SLS 3D打印机的主要供应商，它在2001年获得了德卡德专利。

最终的主流技术是在大多数家庭和办公室彩色打印机中使用的2D喷墨打印工艺的3D版本。它使用喷墨打印头将液体胶水或“黏合剂溶液”逐次喷到粉末层上。这个程序是1993年麻省理工学院（MIT）开发的，后来Z公司（通常被称为Z公司）获得授权，将其商业化。到2005年，Z公司推出了突破性的Z510——第一台3D打印机，它能将高清晰度的物体印在颜色上，即用喷墨打印头逐层地在粉末层上喷洒四种不同颜色的黏合剂。

六年后，Z公司开始销售一系列单色和彩色3D打印机。这些立式打印机连接到一个标准的电脑上，打印点数多达600个，打印喷嘴则多达1520个。截至2011年，Z公司的3D打印机可以打印体积达10英寸 ×15英寸 ×8英寸的物体，并能使用卡盒补给打印材料。

在革命的边缘

3D打印技术才刚刚开始成熟。许多公司，包括3D系统、斯特塔西、Z公司、Solid Scape、Fortus和桌面工厂（Desktop Factory），现在都销售3D打印机。然而，浏览它们的网站，你在惊讶之余，很可能还会有点失望。

目前的3D打印机令人惊叹，不仅能通过计算机建模或数字扫描打印各种材料的物品，有时甚至能实现彩色打印。但令人失望的是，目前大多数物品需要花很长时间才能打印出来。物品在打印成型之后，还必须进行固化，其中通常需要移除支撑材料或多余部分。目前，3D 打印机已经能够打印出具有互连部件的物品，比如一组工作齿轮。但是，要实现混合各种材料打印出任何物品，3D 打印技术还有很长的路要走。

如今，很多公司会利用 3D 打印机创建产品原型和模具主件。虽然这听起来似乎不那么可靠，但其带来的结果却令人印象深刻。例如，印度燃气涡轮研究中心（Gas Turbine Research Establishment，简称 GTRE）利用 3D 打印技术，大大缩减了卡佛里（Kaveri）发动机的设计时间和成本。在 30 天内，3D 打印机就打印出包含约 2500 个组件的发动机原型。而采用传统技术，制造这个发动机原型则需要约一年的时间。

此外，新型混合动力汽车 Urbee 的创造者使用 3D 打印技术制作出了一辆可驾驶的新型汽车原型。正如上述两个例子所表明的，在即将到来的 3D 打印革命中，3D 打印技术将使复杂的产品测试成为可能，从而使产品可以更快地推向市场。

虽然使用 3D 打印机可以提高效率，但在许多最终产品通过 3D 打印制作出来之前，3D 打印革命将不会在公众中产生广泛的影响力。这种“直接数字制造”（DDM）已不再是空穴来风，一些富有开拓精神的公司已经站在推倒传统制造的边缘。事实上，2011 年 2 月，《经济学人》（*The Economist*）报道称，3D 打印输出的物品中，约有 20% 是最终产品。

直接数字制造

直接数字制造的一个重要计划是一个叫 MERLIN 的项目。这涉及由劳斯莱斯协调的由六个主要航空发动机制造商组成的财团。MERLIN 的目标是在民用航空发动机的生产中使用加法制造工艺。这将把工具成本降为零，并且环保节能，因为 3D 打印方法浪费的材料比大多数传统制造工艺少得多。

虽然 MERLIN 可能允许直接数字制造在几年时间内用于制造航空发动机，但一些公司已经在利用 3D 打印技术制作最终组件，甚至是整个产品。其中一个例子是 Mercury Customs——一家高端定制摩托车和汽车零部件制造商。该公司正在使用斯特塔西公司的多维 FDM 打印机来制造一个独特的钨钴钛硬质合金周期挡板。其特点是集成了 LED 灯，这是传统的注射成型技术无法制造出来的。

第二个率先使用 DDM 技术的摩托车制造商是 Klock Werks Kustom Cycles 公司。该公司利用一个名为 SolidWorks 的 3D 模型组件来设计定制的零部件。所设计的这些零部件有时就是通过 FDM 用聚碳酸酯打印出来，而不是用铝或塑料注塑成型。

有一次，Klock Werks 公司只有 5 天时间来制作一辆定制的摩托车来参加一个电视节目。为了按时完工，该公司的工程师 3D 打印了摩托车的仪表盘、叉管、前照灯挡板、支架、底板和车轮隔套。组装好的摩托车接着又安装了一个美国摩托车手协会的陆地速度记录仪，以最终证明所有 3D 打印部件的耐用性。

高速骑摩托车是危险的。因此，另一个 DDM 先驱——Bespoke Innovation——正在使用 3D 打印技术定制假肢。在未来，该公司还计划利用 3D 打印技术制作整个假臂、假腿。通过使用 3D 扫描仪可以从截肢者那里获得精确的测量数据，并应用于定制假肢的设计中。3D 打印的假肢将比现成的、通用的传统型假肢更加舒适，其成本也将减少 90% 左右。

一些基于网络的公司——包括 3Dproparts.com、Sculpteo.com 和 Shapeways.com——已经可以将任何人的设计 3D 打印出来。这使得独立设计师可以直接把产品带到市场上，而不必委托工厂制作产品或备货。例如，一位名叫杰夫·贝尔（Jeff Bare）的独立设计师开始销售一款名为“帆布包”的柔性版 iPad 保护套，它是 3D 打印的，并在 Shapeways 上进行销售。

目前，最能充分利用 3D 打印制造潜力的公司是位于阿姆斯特丹的自由制造师公司（Freedom of Creation）。该公司由企业家詹尼·基塔宁（Janne

Kyttanen）在2000年创立。这个开创性的设计和研究公司将由3D打印机打印出来的产品销往25个国家，包括桌灯、壁灯、托盘、桌子、椅子、书包、耳环、项链、鞋子、帽子架和苹果手机外壳。

自由制造师公司和其他上述公司使用现成的3D打印机制作相对较小的组件和最终产品。然而在未来，定制的3D打印机可能会被用来制作非常大的东西。例如，英国拉夫堡大学的一个团队目前正在开发3D混凝土打印机，这些打印机可能被用于打印建筑部件甚至整栋建筑。目前，该小组正在研制一种能够打印混凝土组件的技术，其尺寸可达2米 ×2.5米 ×5米。而且，这些组件可以被组装成更大的成品。

在未来，建筑的直接数字化制造可以消除传统建筑方法固有的许多限制，首先，它几乎可以制造出任何形状的建筑。混凝土打印机也可以通过制造蜂窝状或部分中空的混凝土墙来节省材料和增强隔音功能。

数字运输、存储和复制

在接下来的十年或不久的将来，3D打印将成为主流的制造工艺。这将使新产品能够更快地交付市场，同时可以定制更高层次的产品。然而，更重要的是，主流的3D打印也将促进广泛的数字运输、存储和复制。

今天，许多东西都是来自销售点以外几千英里的地方。因此，大多数产品价格的七分之一是直接或间接的运输成本。世界各地的航运产品也消耗大量石油和其他逐渐减少的资源。因此，如果我们开始用数字化而不是物理的方式运输产品，那将是有益的。

数字交通的理念非常简单。制造商不用运输实物，而是使用互联网将数字文件转移到当地的3D打印部门，在尽可能接近他们的销售点打印出来。上述3D打印先锋——自由制造师公司十年来一直崇尚数字运输，获益匪浅。正如其创始人在其网站上所说："自由制造师公司相信未来的数据是设计产品，产品的销售方式与在互联网上销售图像和音乐的方式相同。"

数字运输可能会引发制造业革命。未来，大多数城市和村镇都会有自己的 3D 打印部门，制造商可以直接将产品数据发送给它们打印出来。产品生产企业也可以自己设置这样的部门来管理这些 3D 打印设备。小产品甚至可以直接从网站传送到家用 3D 打印机，大零售商可能会选择直接以数字化的方式接收大部分产品库存，以便可以直接在店里打印出来。每个拥有 3D 打印机的人仍然需要 3D 打印材料补给。这样一来，未来还需要发明 3D 打印材料分解器，以便将旧的 3D 打印产品或部件回收，处理成新材料。在接下来的三章中，基因或纳米技术甚至可以实现在世界上的任何地方培养、种植 3D 打印材料，或就地生产 3D 打印材料。

与数字运输密切相关的是它们的数字存储。如今，任何零售商所提供的产品数量是有限的，因为产品的陈列室和仓库空间有限。但是，一旦产品可以实现 3D 打印，这些产品的数据就可以存储在本地计算机或者互联网上，如此任何拥有 3D 打印机的零售商都可以有效地提供任何数量的产品，而不需要维持大量的实物库存。数字存储不仅让零售商避免了商品缺货的问题，也让他们不必再面对清理滞销品的麻烦。如今，数字印刷机和电子书阅读器不仅意味着书永远不会断货，也降低了出版商的库存压力。未来，3D 打印机可以对整个产品和零部件进行同样的操作。

在存储空间有限的情况下，数字存储的产品和备件可能变得至关重要。美国国家航空航天局已经在国际空间站上测试了一台 3D 打印机，还宣布了它对高分辨率 3D 打印机的要求，以便在深度太空执行任务期间生产航天器部件。美国陆军还试验了一种车载 3D 打印机，以便在战场上输出备用坦克和其他车辆的部件。

配上 3D 扫描仪，未来的 3D 打印机将能实现对几乎所有损坏的部件数字复制。今天，许多物品中的一个零件坏了，因为没有配件，这整个物品就不得不彻底丢弃。但正如我们所见，在资源耗尽之前，我们必须放弃这种浪费的做法。因此，我们很可能在每条大街上都能看到维修店。有了 3D 扫描仪和 3D 打印机，这些设备的工匠和技术人员将能够扫描损坏的部件，在电脑中进行数字化修复并且打印替代品。任何人都可以拿起任何物品，然后说："我可以要三个这样的东西吗，必须是同样的材质、同样的颜色？"也许在十年以后，获得一个复制品就像去复印店里复印文件一样容易。

这些发展将引发各种各样的问题，同时带来各种可能性。例如，今天我们在购买产品时，不能选择材料的质量，但未来或许可以自由选择。另外，"真品"的概念也会受到质疑。雕塑家芭丝谢芭·格罗斯曼（Bathsheba Grossman）利用3D打印机创作出了她的作品，并有可能批量生产这一"真品"。因此，艺术品和其他物品的真实性将变得越来越难以验证。格罗斯曼生产的每一尊雕像都是同样的杰作。但是，从她的作品扫描中也可以看到一尊复制的雕像，更别说是从她的数字文件中3D打印出来的一件"假"艺术品。在未来，艺术作品的所有权可以等同于对数字数据的所有权。

未来，博物馆可以根据要求把展品打印出来。这些展品可能来自数码收藏，也可能来自全球的艺术品档案中那些扫描下来的年久失传或太过精致的原件。考古学家们已经对木乃伊进行了扫描，并打印出了它们的骨骼，而不需要撕开千年的绷带。这既有趣又有益。然而，这样的扫描和复制可能会让知识产权管理成为一场噩梦。因为数字发行及音乐和视频复制，传媒行业已开始陷入混乱。因此，面对经常性的扫描和无尽休的复制，传统的艺术家和制造商将会做出怎样的反应呢？我们拭目以待吧。

制作你自己的3D打印机

目前大多数3D打印机的售价为数千美元，其中大部分型号的打印机售价在1万到2万美元。不过，对于那些囊中羞涩的爱好者来说，可以通过另一种途径来实现自己的3D打印。

对于那些时间充裕的人，自己制作3D打印机已经成为可能，因为源代码开放在线社区开发并免费提供了制作3D打印机的设计方案。目前有两个这样的在线社区，分别是RepRap和Fab@Home。

RepRap，即自我复制型 3D 打印原型机，是一种能实现自行建造的 3D 打印机，能够打印规格为 8 英寸 ×8 英寸 ×5 英寸的塑料物体。这意味着 RepRap 可以打印许多自己的组件。一旦一个人建立了一个 RepRap，他们的朋友就可以创建另一台 RepRap。购买制作 RepRap 所需的材料需要花费大约 500 美元。你可以在 reprap.org 上找到更多相关信息。

Fab@Home 是另一个开放源代码的 3D 打印推广网站，其雄心勃勃的目标是“改变我们的生活方式”。更具体地说，Fab@Home 是一个打印机和程序的平台，可以生成功能性的 3D 物品。

自建的 Fab@Home 打印机通过在层层之间注射打印材料来实现 3D 打印，其注射工具可以使用多种材料，可能包括硅树脂、水泥、不锈钢、蛋糕糖霜、冰和奶酪。由 Fab@home 计划打印的成品包括电池、手电筒、自行车链轮、玩具部件和各种食品。目前，建造一个“I 型”Fab@Home 的成本是 2400 美元，而它的“II 型”即将推出，预计可将整个成本降低到 1300 美元左右。你可以浏览 fabathome.org 获取更多相关信息。

***

“圣诞老人机”时代

3D 打印发展非常迅速，已经成为非常真实而且非常有用的技术。如今的 3D 打印机和未来的“圣诞老人机”（Santa machine）设备之间的鸿沟仍然很宽，未来的“圣诞老人机”可以打印出几乎所有我们能够想到的东西。然而，值得注意的是，仅仅在 20 年前，一台黑白的 2D 喷墨打印机还是一个新奇的东西。即使在 10 年前，台式打印机输出的照片也比不上传统的运用光化学洗出来的照片。鉴于目前在家打印出高质量的照片已经变得稀松平常，因此关于未来 10 到 20 年 3D 打印将有重大发展的预测是合情合理的。

在“全能”3D 打印机问世之前，以现有的 3D 打印技术水平，在一系列行业中开发所需的 3D 打印技术也大有可为。例如，在过去的几年里，牙医们已经开始行动，他们直接通过3D扫描并运用3D打印机来制作牙科设备。与传统方法相比，这能更快地制作出高质量的牙科设备。用不了多久，当你去牙科就诊时，牙医就可以扫描你的牙齿，为你制作出新的塑料或金属牙冠。

说到牙齿，我们可能很快就会把它们和食物定制联系在一起。正如上面提到的，自动构建的Fab@Home打印机已经可以用蛋糕霜、冰和奶酪制作食物。2010年7月，麻省理工学院的两名研究生制订了一项3D打印计划，即“个人食品工厂”计划，以实现从许多冷藏罐里打印食物。

未来的食品打印机可以让那些没有任何烹饪技能的人制作出美味可口的食品。除了一些大厨之外，任何人都不太可能强烈反对食品打印机的制造和销售。然而，当涉及3D生物打印技术的发展时，情况或许并非如此。这种前沿技术可以3D打印活体组织，在未来，定制人体器官甚至无创手术技术都有可能实现。目前，商业生物塑料已经面世。对于这种特殊的3D打印技术，我将在第二十二章详尽阐述。

通过将数字数据被“原子化”变为现实，3D打印机有效地在现实世界和网络世界架起了一座桥梁。在未来，任何让事情变得更好、更便宜、更个性化的方法也可能会有更大的需求。作为未来的一项技术，3D打印将使任何备用零件的数字运输、储存和复制成为现实。3D打印之所以备受青睐，是因为原材料变得越来越稀缺。然而，接下来的几章将会证明，3D打印只是众多创新制造技术的冰山一角。

- 第七章 -
纳米技术

每个物体都是由原子构成的。你、我、你厨房里的冰箱，甚至花园周围悠闲漫步的乌龟都是由原子构成的。然而，当冰箱被制造出来时，其原子就被移动到冰箱的结构中。事实上，目前的制造方法，包括铸造、切割、压制、焊接、旋紧和胶粘，被比作戴着拳击手套用乐高积木来制造东西。换句话说，尽管目前的制造方法确实允许我们将原子集合移动，但它们不能让我们在任何原子精度水平上定位物质的个体构造块。

纳米技术是在纳米尺度上理解和操纵材料的科学。一纳米只有一米的十亿分之一，或者说是几个原子的端到端的长度。通俗点说，人类的头发直径约为 5 万纳米，而大多数纸的厚度大约为 10 万纳米。

任何一个在 1 纳米到 100 纳米的精度水平上的制造或其他过程都可以被理解为运用了纳米技术。这意味着纳米技术是一个非常多样化的领域。事实上，新兴纳米技术项目所保持的产品库存已经列出了超过 1000 种完全或部分依赖纳米技术的产品。其产品由 24 个国家的近 500 家公司生产，这些日常用品包括微处理器、电池、汽车涂料、纺织品、药品和化妆品。

机会科学

1986 年，纳米技术先驱埃里克·德雷克斯勒（Eric Drexler）出版了他开创性的著作《创造的发动机》（*Engines of Creation*），首次引起了公众的关注。这一开创性的著作有效地建立起了纳米技术领域的基础，2007 年被更新为免费的 21 周年纪念电子书。

纳米技术的未来前景是创造各种新的、改进的材料和产品。作为承认其巨大潜力的例证，2001 年，美国政府建立了国家纳米技术计划（NNI），协调 25 个联邦机构的工作，促进纳米技术的发展。这个 25 年项目已经投资了 140 亿美元，这只是最高层对纳米技术重要性的认可。国家纳米技术计划解释说："纳米技术的力量源于它对多种技术和工业领域的变革潜力，包括航空航天、农业、生物技术、国土安全与国防、能源、环境改善、信息技术、医药和交通。"

国家纳米技术计划指出："在纳米尺度上的图像、测量、模型和操作能力将会影响到我们的经济和日常生活的方方面面。"越来越多的纳米技术将被用来制造更强、更轻、更便宜、更快、更节能、更环保的东西。事实上，德雷克斯勒曾很自信地预测，未来的纳米工厂将能够"将简单的化学原料转化成大型的、原子精确的产品，而且价格低廉，能耗适中。"纳米技术已经使 10 亿甚至更多的晶体管被放置在一个微芯片上，等离子电视屏幕变得更大、更薄，防晒产品能够提供更好的紫外线保护，纺织物变得更耐磨。然而，真正的纳米技术革命方兴未艾。

至少从理论上讲，纳米技术可以使人类在原子层面上控制所有形式的物质。在未来，纳米技术可以让我们制造和实现几乎任何我们可以想象的东西。德雷克斯勒坚信，一场根本性的纳米技术革命可能即将到来。他解释说："在过去的 50 年里，微观世界的技术活力令人难以置信。尽管汽车、飞机、房屋和家具在性能和成本上的变化不是很明显，但 DNA 和微电子方面却出现了技术爆炸，其基本能力受超过 10 亿种因素的作用而大为提升。（超过一定的门槛）……这些发展将从微观世界中迸发出来，并转化为人类甚至是行星层面上的技术。"

用原子修补的方法

操纵纳米层面上的物质可以通过两种不同的方式来实现。第一种是“自上而下”的方式，涉及对传统材料的操纵，在纳米层面上改变它们的组成，或者在它们的表面形成纳米级结构。第二种是“自下而上”的方法，基于对单个原子和分子的纳米结构的组装。

当前几乎所有的纳米技术发展都是基于自上而下的方式。这种技术被广泛用于制造硅芯片。该技术使用了一种被称为纳米光刻的紫外线摄影法将微处理器和计算机内存储器中的信息蚀刻到硅片上。采用这种技术，英特尔最新的制造工厂近年来一直在生产只有 32 纳米宽的微芯片。该公司还投资了大约 80 亿美元用于升级制造设备，使其能够生产出只有 22 纳米宽的新一代芯片。

其他常见的自上而下的工序是将微小的纳米颗粒加入到传统材料中，以制造所谓的“纳米复合材料”。例如，纳米防晒霜就是通过在传统的乳液中添加纳米尺寸的钛和氧化锌颗粒制成的。纳米银也越来越多地被添加到医疗和清洁产品中。银的抗菌性经证明对杀死一系列细菌非常有效。

最常见的纳米复合添加剂是碳纳米管。这种材料是由呈六边形晶格状的碳原子排列而形成的直径为 1 纳米的小管。这种材料非常坚硬，强度实际上是钢的 117 倍，可能是理论上强度最大的材料之一。因此，碳纳米管已经被添加到包括玻璃、钢铁和塑料在内的一系列传统材料中，以提高它们的强度。

现在许多公司已经开发了复杂的化学过程，从而能够大规模生产碳纳米管。他们生产的碳纳米管的长度可达几厘米，通常每克售价几百美元。一些公司，比如拜耳材料科技公司，现在已经有了可以每年生产 30 吨甚至更多碳纳米管的工厂。到 21 世纪末，全球碳纳米管市场预计将达到数十亿美元。这不仅是由于它们被用于加强其他材料，还因为它们在下一代纳米电子学中的潜在应用。

未来的纳米级工厂

尽管经过纳米处理的传统材料已经进入大众市场，但从单个原子或纳米组件“自下而上”的制作技术却远没有那么先进。这就是说，自下而上的纳米技术是一个活跃的研究领域，在未来，我们几乎可以让任何东西变成其他东西。重要的是，随着自下而上纳米技术的广泛应用，所有的“污染物”和“废弃物”都将成为一堆等待被重新排列成有价值东西的原子。

纳米结构可以由单个原子或分子两种方式组成。第一种方式被称为“定位组装”，涉及使用更大的工具来移动单个原子或分子；第二种方式叫“自我组装”，是纳米级物体在纳米级上构建或操纵其他物体。

定位组装的实验正在进行。例如，早在 1989 年，IBM 阿尔马登研究中心一名物理学家唐·艾格勒（Don Eigler）成为第一个操纵单个原子的人。艾格勒的做法是通过扫描隧道显微镜（STM）来推动 35 个氙（Xenon）原子。在他完成工作之后，他甚至用它们拼出了字母“IBM”，从而创造了最小的公司标志。

如果借助扫描隧道显微镜将原子推到指定位置很难理解，那么自我组装、自下而上的纳米技术听起来就像是纯粹的科幻小说了。事实上，几十年来，使用“纳米机器人”在原子尺度上创造和修理东西的想法一直是未来主义小说、电影和电视节目的热门主题。然而，纳米技术的自我组装并不是幻想。生命本身就是基于这个过程，所有的生物都依赖于分子的自我组装技术。

迄今为止，还没有人能创造出科幻小说里那样的自我复制的纳米机器人。然而，在所谓的“分子自我组装”方面已经有了一些成功的实验。这种技术利用化学规则，用 DNA 分子来组成不同形状。例如，在 2010 年 10 月，有报道称纽约大学和哥伦比亚大学的两个研究小组制造了“DNA 机器人”雏形。这些令人难以置信的小机器是由 DNA 分子组成的，将其“程序化”

之后可以用来执行简单的任务。

例如，纽约的 DNA 机器人已经在 8 种不同的模式中组装了黄金粒子。与此同时，哥伦比亚大学的研究团队已经为其 DNA 机器人设定了启动、停止、转弯和移动的程序。他们的“DNA 步行者”有三条或多条由一系列基因酶组成的腿。由于受到一系列生物化学物质的化学吸引，它的每条腿都能向前移动，这是一种化学控制手段。从理论上来看，利用这些和其他技术发展，将来我们会建造出分子工厂来制造化学化合物甚至纳米级计算机。

纳米电子学

纳米技术的潜在前景让人欣喜不已，但是人们同样可能轻视那些已经被证明的纳米应用及其发展潜力。接下来将简要介绍纳米技术在未来十年左右的实际走向。

如前所述，纳米技术目前被用于制造最先进的硅晶片，其组件尺寸只有 22 纳米。这种“互补金属氧化物半导体”（CMOS）芯片是由一层仅 0.9 纳米厚的金属氧化物制成的。因此，我们将很快达到互补金属氧化物半导体技术的小型化极限。在 2020 年以后，我们在计算机上的持续性能改进将不得不依赖于其他技术。

世界各地的研究团队现在都专注于开发互补金属氧化物半导体纳米电子。例如，在 2007 年，IBM 的一个团队创建了第一个完美的单分子开关，从而在分子层面为构建计算组件铺平了道路。

未来的纳米电子器件也将利用碳纳米管的超导特性。因为这些微小的管道以一种不同于普通金属的方式导电，所以它们不会散射电子。这意味着碳纳米管布线可能被用于制造可操作的电子电路，其规模远小于现有的硅制造技术。

除了碳纳米管，另一种具有许多未来应用潜力的纳米材料是石墨烯。石墨烯是由一层排列成蜂窝状结构的单层碳原子组成的，具有相当惊人的强度、灵活性、透明度和导电性。虽然石墨烯是在1962年发现的，但直到最近，除了一些非常小的薄片，它仍无法量产。不过在2010年，韩国三星集团和成均馆大学的研究人员成功地在一种柔韧、透明、63厘米宽的涤纶薄板上制造了一层连续的纯石墨烯。由于这一成就，未来的石墨烯很可能被用来生产高度灵活的显示器和触摸屏。石墨烯也可用于未来太阳能电池的生产。

纳米材料和纳米涂层

纳米技术将越来越多地被用于改善许多材料的性能。具有防污防水功能的纳米涂层的纺织品已经相当普遍了。一些建筑也开始使用具有“自我清洁”功能的纳米涂层玻璃，可以防止灰尘粘在玻璃上。虽然这些发展看起来似乎还不成熟，但窗户清洁工和清洁剂制造商仍应予以严肃对待。

在某些传统材料中加入碳纳米管已经引发了一些相当新奇的发明。例如，美国科学和能源研究实验室的科学家们正在开发一种可自动加热的油漆，以防止飞机上冰层堆积。这种油漆含有碳纳米管，在不久的将来将应用于机翼和其他重要的飞行器表面。在寒冷条件下，飞行员将通过飞机的电子系统“激活”油漆。这些科学家认为，纳米可加热油漆将是一个具有颠覆性意义的除冰方式。更重要的是，这种涂料将比任何功效类似的除冰溶液要轻100倍。

在塑料工业中，将纳米级添加剂引入传统材料也将逐步促进新的纳米复合材料的开发。纳米级添加剂将使其强度和外观得到改进，而且成本更低。例如，一些汽车保险杠已经用加入了纳米黏土的塑料制成，以提高耐冲击性。纳米复合泡沫也已经被创造出来，虽然看起来和固体塑料一样，但轻得多。因此，这些泡沫很可能被广泛用于生产一次性杯子和快餐容器、包装材料、家庭保暖、地毯衬垫和垫子等产品。

而另一种潜在的纳米材料开发是按需结合。未来，这种材质的安全接头可以将金属和塑料牢牢地固定在一起，而且这种接头可能在几年后被原子“停用”，以便于回收。

纳米医学

在医学上采用纳米技术也是非常合乎逻辑的。数百年来，医生一直在发展手术技术，这些技术使手术的精确度越来越高。因此，服用纳米药物可谓是一种自然进化，可能导致外科和药学的融合。

1999 年 6 月，诺贝尔化学奖得主、纳米技术先驱理查德·斯莫利（Richard Smalley）在美国众议院的一次听证会上论证了这一观点，正是这些听证会促成了美国纳米技术计划的出台。当时，斯莫利正在接受化疗。然而，他预言他手术所用的那种“非常钝的工具”会在 20 年内淘汰。斯莫利相信，针对患者突变细胞的纳米药物将研发出来，并且副作用极小。他断言，他所患上的那种癌症将成为过去。

斯莫利于 2005 年死于癌症。然而，如今有几个团队正在开发纳米机器人，以实现未来治疗癌症药物的定向投放。其中一个这样的项目设在蒙特利尔理工学院。正如纳米机器人实验室主任西尔万·马特尔（Sylvain Martel）所解释的，这将对癌症治疗产生巨大的影响，因为纳米机器人将来能够通过血流直接将治疗药物送达肿瘤部位。

马特尔团队开发的纳米机器人由磁性药物载体和鞭毛细菌发动机组成。研究小组使用磁共振成像（MRI）将信息反馈给一个控制器，该控制器通过病人的血管引导纳米机器人。这使他们能够通过传统的导尿技术向无法进入的部位运送药物。2009 年 9 月，马特尔预测，要花 3 到 5 年时间才能完善对纳米机器人转向机制的计算机控制。卡内基·梅隆大学的第二个项目也在研究将类似的可编程纳米机器人用于靶向药物传递。

另一项研究计划有望在 21 世纪末实现在医疗实践中使用纳米机器人。该计划的领导者是瑞士苏黎世联邦理工学院机器人和智能系统研究所的布莱德利·纳尔逊（Bradley Nelson）。纳尔逊的一个研究项目是开发用于视网膜手术的纳米机器人。他认为，这甚至可能在十年内成为可能。

与此同时，南加利福尼亚大学分子机器人实验室主任阿里斯蒂德·雷基沙（Aristides Requicha）领导的团队有望彻底推翻当前的医学模式。雷基沙的目标是专注于预防而不是治疗，其方法是让成群的纳米机器人不断地在血液中漫游，在病人出现任何症状之前寻找并杀死病原体。雷基沙的长期目标是“制造人造的、最好是可编程的细胞”。当我们在第二十四章中展望生命的延长时，我们将会再次谈到创造这种人工纳米技术免疫系统的潜在深远影响。

虽然纳米机器人在我们的血液中巡逻可能是几十年以后的事，但其他几项纳米科技在保健方面的进展却更接近实际应用。例如，由欧洲联盟资助、总部设在巴斯大学的一个项目正在开发新的智能纳米技术绷带。这种绷带可以通过纳米囊释放抗生素来对抗感染。然而，真正聪明的是，只有绷带检测到致病细菌时，抗生素才会被释放。反过来，这降低了病人接受不必要的药物治疗的风险，而服药可能产生耐药性。

另一个与健康有关的开发是用纳米技术净化水质。作为南非希望工程的一部分，斯泰伦博斯大学水务学院的研究人员正在开发一个革命性的水过滤系统，并将其加入传统的过滤包。这种过滤包内含活性炭和纳米纤维，而这些纤维与杀菌薄膜结合在一起，预计成本约为半美分。用户只需在容器中放置这样一个过滤包，当脏水通过这个过滤包时，活性炭会去除不需要的化学物质和杂质，而纳米纤维上的生物化合物会破坏有害微生物。因此，当场饮用脏水是安全的。

小科学解决未来大问题

纳米电子、纳米材料、纳米涂层和纳米医学可能会改变许多工业部门和许多人的生活。此外，本书第一部分所指出的一些最基本的全球性挑战，也有可能利用纳米技术得到解决。例如，可能有几种纳米技术可以用来解决气候变化问题。如第二章所述，一种解决方案可能包括在太空中建造巨大的太阳帆，遮挡太阳对地球散发的热量。这可能会抑制全球变暖，而不是减少大气中温室气体的含量。

巨大的太阳帆必须非常薄。因此，它们几乎肯定必须使用自上而下或自下而上的纳米技术在太空中制造。这就面临着将所需材料送入地球轨道的挑战。一个有争议的解决方案是开采来自月球或小行星的矿物质。然而，另一种解决方案可能是建造一种太空电梯，它可以携带材料进入轨道，而不需要通过发射宇宙飞船才能实现。

太空电梯是一种理论上的未来电梯，它将从地面上升到地球静止轨道上的空间平台。因此，这样的装置可以极大地方便进入太空。然而，它也会带来许多巨大的建设挑战。这其中最重要的一点是，它的电缆长度达数千英里。如果这种电缆由任何现有的材料制成，那么它就会在自己的重量下坍塌。然而，未来碳纳米管有可能被用来制造太空电梯电缆。第十五章将会提到，由于纳米技术的存在，太空电梯现在在理论上至少是解决气候变化问题的一个未来可能性。如果我们选择用太阳帆来阻止全球变暖，那么太空电梯也可能是必不可少的。

另一个应对气候变化的大规模替代方案可能是在全球范围内建造大气过滤装置。正如埃里克·德雷克斯勒在2007年出版的《创造的发动机》中所描述的，未来的纳米技术有可能被用来从大气中提取温室气体。他承认这可能需要十年的时间，而实现他所建议的巨大的太阳能电池阵列来提供的几兆瓦的电力就更加遥远了。然而，德雷克斯勒仍然相信，未来纳米技术的发展将使去除和储存从工业革命以来就在大气中积累的过剩二氧化碳变得可能，也负担得起。

在不久的将来，纳米技术也有可能帮助人们解决水峰值的挑战。它可以通过低成本、低能耗的海水淡化来实现这一目标。美国能源部的劳伦斯利弗莫尔国家实验室已经找到了利用纳米技术从海水中去除盐分的方法。

这种方法使用碳纳米管滤除或“排斥”组成普通盐的离子。如果这项技术能够进一步发展，那么它将有助于大大增加沿海地区现有的淡水供应，进而有助于缓解全球的粮食短缺。

考虑到未来的纳米技术有可能让几乎所有的东西可以由各种原子建造出来，理论上它们可以帮助解决未来的燃料和食物短缺问题。这表明在可预见的未来，新燃料和食品储备的发展可能会导致基因改造和合成生物学的发展，这将在接下来的两章中进行详细阐述。

此外，未来在能源和运输领域，纳米技术也很可能发挥重要作用，比如纳米太阳能电池板，以及纳米技术在未来电动汽车新型电池技术生产中的应用。

明天的石棉?

纳米技术可能提供了很多优势。然而，就像任何其他革命性的新技术所遇到的情况一样，有些人已经暗示我们正在干预我们不理解的事情。有些人认为，对物质的这种胡乱改造有悖于自然秩序。虽然抱持这种极端观点的人很少，但越来越多的人开始关注纳米技术安全问题。

在20世纪80年代末纳米技术普及之后，“失控”的纳米技术可能会导致世界末日的观点也传播开来。这就是所谓的“灰雾问题”（gray goo scenario），这个观点是基于这样一种假设，即未来自我复制的纳米机器人可能会把所有的物质变成某种没有生命的尘埃。多年来，查尔斯王子和许多其他反对纳米技术的人都支持“灰雾问题”。然而今天，即使那些反对纳米技术的人也承认，没有人会变成“灰雾”。能不断地把污物变成自己的复制品的这种创造似乎有理由让人感到害怕，但是想想土豆吧，它就能不断复制自己，不过我们并不担心会被土豆淹没。

上面提到的纳米技术可能会引起严重的安全问题。例如，包括“地球之友”在内的一些机构警告说，如果我们想避免石棉悲剧[①]的重演，我们需要立即暂停使用碳纳米管。当然，在明确纳米材料会对人类健康及周围环境产生何种影响之前，它们就已经被推向了市场。例如，对于人体如何摆脱讨厌的纳米粒子，人们目前还一无所知。因此，针对这一领域的研究是必要的，尤其是在纳米颗粒对肺、心脏、生殖系统、肾脏和细胞功能等具有毒性作用的情况下。

纳米技术的拥护者认为，纳米颗粒已经被添加到许多日常材料中，对人体健康没有危害。这意味着，目前在许多汽车涂料和等离子电视屏幕上，碳纳米管没有任何健康风险。然而，持相反观点的人则指出，松散的碳纳米管容易渗透进皮肤，可能导致癌症。不过有一点可以确定：到21世纪末，我们就会知道他们谁对谁错。

围绕纳米技术安全的争论正在全球范围内展开。至少，更全面的毒性测试可能会减缓一些新纳米产品的推出，就像对转基因作物的反对大大阻碍了转基因作物在欧洲的推广一样。一些针对纳米技术的安全措施也开始出现。例如，在2008年，一项名为“纳米技术法规及标准”（Assured Nano）的认证计划被引入，以促进纳米技术在保证健康和安全的前提下应用。

***

未来的希望

大家可能会想，在这本书中所强调的所有事情中，纳米技术未来可能具有最大的潜力。因此，我们后面的很多章节还会偶尔谈到纳米技术。考虑到纳米技术是在最基本的层面上对物质进行研究和利用，那么未来技术

① 石棉是一种硅酸盐类矿物产品，具有高度耐火性、电绝缘性和绝热性，是重要的防火、绝缘和保温材料。然而，石棉粉尘危害极大，引起肺病，诱发肺癌。石棉已被国际癌症研究中心认定为致癌物。

发展的诸多领域中应用纳米技术也就是顺理成章的事情了。

在 20 世纪 80 年代，微电子启动了当前的计算和数字通信工业浪潮。虽然互联网时代的技术不会很快消失，但纳米技术和 3D 打印技术可能会给制造业带来无限的可能性，再度掀起一次新浪潮。这次新浪潮除了带来新的生产方法外，在资源修复和回收方面的创新也令人惊讶。与以往大多数的工业浪潮一样，主流纳米技术也将带来很不和谐的音符。

世界上最著名的纳米技术研究人员之一是拉尔夫·默克尔（Ralph Merkle），他是美国奇点大学的一名教员。默克尔经常提到，当自我复制的纳米机器人可以将原子变成任何我们梦想的东西时，制造的可能性就会存在。在一次演讲中，默克尔画了一个圆来说明所有可能的事情。他用这个圆代表可能制造出来的所有产品。在这个圆中，他用一个很小的点代表历史上制造的所有产品。他的论点很简单，纳米技术将允许我们创造大量的其他物质，这些物质在物理上是可能存在的，只是我们还没有弄清楚如何制造它们。

许多未来学家认为，2020—2050 年的这段时间资源将相对稀缺。虽然这并不意味着我们将耗尽所有的资源，但全球将会出现大量的原材料短缺，包括石油、水、食品和一些矿产。面对这一挑战，人类将学会以新的方式生活。然而，到 2050 年左右，纳米技术、基因工程、合成生物学和太空旅行的发展将预示着一个富足新时代的到来。若现实果真如此，那肯定是得益于这些新技术，尤其是自下而上的纳米技术，它们将会满足我们的需求。

即使没有从太空获得新的资源，地球也有足够的原子供应，让百亿或更多的人过上舒适的生活。因此，我们所需要的是一种技术，这种技术能够使正确的原子被重新排列到我们需要的资源和产品中。从长远来看，这就是纳米技术的美好前景，我们有理由去追求这个美好的前景，并且动作要快！

- 第八章 -
基因改造

20 世纪的主要科学是物理学和化学。在 21 世纪，随着 3D 打印技术和纳米技术的兴起，物理学和化学将继续保持非常重要的地位。然而，我们有理由相信生物科学的地位将超过物理学和化学。首先，传统植物学和动物学的进步可能会促使新的农业规范和生产方法的出现。更重要的是，生物科学革命还将包括我们自身和其他生物的基因测试和基因改造。最激进的生物科学发展甚至会产生全新的人工生物。

未来生物科学的发展范围太广，仅用一章篇幅根本无法涵盖，因此这一章只粗略介绍现存植物、动物和微生物的基因改造，而将在下一章探索完全人工生物的创造，以及对现有生物系统的全新设计。总的来说，这两章将谈一谈生物科学的发展将如何改变农业和制造业。人类基因检测、“药物基因学”和基因疗法将在第二十一章谈到遗传医学的时候再单独探究。

操控生命

自从农业开始发展以来，人们一直在有意操控生物。仅举一个例子，几个世纪以来，我们一直在给苹果树做嫁接。这使得同一棵树的不同分支能够产生不同种类的果实。这项技术很成功，今天这些杂交树能长出超过 100 种不同的苹果。

从一棵苹果树上剪下一个芽，把它嫁接到另一棵树上，这是一种古老的方法，可以将外来的遗传物质引入宿主植物。但最近，我们可以利用基因改造的新科学，以更基本的方式交换和操控遗传物质，在未来，人类有可能控制所有生物，这让一些人惶恐不已。

所有生命形式的特征都是由它们完整的基因编码或“基因组”决定的。利用四种化学物质——腺嘌呤（A）、胞嘧啶（C）、鸟嘌呤（G）和胸腺嘧啶（T），这些信息被储存在脱氧核糖核酸（DNA）中。这些所谓的“碱基”结合在一起形成了连接或“碱基对”，它们将在每个 DNA 分子中发现的两个螺旋体结合在一起。

基因工程师通过改变碱基对序列的特定部分来研究和操控 DNA。例如，一个人的 DNA 分子包含大约 30 亿个碱基对，可以被细分为 2 万—2.5 万个基因。图 8.1 表明了 DNA 分子与其基因和碱基对之间的关系。

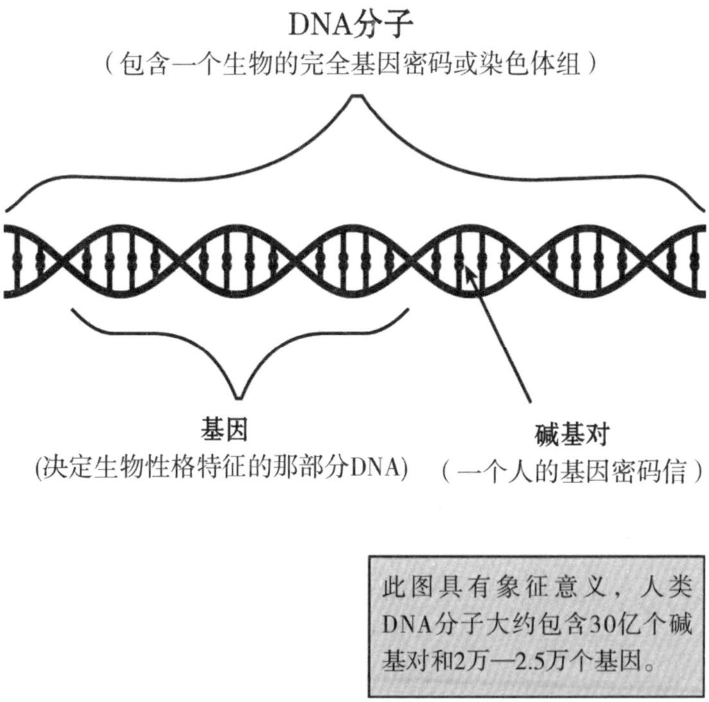

图 8.1：DNA、基因和碱基对

1869 年，瑞士化学家约翰·弗里德里希·米舍尔（Johann Friedrich Miescher）从白细胞中提取了一种叫核酸的物质，首次发现了 DNA。到 20 世纪初，核蛋白被称为 DNA，其中四种不同的化学碱基被识别出来。1944 年，洛克菲勒医学研究所的奥斯瓦尔德·埃弗里（Oswald Avery）领导的团队首次展示了基因由不同部分的 DNA 组成。1953 年，詹姆斯·沃森（James Watson）和弗朗西斯·克里克（Francis Crick）确定了 DNA 的双螺旋结构。

基因改造（GM）将一个物种的基因引入另一个物种的 DNA。1973 年，斯坦利·科恩（Stanley Cohen）和赫伯特·波伊尔（Herbert Boyer）创造出第一个转基因生物（GMO）——一种新型大肠杆菌。他们的工作也开启了基因工程的新科学。

科恩和波伊尔运用两种不同的细菌开启这项研究。其中一种细菌对抗生素四环素有抗药性，另一种细菌对抗生素卡那霉素有抗药性。在他们开创性的实验中，科恩和波伊尔将 DNA 分子从每个细菌中移除。利用化学酶，他们从一个质粒中切割出负责抵抗四环素的基因，并将其拼接到另一个质粒中。“重组后的 DNA”又被重新引入卡那霉素耐药菌，从而提供了对四环素和卡那霉素的抵抗性。随着改良细菌的复制，这种双重抗生素耐药性被转移到随后的菌种中。

在物种之间移动的遗传物质被称为转基因。科恩和波伊尔的开创性工作为后来各种转基因创新铺平了道路，许多其他科学家很快就学会了制造包含其他物种基因的转基因生物。例如，在 1974 年，研究人员鲁道夫·耶尼施（Rudolf Jaenisch）培育出第一个转基因动物，他将白血病基因引入小鼠胚胎。

1976 年，赫伯特·玻伊尔创立了基因技术（Genentech）公司，目标是使用转基因制造新药。仅仅两年后，基因技术公司通过将适当的基因植入大肠杆菌成功地生产出了人类胰岛素。到 1982 年，美国食品药物监督管理局（FDA）批准了这种基因工程药物用于医疗，并允许其进入市场销售。

转基因技术现在已经被用来制造各种各样的转基因植物和动物。转基因细菌现在不仅仅被用来制造像胰岛素一类的药物，还被用于生物燃料和制造生物塑料。在接下来的几十年里，DNA 应用技术可能会引发农业和制造业的革命。为了进一步探索转基因的前景，以下部分将探讨转基因植物、转基因动物和转基因生物技术工厂的发展。

转基因作物

1986 年，加州大学培育了首批著名的转基因植物。科学家从一只萤火虫体内提取了荧光素酶基因，并将其加入烟草 DNA，结果培育出一种能够发光的转基因烟草。这个实验旨在帮助科学家追踪物种之间，以及物种及其后代之间基因的转移，而从来没有人打算去推销那些发光的烟草。然而，当烟草基因与萤火虫基因混合后，公众的想象力被激发出来了，因为它同时预示着转基因给未来带来的希望和威胁。

第一个商业化的转基因作物是“佳味”番茄（Flavr Savr tomato）。它是由卡尔京（Calgene）公司培育出来的，于 1994 年 6 月被美国食品药品监督管理局批准用于人类食用。从基因上来说，它可以在摘下来后依然保持果实坚实，从而保证其在运往市场的过程中既能保持品质，又不必担心被挤碎。卡尔京公司通过使用所谓的“基因沉默”或“反义”基因技术来实现这一目标，从而关闭导致番茄腐烂或发芽的基因。

追随卡尔京公司富于争议的脚步，孟山都公司于 1995 年成为第一家引入一系列玉米和其他转基因作物的公司。最初，植物经过改造后能抵抗特定农药，这样农民就可以更容易地杀死杂草而不影响收成。这样，杀虫剂喷洒得更少了，从而降低了农业成本。

包括玉米、棉花、大豆、甜菜、油菜籽和水稻在内的几种主要作物现在都可以实现转基因。转基因不仅使植物对杀虫剂产生了抗药性，还增加了它们对害虫和病毒的抵抗力。转基因技术还被用于改善诸如蔗糖含量等作物的特殊品质。

今天，美国种植的玉米、棉花和大豆中大约90%都是经过转基因的，中国也种植了大量的转基因玉米、水稻、番茄、烟草和棉花，并投入数十亿美元用于转基因开发。巴西、阿根廷、加拿大、巴拉圭和南非也种植了大量的转基因作物，并从中获得了大量的收益。例如，由于对棉铃虫感染的抵抗力增强，转基因棉花的产量增加了80%。与此同时，由于公众的抗议，欧洲大多数国家还不允许种植转基因作物。

尽管转基因作物仍然存在争议，但在石油峰值、气候变化和水峰值的情况下，它们可能是解决粮食短缺的唯一方法。例如，孟山都公司声称即将推出一种抗旱的转基因玉米。在诺维奇的约翰·英纳斯研究中心工作的科学家们也相信，他们已经分离出控制植物感知和适应温度变化的基因。在未来，转基因作物可能会在任何气候下种植。因此，我们正走在转基因作物的道路上，转基因作物或将抵消全球变暖产生的影响。

转基因作物在健康和医疗方面也能起到促进作用。一种被称为“黄金水稻”的转基因水稻可以作为维生素A的来源，因通过基因改造后其谷物中含有丰富的β–胡萝卜素。根据世界卫生组织的调查，维生素A缺乏症每年会导致25万—50万儿童失明。维生素A缺乏症也被认为会损害发展中国家约40%的5岁以下儿童的免疫系统，由此引发严重的健康问题。

未来，黄金水稻项目将具备意义重大的人道主义潜力。早在2004年，首次黄金水稻田间试验就迎来了收获。然而，监管方面的障碍比比皆是，环保主义者持续反对这种农作物，因此黄金大米仍无法供人食用。未来当人们享用黄金大米时，世界对转基因作物的看法可能也会开始改变。

未来，利用药用特性研发的转基因作物保健品有可能被用于使全人类对造成数百万人死亡的疾病形成免疫。在发展中国家，这也可能是全体国民形成免疫能力的唯一现实可行的方法。想象一下吧，未来的水稻、大豆或玉米本身携带艾滋病疫苗或疟疾疫苗，这种可能性或许会在未来几十年里变为现实。大规模使用这种“免疫作物”也无疑会引发广泛的伦理辩论。然而，考虑到许多发达国家为改善牙齿健康在饮用水中添加氟，未来的政府很有可能会立即批准在我们的食物中大量携带微量营养疫苗，即使有些人强烈反对这种做法。

转基因动物

比转基因作物更有争议的可能是转基因动物。第一个转基因动物是一只转基因老鼠，它的 DNA 被植入了白血病基因。自 1974 年这项技术诞生以来，许多其他啮齿类动物也被基因改造过。也许最值得注意的是，20 世纪 80 年代，哈佛大学的研究人员培育了一种转基因老鼠，它带有一种可以触发肿瘤生长的外源致癌基因。这使得这些转基因鼠非常容易受到癌症的攻击，因此成为癌症研究的一个有用的测试对象。这种转基因鼠也被认为是第一个拥有知识产权、其编码存在于 DNA 中受到法律保护的动物。此事发生在 1988 年，当时美国专利局授予了一项“转基因非人类哺乳动物的专利”，其生殖细胞和体细胞含有重组激活的致癌基因序列。

不管你喜不喜欢，定制转基因动物已经成为现实，创造转基因鼠用于医学研究也已司空见惯。例如，在澳大利亚珀斯的本特利（Bentley），Ozgene 公司在近 20 年的时间里一直在为很多客户培育转基因鼠。在 ozgene.com 上，该公司甚至设计了一个令人愉悦的页面，使用卡通鼠的形象来说明其转基因啮齿类动物是如何在全球范围内参与项目的。该公司解释说，它为客户提供了一个完整的“设计和培育服务”，其中包括已经被人类基因“人性化”的老鼠。

创造转基因啮齿动物以供科学研究是一回事，而利用转基因技术改造那些供人们食用的动物则是另外一回事。第一则关于转基因农场动物的重大新闻报道是 1996 年苏格兰的罗斯林研究所成功克隆了一只名为“多莉”的羊。多莉是一种转基因动物，而非转基因生物，因为遗传信息没有跨越物种屏障。更确切地说，罗斯林研究所的科学家们的意图是展示一种潜力，即从动物的一个细胞中创造出精确的动物拷贝。

克隆被定义为制造一个或多个基因、细胞或整个生物体的副本。在多莉诞生之前，重组 DNA 技术已经被用于克隆细菌基因。总部位于加州的美国基因泰克公司是世界上第一家生物技术公司，它也在商业上使用这种方法制造胰岛素和其他蛋白质。然而，罗斯林研究所的科学家却首次实现了克隆一个活着的、会呼吸的生物。

如图 8.2 所示，多莉是通过从绵羊中取出一个乳腺细胞克隆而产生的。从一个供体绵羊体内获取一枚卵细胞，并将其细胞核丢弃，代之以将被克隆绵羊的乳腺细胞核。接下来，合成的混合细胞受到电击，开始分裂。最后，将由此产生的胚胎植入代孕的第三只绵羊子宫，最终培育出多莉。

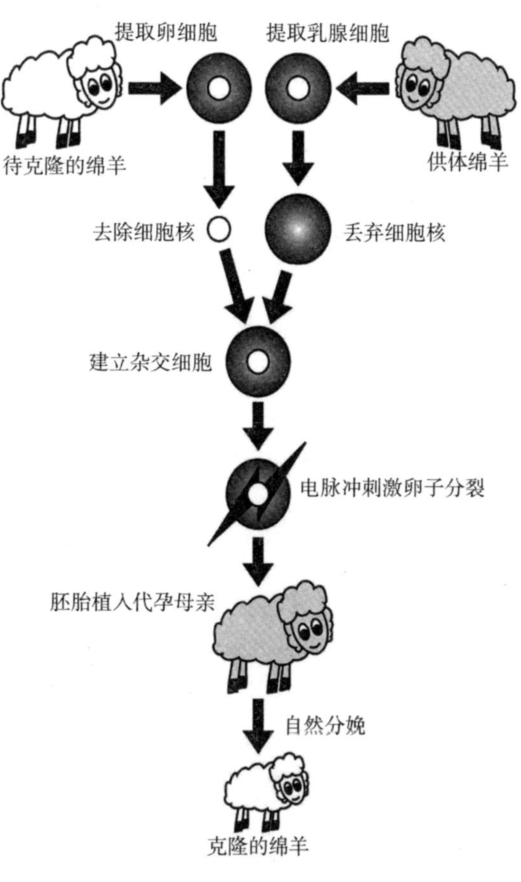

图 8.2：如何克隆绵羊

多莉的诞生并不是一个简单的过程。事实上，罗斯林研究所的科学家们实验了277次才创造出了一个可用的胚胎。自从多莉出生后，再生克隆技术也被运用于克隆猪、马和狗。在未来，尽管技术几乎肯定会继续完善，但克隆动物不太可能供人类食用。然而，供人类食用的转基因动物已经开始出现。

在写作本书的时候，尽管世界上许多动物都吃转基因饲料，但转基因动物还没有出现在人类食物链中。然而，美国食品药品监督管理局正在考虑批准出售一种名为AquAdvantage的转基因三文鱼。这种鱼是由Aqua Bounty技术公司培育的，它的DNA中有海洋大头鱼类和大马哈鱼的基因，因此其成熟期由36个月缩短为18个月。

另一种可用于人类食用的转基因动物是环保猪。这是一种约克郡猪，由圭尔夫大学的一个团队在加拿大培育成功，改造后的猪比传统的猪更能消化植物磷。这意味着猪粪中的磷减少了，变得更加环保了。由于这种猪的天然饲料中不需要化学添加剂，因此价格也更便宜。

基因工程师还希望使用转基因技术来帮助根除疾病。例如，亚利桑那大学的研究人员培育出一种蚊子，这种蚊子带有一种能影响虫子肠道功能的额外基因。这种基因可以防止疟原虫的生长，从而使这种转基因蚊子不会传播疟疾。

研究人员还在蚊子身上添加了荧光标记，以便让新物种容易被识别。他们甚至希望进一步修改昆虫的DNA，这样它们就能比携带疾病的物种有竞争优势。他们的意图是，将这种转基因蚊子引入野外，替代自然产生的、传播疾病的蚊子。如果此事可行，疟疾就可以被消灭。

如果科学家的计划得以如愿实施，转基因蚊子可以拯救数百万人的生命。然而，将转基因蚊子释放到野外也标志着人类重建地球自然生态系统的重要一步。如果生物技术，即人类决定昆虫携带或不携带疾病的技术，这一武器利用不当，也会对未来产生可怕的影响。

预计到下个十年，转基因动物可能会大行其道，同时备受争议，这种推测并非没有道理。粮食短缺和对肉类需求的增加，决定了世界不可能拒绝技术发展，毕竟这可能会减少饥荒、维持和改善饮食，并且有可能改善人类健康。

生活中，有些人甚至会喜欢转基因生物的陪伴。目前市场上已经出现了名为“荧光鱼”的一系列转基因宠物。在“电绿色”“星火红”和“阳光橙色”中都有售，这些转基因宠物都含有荧光基因。在未来，如果孩子们在游乐场赢的鱼不能在黑暗中发光，他们可能会不太高兴。我们也可能会逐渐爱上荧光猫科动物，或者性情温和、智力超常的转基因狗。

转基因生物技术工厂

正如我们看到的，基因工程只是改变了几个不起眼的细菌而已。从那时起，转基因植物和动物就引起了广泛的关注。然而，一些最重要的技术进步和应用仍会涉及微生物。

生物技术利用生物来生产产品，并且已经发展为全球性产业，每年产值超过 2000 亿美元。几个世纪以来，自然发酵过程被用来生产奶酪、啤酒和酸奶等食品。然而，自从美国基因泰克公司使用大肠杆菌开始商业化生产人类胰岛素以来，高科技生物技术与基因改造便有了不解之缘。

另一个早期的转基因产品是一种叫凝乳酶的合成酶。凝乳酶被用于制作奶酪，1988 年成为第一个被批准用于食品生产的转基因酶。现在，美国和大多数欧洲国家已经批准了三种转基因酶——每种酶都是由改良的酵母或细菌生产出来的。事实上，即使在英国，大多数硬奶酪现在都是用凝乳酶来制作的，而不再是从小牛或其他动物的胃里提取的天然蛋白质了。

未来的生物技术工厂很可能会生产出各种各样的转基因微生物产品。除了胰岛素和凝乳酶以外，还包括人类生长激素、生物燃料、生物塑料，以及能够清除油渍和其他污染的化学产品。2008 年，加州大学的科学家改进了大肠杆菌，从葡萄糖中合成几种高产量的生物燃料。在未来，凭借这种技术和相关技术的发展，我们不仅可以从谷物中得到大量的石油替代品，还可以从杂草和海洋生物中获得石油替代品。

未来的转基因生物技术也可以为我们提供新面料。例如，2002年，加拿大魁北克内克夏生物科技公司（Nexia Biotechnologies）通过蜘蛛基因改造山羊基因，成功生产出了人造蜘蛛丝。转基因山羊的奶水中产生了一种合适的蛋白质，这种蛋白质可以纺成蜘蛛丝纤维。不幸的是，内克夏生物科技公司从未进行大规模生产。然而，在2010年，来自圣母大学、怀俄明大学和密歇根克莱格生物工艺实验室的一个团队成功地改造了蛛丝。与蚕丝和其他材料相比，这种"天然尼龙"更结实、更灵活，因而在医学界和纺织业大有用途。

尽管人们已经在使用一些转基因生物技术产品，但转基因生物燃料和生物塑料目前比传统生物燃料更昂贵，而且往往化学性质较差。但是，在下一章我们将看到，合成生物学的新兴科学的发展将使工业生物技术日趋成熟。因此，许多未来的工厂可能是生物技术工厂，这些工厂依赖于有机原料而不是无机原料，其工业产出的比例也会越来越大。

转基因安全吗?

转基因植物的培育和其他转基因材料的生产已经很普遍了。转基因动物也很快会进入人类食物链。未来，进一步的转基因开发在显著提高粮食产量、对抗疾病和营养不良，并使我们摆脱对石油的依赖方面，有着巨大的潜力。然而，人们依然担忧操纵DNA带来的长期影响。首先，有些人武断地认为任何形式的转基因都是错误的。

历史上，人类一直害怕未知的事物。比如，在中世纪，人们害怕魔法，把女巫烧死在火刑柱上。幸好活活烧死万能女巫的时代没有持续太久。然而，即使在21世纪初，许多人仍然拒绝接受他们认为的不自然的做法。绿色和平组织是转基因的主要反对者之一，该组织认为转基因技术可能严重威胁人类健康，破坏环境。因此，该组织继续主张，在转基因生物的长期影响没有“被充分地科学理解”之前，它们不应被释放到野外去“污染”自然环境。当然，“被充分地科学理解”意味着什么，这是很有争议的。

一旦转基因作物开始商业化种植，就很难防止非转基因品种的交叉污染。2010 年，阿肯色大学的一个研究小组调查了北达科他州的油菜。研究小组发现，80% 的野生植物都出现了转基因。因此，绿色和平组织所做的转基因会一发而不可收的论断，几乎可以确定是对的。

还有一个小小的证据表明，转基因作物可能会损害动物健康。例如，在 2010 年 1 月，孟山都公司被迫发布了对一些转基因玉米进行的毒理学研究。这些实验显示，在老鼠的血液和尿液中，“激素和其他化合物的浓度出现异常”。在试验结束时，一些雌性老鼠的血糖水平也升高了。这些都没有提供任何急性转基因毒性的证据，但那些担心转基因作物安全的人指出，这些结果并没有排除转基因对健康带来的长期潜在的负面影响。

没有人能告诉你转基因食物绝对安全。然而，美国人在过去十年里一直在大量食用转基因植物，并没有出现明显的不良反应。如果没有转基因食品，几乎可以肯定的是，未来至少将有数以百万计的人死于饥饿。我们也不应该忘记基因的不断改良是一个自然过程。DNA 不断地在物种内部和物种之间传递。毕竟进化就是这样进行的，每个物种也是这样防止基因退化的。

我真的不想轻易打消那些转基因反对者的忧虑。遗传筛查和基因医学产生的伦理问题，以及使用其他技术改变人类的潜在的、更广泛的意义将留待本书的第五部分详述。值得欣慰的是，人们对非人类转基因的态度已经开始改变。

例如，经验丰富的环保活动家斯图尔特·布兰德（Stewart Brand）在其 2010 年出版的《地球的法则：21 世纪地球宣言》（*Whole Earth Discipline: An Ecopragmatist Manifesto*）一书中指出，绿色运动因反对基因工程而造成了巨大的危害。布兰德强调，环保活动人士的行动“让人挨饿，阻碍科学发展，破坏自然环境，并否定我们的从业者是关键的工具”。苹果树之间的嫁接一直被认为是一种合理的农业程序。在不久的将来，转基因的使用也可能会在全球范围内被大多数人接受。

***

下一次信息革命

20世纪80年代，以新的计算技术和电信技术为中心的信息革命开始了，这场革命还远未结束。但与此同时，另一场信息革命也正在发生。这就是先进的生物科学革命，这场革命是建立在对所有生物DNA中储存的遗传信息或“基因组”的理解和操纵上的。

最早被绘制出完整基因组的是流感嗜血杆菌。自1995年流感嗜血杆菌的基因组被破译以来，其他100多种生物的基因组已经被排列出来，其中包括人类基因组计划在1990年到2003年排列出来的我们自身的遗传密码。

虽然基因组排序是一个复杂的过程，但更复杂的是了解其个体基因在决定有机体特征方面的作用。在过去的几十年里，科学家已经开始了解一些基因在某些物种DNA中的作用。此外，这些知识已经被用于创造有用特质的转基因微生物、植物和动物。这就是说，目前我们对基因信息的理解还非常有限。因此，生物科学革命才刚刚起步，或许类似于个人电脑发明之前的第一次信息革命。

目前方兴未艾的革命令人既兴奋又恐惧。兴奋的是，在未来的几十年里，我们很可能会看到新的机遇爆发出来；而恐惧的是，我们害怕在转基因上犯错误，因为一旦犯错，后果会很严重，而且不可逆转。

绿色和平组织认为转基因作物对人类健康会构成长期威胁，这种观点可能是错误的。然而，几乎可以肯定的是，一些大公司对转基因工程的控制权太多。就在几十年前，我们还在改变着有机世界，大型企业无权开发新的无机技术。然而，随着转基因技术的崛起，商业世界可能会主宰无机技术和有机技术的前沿。就我个人而言，我不太担心那些有高尚目标的科学家会草菅人命，比如那些创造黄金大米的人。然而，越来越多的营利性组织利用基因控制更多的有机物质，这一点确实让我忧心忡忡。已经有许多生物技术公司可以为人类基因甚至整个转基因植物和动物申请专利。现在一些公司拥有一些人类细胞中存储的部分信息，这一现象着实堪忧。

我们把生命的控制权交给疯狂的市场，这种做法很危险，理应引起更多的争论。经济学家和他们有缺陷的决策体系不太可能成为自然世界忠实的守护者。鉴于我们最近目睹了人造生命的诞生，所以这也是需要迅速解决的问题，对此我们将在下一章进行讨论。

– 第九章 –
合成生物学

发明和创造新技术通常困难重重。因此，工程师们取自自然界的任何灵感都非常有用。虽然基因改造越来越多地被用于重新设计植物、动物和微生物，但这仅仅是生物科学革命的开始。

生物方面的尖端技术日新月异，绝不可能仅仅局限于将一两个超基因嫁接到一个现成的生物体。为此，一个名为“合成生物学”的新学科，有时也被称为“生物工程”，已经出现，它以新的方式组装生命组件，并将遗传工程提高了一个层次。

某网站解释说，合成生物学是“新生物部件、设备和系统的设计和构造”，以及“有目的地重新设计现有的自然生物系统”。从本质上来说，这意味着合成生物学应用了生物学的工程学思维。在最后一章，我们将了解到传统的基因改造涉及现有物种间个体基因的转移。与此相反，合成生物学致力于从一组标准化但不一定是自然的基因组件中组装新的生命系统。

为了提供更实际的比较，让我们想象一下，如何利用基因改造或合成生物学来建造一座更好的木屋。一方面，基因工程师可能会决定对一个橡子进行基因改造，使之长成一棵更好的橡树。然后，这棵树将被砍伐，成为木屋的横梁和木板。另一方面，未来的合成生物学家可能只是决定人为地重新规划一个橡子的基因编码，这样它就会直接生长成他们预期的生物建筑。这种更激进的方法，在生物上改变了橡子的自然有机体以行使不同的功能，从而消除了传统的砍伐、锯切和其他建筑麻烦。

考虑到橡子可以长成一棵树，那么它被人为地改造成某种木质建筑至少在理论上存在可能性。当然，这种字面意义上的树屋可能需要很长一段时间才能长成，因此不是一个非常实用的建筑解决方案。然而，这个假设的例子阐明的是基因改造和合成生物学之间的明显区别。前者改变了现有的生活方式，而后者则重组了生命的组件，并将其完全地重新分配。

新科学中的里程碑

看到这里，你或许有种在看科幻小说的错觉。为此，我来展示一些早期合成生物学的成就，以便将我们重新拉回现实。合成生物学或许是个非常新的学科，2011 年，第五次关于合成生物学的国际会议召开。这就是说，自 20 世纪 70 年代以来，许多合成生物学依赖的转基因工具一直在发展中。

合成生物学的重要先驱之一是克莱格·文特尔研究所（JCVI）。2003 年，这个非营利的私立研究所创造了世界上第一条合成染色体。2007 年，该公司开发了 DNA 移植方法，将一种细菌转化成另一种细菌。此后，在 2008 年，该研究所又创造了第一个合成细菌基因组，并将其命名为支原体 JCVR-1.0。

通过以上步骤，克莱格·文特尔研究所不断完善基因移植、合成和组装过程，这些都是创造完全合成的活细胞必不可少的。2010 年 5 月，克莱格·文特尔研究所的科学家们利用他们所有的知识和经验创造了第一个完全合成生命形式，技术上称为“JCVI-syn1.0（昵称为‘辛西娅’）”，这种自我复制的单细胞生物是基于一种现存的支原体——山羊支原体细菌。然而，辛西娅的内核是在研究所实验室里创造的一个完全合成的、拥有 108 万个碱基对的基因组。

为了炫耀其成就，基于四个 DNA 碱基对字母 A、C、G 和 T，克莱格·文特尔研究所开发了自己的字母代码，并将其写入辛西娅的 DNA。该研究所的科学家们甚至邀请了任何可以破解代码的人，通过写入新生命形式的

DNA 中的电子邮件地址与他们联系。

20 位科学家用了十多年的时间才创造出辛西娅，花费了 4000 万美元左右。合成生命形式的创造备受争议。不仅如此，辛西娅的消息一公布，奥巴马总统立即要求生物伦理委员会调查此事。该委员会迅速做出反馈，认为没有必要停止合成生物学的研究，但合成生物学家应该继续调节自己的行为。一些人可能仍然认为，克莱格·文特尔研究所不应该把神一样的力量放在人的手中。然而事实是，他们就是这样做的，网友可以通过他们提供的平台，利用如乐高玩具般的基因组来创造各种东西。

建筑与“生物砖”

工程术语和工程思维已经开始潜入生物领域。合成生物学家谈到了“引导”细胞，并通过组装基因“模块”来开发特定的功能。事实上，合成生物学的基本原理是通过标准化的工具和接口来识别和创造可以持续组装的生物部件。

已经有一些公共网站提供合成生物学组件的目录。例如，打开 www.partsregistry.org 网站，你就可以看到标准生物部件注册页面。该网站解释：“注册表上登记的基因部件不断增多，这些部件可以通过混合和匹配来构建合成生物组件和系统。该注册中心于 2003 年在麻省理工学院设立，是合成生物学界所做努力的一部分，旨在简化对生物的基因设计。”

合成生物学中使用的一些组件现在被称为“生物砖”。这些生物组件和相关的使用信息符合生物砖基金会（BBF）制定的技术标准和法律标准。由麻省理工学院、哈佛大学和加州大学的研究人员共同创立的生物砖基金会是一个非营利性组织，致力于促进合成生物学的开放性标准。生物砖基金会尤其致力于对生物砖法律标准的设立及相关教育资源的开发。更多信息可以在 BioBricks.org 上找到。

除了已批准和标准化的部件以外，人们还可以使用在线合成生物工具包。例如，从 openwetware.org 上，任何人都可以下载《生物建筑基础：合成生物学概念指导手册》（*Bio Building Basics: A Conceptual Instruction Manual for Synthetic Biology*）。新英格兰生物试验室甚至以 235 美元的价格卖出了一个“50- 反应”的生物砖组装套件。该公司还通过其在线商店销售各种基因部件。需要一些 TMA 核酸内切酶 III 型的 DNA 修复蛋白基因吗？那就访问 www.neb.com 吧，你可以花 64 美元购买到 500 组。

令许多人惊讶的是，当克莱格·文特尔研究所创造合成生命时，他们从网络上获得了一些需要的 DNA 序列。老练的合成生物学家已经可以通过操纵电脑来设计新的生命系统，并能以同样的方式获得他们需要的基因组件，就像我们其他人在线购买杂货一样。随着合成生物学的不断进步，设计师创造生命可能会变得相当轻松，只需点击网络服务或安装一个应用程序就能搞定。

未来的生物保健

与纳米技术一样，合成生物学将广泛应用于各行各业。大量的研究工作正在如火如荼地进行。接下来将着重谈谈相关的一些重要应用。

合成生物学涉及生命系统，因此它必定会广泛应用于医疗。仅举一个例子，合成生物学很可能有助于未来治疗疟疾。现在，这种疾病已经不能用 20 世纪 60 年代采用的药物进行有效治疗。不过现在，一种使用青蒿素衍生物的综合疗法经证明已经可以 100% 治愈疟疾。

青蒿素衍生物源于一种叫青蒿的植物。不幸的是，青蒿生长缓慢，产量很低，自然培育和收获青蒿素既耗时又昂贵。因此，大多数疟疾患者无法负担这种抗疟疗法所需的费用。

不过，“青蒿素项目”正在计划使用合成生物学来帮助生产一种低成本、半合成的青蒿素。该团队正在探索从青蒿和其他来源中提取青蒿素的基因通路。这种人工基因序列将被拼接到微生物的 DNA 中。利用生物技术产业中普遍使用的工业发酵过程，该团队希望以低成本生产出高质量的青蒿素。如果这一目标得以实现，那么数百万疟疾患者就有救了。

青蒿素项目最精彩的地方是强调了合成生物学如何帮助重要药物更广泛地使用。在荷兰，DSM公司也在追求一个类似的目标，并且已经使用合成生物学生产出了一种低成本的合成抗生素头孢氨苄。DSM公司还将合成生物学应用于维生素补充剂的制造。在未来，合成生物学甚至可能应用于改善数十亿营养不良者的主食营养质量。

在生物健康领域，合成生物学同样有可能开发出新的生物化妆品。有些化妆品中就已经含有植物干细胞，从而实现皮肤再生，比如印度美容师霍桑女士的阿育吠陀美容产品。像青蒿素衍生物一样，这种美容方法目前非常昂贵。然而，合成生物学将来也可能以低成本批量生产的形式生产类似的合成生物化妆品。十年以后，合成生物学可以帮助数百万人摆脱皱纹。

未来的生化药剂

除了医疗保健方面的作用以外，合成生物学还将帮助生产许多化合物和原材料，其中最主要的可能是改良后的生物塑料。目前最有前途的替代油基塑料是聚乳酸（PLA）。这种材料是从玉米或甘蔗中提炼而成，加工方式与现有的热塑性塑料一样。聚乳酸安全无毒，可用于食品包装，且能够实现生物降解。

目前，聚乳酸必须经过两道程序来制造。第一道程序是，用细菌发酵农业原料生产乳酸。第二道程序涉及化学过程，需要将短乳酸分子与长聚合物链连接起来。目前，韩国科学技术研究所的一个团队已经成功地用一个程序直接生产出聚乳酸。他们用一种不存在于自然界的合成遗传途径，通过重新设计E大肠杆菌来做到这一点。一旦这个过程被商业化，聚乳酸就能实现批量生产以替代基于石油生产的塑料。

与此相似，OPX生物技术公司正在使用合成生物学来开发一种生物丙烯。传统的丙烯酸类产品广泛应用于涂料、黏合剂、洗涤剂、服装等产品，是一种以石油为基础的产品。因此，生物丙烯酸肯定备受青睐。

利用效率导向型基因组工程（EDGE），OPX 生物技术公司正在培育一种微生物，这种微生物能从玉米、甘蔗或任何其他形式的纤维素中制造出新的生物丙烯。该公司已经在运营一个试点工厂，批量培育这种微生物。OPX 生物技术公司的长期战略是生产生物丙烯，其价格与基于石油的丙烯相同。

另一家想在未来生物化学生产中使用合成生物学的公司是杰能科工业生物技术公司（Genencor）和固特异轮胎橡胶公司（Goodyear）。这两家公司正在合作研究人工基因序列，这些基因序列将以农作物作为未来异戊二烯的来源，而不是橡胶树。这将使非石化产品的合成橡胶生产成为可能。在应对石油峰值的挑战中，合成生物学的巨大潜力再次显现出来。

未来生物能源

经合成 DNA 序列改良的微生物也将被用来制造新的和改进后的生物燃料。事实上，在克莱格·文特尔研究所创造了第一个合成细菌之后，其商业性姐妹公司——合成基因组公司（Synthetic Genomics）申请了一些专利。他们计划设计出一种新的合成藻类，这种藻类可以产生碳氢化合物，然后转化成石油替代品。

最广泛使用的液体燃料是柴油。目前几乎所有的柴油都是由石油生产出来的。生物柴油确实存在，如芬兰耐思特油业集团的耐斯特勒（NEXBTL）润滑油。然而，这些都是由棕榈或其他天然有机油制成的，因此不可能大量生产来取代化石燃料。

利用合成生物学，加利福尼亚 LS9 生物技术公司正在开发合成大肠杆菌，将天然碳水化合物转化为两种柴油替代品中的一种。在未来，木屑、玉米秸秆和其他农业废弃物，包括粪便，经过发酵后可以产出柴油。

一些项目团队也在利用合成生物学制造第二代和第三代生物乙醇。一些轿车和商用车已经在使用玉米和甘蔗等发酵谷物生产的第一代生物乙醇。然而，正如我们在第四章看到的，非粮食农业正在对现有的粮食生产造成巨大的压力。因此，传统的生物乙醇无法完全替代化石燃料。

现在，第二代生物乙醇使用杂草和木料作为原料。然而，更重要的将是利用合成生物学来帮助创造第三代“先进的生物乙醇”，而不是利用传统的陆生作物。

合适的藻类有很大的优势，它们在阳光的作用下（利用光合作用）产生乙醇，甚至在生长过程中从大气中提取二氧化碳。“微藻”可以生长在池塘、吊舱，甚至房子里的各种垂直管道里。墨西哥 BioFields 公司已经在 2015 年开始商业化生产基于藻类的生物燃料。

第三代生物乙醇也将由海藻或科学家所称的“巨藻”产生出来。来自东京大学、三菱和其他几家私营企业的团队已经计划在日本海中部的 Yamatotai 浅渔区建造一个 1 万平方千米的生物燃料海藻农场。未来，由于有了合成生物学，大量液体燃料的生产便可以依赖于“水产业”。随着鱼类资源的减少，这可能也为拖网渔民提供了新的生存之路。

合成的生物未来?

大多数科学家，包括基因改造的实践者，都在研究他们发现的现有事物。相比之下，工程师则是利用各种零件来发明制造新东西。一个世纪以前，物理学衍生出电子工程学；同样，合成生物学正从传统的生物科学中诞生。随着新学科的成熟，我们也有理由期待它的应用范围不仅局限于把人造 DNA 序列引入微生物，我们还期待这些微生物能反过来生产传统药物、塑料，或成为燃料的替代品。

很快，我们就有可能用生物塑料瓶子来盛装饮料了。不过，我们为什么不百尺竿头更进一步呢？为什么要满足于微生物制造生物塑料，然后在传统能源消耗的工厂里将其制成瓶子呢？从长远来看，使用合成生物学来培育能够在藤上长出成品瓶子的人工合成植物肯定更有意义。为什么要停滞不前呢？如果未来能培育一种能直接长出生物塑料瓶子的合成植物，那么为什么不索性创造一种全新的植物，让它长出已经装满了饮料的瓶子呢？同理，为什么工厂生产出异戊二烯我们就满足了呢？我们还可以直接生产汽车轮胎、橡胶或合成橡胶带嘛。

合成工厂能生产出成品，这是未来3D打印机和纳米技术的功劳。事实上，几十年后，各种合成植物很可能会被培育出来，从而为低成本、广泛可用的3D打印和纳米技术制造提供原料供应。未来的3D打印机很可能成为最适合生产定制消费产品和备件的技术装备。与此同时，纳米技术在未来可能被用于制造那些最昂贵、最复杂的物品，比如精细的医疗设备。随着3D打印和纳米技术的发展，合成植物在大规模生产基本用品和日常用品（如预包装食品）方面可能会有优势。当香蕉生长出来的时候，它本身就已经被装在有机包装里了。因此，运用合成生物学来让更多的工厂制造自带保护性外包装的产品是合乎逻辑的。

合成生物学也可以促进生物电子方面的发展。所有生物有机体能吸收和消化各种金属元素和矿物质。因此，我们有可能利用合成生物技术创造出能在电子元件制造方面带来革新的微生物和植物。未来的合成动物甚至可能被设计成活的微处理器。

日本名古屋大学的研究人员已经展示了在生产液晶显示屏的薄膜晶体管时使用的DNA。所谓的“DNA纳米光子学”也开始发展起来，以提高有机发光二极管（OLED）显示器的亮度。

合成生物学与电子产品的联姻也很可能有助于生物传感器的发展，这种传感器具有人造的味觉和嗅觉。英国Presearch公司已经开发出“电子舌”和“电子鼻子”传感器，而美国Nanogen公司已经开发出了“纳米芯片”毒物探测器。未来的合成生物传感器可能让食品标签或超市货架感知产品的气味和味道，以检查它是否适合出售。因此，保质期将成为过去，食物浪费也会因此减少。合成生物传感器技术甚至可以制造一些铆钉，这些铆钉用于未来的飞机上，如果飞机上有爆炸物，铆钉可以嗅出来并发光报警。

上述未来的发展听起来可能像是纯粹的幻想。毕竟，一株植物怎么可能长出满瓶可乐或汽车轮胎呢？然而，当你再深入思考这个问题的时候，你就会发现，比起那些长成蚯蚓、牛或全新人类的细胞来说，这也不足为奇了。生物系统已经进化到非常擅长储存信息，并利用这些信息用非常基本的原材料来生产出各种各样的东西。合成生物开发工具包和知识使人类能够以同样的方式制造东西，这也是合成生物学的全部意义所在。

***

建筑与发生突变的东西

所有的自然生物都通过不间断的变异和基因交换的过程不停完善自己，我们称之为进化。对于合成生物学来说，这也可能是一个挑战。毕竟，当英特尔制造了一个新的微处理器时，他们相信第 100 万个微处理器从生产流水线上下来的时候跟第一个一模一样。在可允许的误差范围内，工程师们目前可以将设计和生产的稳定性视为理所当然。然而，对于合成生物学来说，情况并非如此。

生物系统由于不完全稳定才得以存活。在以后的生产过程中，同一物种的不同成员会略有不同。因此，我们可能即将进入一个世界，在这个世界里，我们可以购买一台计算机处理器或一双特定性能的鞋子，但它与我们邻居所拥有的并不完全相同。未来的一些产品甚至可能会慢慢演变成下一个型号，这一演变可能是工业设计师主导的，也可能是物品作为生物所进化的结果。

正如本章所概述的，合成生物学可能很快就会让我们拥有各种各样的未来可能性，而且这些可能性会与各种各样的挑战交织在一起。毕竟，例行公事地出于商业目的创造新生命并不是每个人都能接受的事情。或者正如南希·吉布斯（Nancy Gibbs）在2010年6月的《时代》（*Time*）上的一篇关于合成生物学的文章中所写的那样：

> 进步之路必然经过道德、医学、宗教和政治这四条路的交叉口，无论你选择哪条路，你都有可能触及某人根深蒂固的观念。（克莱格·文特尔研究所投下的）重磅炸弹重新唤起了最古老的伦理辩论，即科学家们是在扮演上帝的角色还是在证明上帝不存在，因为有人在马里兰州郊区重新上演了《创世纪》（*Genesis*）。

除了伦理窘境之外，合成生物学的主流应用也带来了另一个更现实的挑战。正如我们在本章中所看到的，许多中期合成生物学的发展很可能包括利用微生物将现有的农作物转化为药物、燃料或其他化学物质。另一些则需要种植新的植物，以获得更多的非食物用途。

如果不是因为农业用地面临前所未有的压力，这将是一个福音。撇开道德不谈，对合成生物学发展的主要限制很可能是可用土地的短缺。但幸运的是，我们在下一章将会看到一些有远见的人已经计划通过建立垂直农场来扩大可用的农业种植面积。

- 第十章 -
垂直农场

在未来的几十年里，我们将开始以新的方式生产许多东西。3D 打印将使定制数字制造成为可能，而纳米技术将使我们能更多地在原子尺度上操控材料和设计产品。与此同时，基因工程和合成生物学将引发一次转基因作物和转基因动物的新浪潮。

通过改变生产方法，上述所有的技术发展都将改变我们产出的产品。但是，它们不太可能改变传统的生产地点。工业革命以来，大多数工业产品都是在城镇生产的，而粮食则是农村地区的主要产品。然而，在未来的几十年里，这种模式可能会发生改变。

找到生产建筑材料、服装、电子产品和医疗用品的新方法当然都非常好。然而到目前为止，我们需要生产的最重要的东西是粮食。不幸的是，在石油峰值、气候变化和人口膨胀的情况下，目前的农业生产方法根本无法养活世界人口。因此，我们需要寻求一些全新的粮食生产解决方案。

植物和动物的基因改造很可能会显著提高农业产量。然而，如果我们不能在需要的地方得到这些粮食，仅仅在老地方生产更多的粮食，并不能解决粮食短缺问题。不要忘了我们吃的每卡路里的热量都消耗了大约 10 卡路里的石油能量。为了养活自己，未来更多的粮食将不得不在大多数人居住的地方生产。为了实现这一目标，我们需要在城市地区开始种植大量的农作物。因此，至少未来一些农场将不得不建在摩天大楼上，而不是田野里。

空中农业

垂直农场就是用多层建筑种植庄稼或饲养动物，其基本理念就是在特别建造的摩天大楼里生产无须土壤培植的粮食。这将有助于城市以多种方式变得更加自给自足。因此，垂直农场有可能成为21世纪最伟大的创新之一。

本书中探讨的所有未来解决方案都是由伟大的科学家和梦想家们开发出来的。然而，在写作本书的时候，垂直农场与一个单一的、有影响力的倡导者联系在一起。他的名字是迪克森·戴斯伯米尔（Dickson Despommier）博士，自20世纪80年代中期以来，他一直在倡导垂直农场。

本章的范围超越了迪克森博士的理念。然而，迪克森博士功不可没。他有一个很好的网站，www.verticalfarm.com。2010年，他还出版了《摩天农场》（*The Vertical Farm*）这本书，这本书已经成为现代经典。如果你想读一本研究未来的书，那么我衷心地推荐迪克森博士的作品作为下一个开启你心灵的钥匙。

从理论上讲，几乎任何一种作物都可以在垂直农场种植。如今，经常在室内种植的蔬菜包括西红柿、莴苣、菠菜、辣椒、草莓和青豆。然而，未来我们在城市的摩天大楼里也可以种植小麦、大米、玉米、土豆和其他主要农作物。家禽和鱼类也可以饲养，尽管迪克森博士认为在室内饲养牛、猪、羊或其他四足动物不合适。除了食物，垂直农场还可以培育未来的生物塑料、生物医学和其他的现采现摘的生物制品。

垂直农场的优势

垂直农场比较明显的一个好处是，它将使农民摆脱季节的限制。任何作物都可以随时随地种植。许多食物不需要储存，更不用说冷冻了。更确切地说，农作物将按需种植，因为“活体库存”正在成为现实。垂直农场的农民也不必为雨水或阳光祈祷了。他们也不会生活在对飓风、洪水或干旱的恐惧中。随着气候的变化，我们种植的农作物中越来越多地被反常的天气或干旱破坏。然而，通过在室内种植，这种作物损害的风险实际上不存在了。

采用为医院重症监护病房和微芯片制造工厂开发的技术，垂直农场有能力防止杂草、昆虫和疾病的发生。在这种全人工控制的环境中，不需要使用杀虫剂。传统的肥料也不需要了，因为农作物将使用纯水来补充营养，水中的营养相当平衡。

垂直农场的耗水量也将远远低于传统农业。随着水峰值的临近，传统农业已经使用了大约 70% 的淡水，垂直农场显得尤其重要。

垂直农场依靠水培法或气栽法达到节水的目的。水培法就是在没有土壤的情况下种植作物，通过管道缓慢地给植物提供水和营养混合物。与传统耕作方法相比，水培法大约可以节省 70% 的水。然而，气栽法则能够减少高达 95% 的用水。利用小喷嘴在植物根部喷洒一层营养丰富的雾。这项技术是 1982 年发明的，已经在国际空间站上成功应用。

垂直农场的另一个重要好处是它们不会产生农业径流。目前的灌溉系统会导致多余的水从土地上流失，而这种径流水通常会受到淤泥、化肥和杀虫剂混合物的严重污染，它们最终会流入河流和河口，进而污染食物链。

在美国，农业径流现在是造成污染的主要原因。农业径流甚至在河流和沿海水域造成了众多的“死亡地带”，以至于现在 80% 的海产品都必须进口。垂直农场能够循环利用水，并在水中添加植物所需的适量养分，从而极大地减少了污染。

如果粮食可以在城市里种植，那么它就不需要从数百甚至数千英里以外的地方运来。正如迪克森博士所说，在未来，“西红柿和你餐盘之间的旅行距离将以街区来计算，而不是英里”。反过来，这将节省重要的石油和其他运输资源，因此也有助于缓解气候变化。由于食物不再需要几个星期甚至几个月才能运到，我们将会吃到更新鲜、更美味的食物。

垂直农场也有改善食品安全的潜力，特别是在非洲，受污染的食物是疾病的主要来源。垂直农场能够防止对植物有害的害虫和微生物，所以将阻止我们的食物被对人类有害的东西污染。

垂直农场最后一个关键性优点是它具有净化水的能力。所有城市都创造了大量所谓的“黑水”。换句话说，就是被粪便、尿液、洗澡水、暴雨径流和其他污染物污染过的水。一旦固体被过滤掉，合成的“棕色水”就需要被处理。例如，纽约每天需要处理大约10亿加仑的棕色水。

未来的解决方案是在一些垂直农场里用棕色水培养植物。通过自然蒸腾过程，这些植物将从人类产生的废水和其他废水中过滤掉有害成分，将其净化成饮用水。由于潜在的健康风险，用于水净化的植物将不能被食用。然而，它们可以用于制造生物燃料、生物塑料或3D打印机设备所需要的有机原料，而这些3D打印设备就被设置在临近的数字制造室里。

垂直农场的后勤工作

上面列出了垂直农场的八个主要优势。然而，在摩天大楼里从事农业生产并不容易。事实上，在一次电台采访中我被问道：“如果我们不能让新温布利球场的草坪继续生长，我们怎么能建造一个可行的垂直农场呢？”

垂直农场的设计师和工程师将不得不研究如何为植物提供足够的光线，他们还需要建立供电、供暖和供水系统，还需要设置有效的屏障保护植物免受各种形式的生物危害。此外，未来垂直农场的农民将面临一个棘手的问题，即在城市里种植作物或饲养动物的土地上获得足够的回报。

植物的健康生长基本上只需要水、营养和足够的光。在垂直农场里，光要么来自太阳，要么来自人工光源。前者显然是可取的，尽管让阳光照到大楼里地板上的庄稼困难重重。这个难题可以通过创新建筑和使用透明建筑材料来解决，抛物面镜和光纤也很可能被用来捕捉阳光并将其引导到需要的地方。这些技术已经投入应用了。例如，Sunlight Direct公司就销售一系列追踪太阳的产品，捕捉、集中太阳光，并将其通过光纤束分发给“混合光源”，即在建筑物内传播光线。

在上述情况下，至少部分垂直农场需要人工照明，乍一看，这似乎有些可笑。然而，我们必须记住，植物仅需使用阳光能量谱中相对较小的部分。传统的灯泡也会排放95%的能量，要么是热量，要么是远比植物需要更广波段光谱的光。因此，垂直农场的人工照明不过是点亮传统的灯泡而已。事实上，如果我们能开发出人工照明的解决方案，只发出植物光合作用所需要的光，那么人工照明的垂直农场就有可能成为现实。

这种灯泡开发已经取得了进展，专门用于种植植物的发光二极管已经被设计出来。供应商 LedGrowLamps.co.uk 指出，这些发光二极管满足了植物产生叶绿素所需的98%的光。未来柔性薄膜的有机发光二极管将比目前的发光二极管更节能，甚至可以缠绕在单株植物上。

能源、安全和生产力

不管垂直农场的光来自哪里，理想的垂直农场不会从当地的电网中获得任何电力。水培法或气栽法系统所需的人造能量，以及在需要时加热和发光都应该是自给自足的。对此有几种选择，比如使用屋顶风力涡轮机（第十二章将更深入讨论）或太阳能（第十三章将进行讨论）。

垂直农场也可以使用地源热泵，通过深埋管道里的循环液体从地球中提取热量。作为另一种选择，迪克森博士提出：“农作物的根、茎和叶，以及家禽和鱼类的内脏，都应该回到能量网中去。”他的建议是，这些不可食用的副产品应该被焚化，因为这比让其腐烂而获得甲烷更节能。迪克森博士的建议是，垂直农场应该安装等离子弧气化（PAG）装置。这些装置利用电能制造出一种高能等离子弧，以粉末的形式引入废料。由此产生的热量可为蒸汽涡轮机提供动力以生产电能，而由此产生的功率比用来给等离子电弧供电的功率还要大六倍。

即使解决了光和能源的问题，垂直农场还将面临一个非常重大的挑战，即保持他们控制的环境不受任何可能危害农作物的影响。建筑物需要密封，并保持一种正压大气，以防止害虫或微生物通过门和排气口被吸入。所有进入的空气也必须经过过滤，就像今天进入微芯片制造工厂一样，工人们在进入前需要更换衣服，并遵守严格的无菌程序。工人们也很有可能需要定期进行体检，以防止他们将沙门氏菌、贾第虫、环孢菌或其他感染病菌带入大楼。

迪克森博士指出，作为一种害虫和疾病的早期预警系统，“金丝雀植物[①]”可能会被创造出来。根据基因设定，一旦它们检测到任何危险，就会发光。为了达到这个目的，未来很有可能对现有的植物稍加改造，或者培育一种全新的生物。就像其他几个例子一样，本书所涵盖的许多创新将会相互促进，因为它们是同步发展的。

除了技术上的挑战以外，垂直农场还必须有足够的农业产出才有可能在可用的城市土地上实现商业化经营。至少在最初，这可能会成为他们建设的障碍。垂直农场可能建在破败的老城区，而老城区大多数在城市中心区域。因此，垂直农场项目可能成为城市再生的来源，不仅提供食物或其他生物制品，还提供餐馆、水处理设施，甚至是室内公园。迪克森博士希望，“因为垂直农场的本质是美丽的……”社区会非常欢迎它们走进其中，这是当地人引以为傲的名片，同时也是再发展的基础。

不管垂直农场建在什么类型的城市，它们确实有潜力变得非常多产，占据黄金地段合情如理。目前堆垛叠加种植法已经证明室内作物产量提高的潜力。例如，一些草莓农场主已经用 1 英亩的温室生产了相当于 29 英亩土地产出的草莓。垂直农场使用一种叫液压支架的塑料容器来提高许多水栽培作物的产量。一年四季产出，零大气损害，不会产生杀虫剂成本，以

---

① 金丝雀可以比人更早嗅到煤矿中的有毒气体。17 世纪，英国人将金丝雀放到矿井里检测矿井里的空气质量。如果金丝雀死了，表示矿井里的空气已达到令人中毒的程度。因此，“金丝雀植物”指能提供预警的植物。

及几乎为零的运输和储存成本,所有这些都将改善现有农业种植的生产力。因此，城市中用于垂直农场的每一英亩投资回报，至少对一些长期投资者来说是有吸引力的。

生态系统的恢复

简而言之，垂直农场将使我们以高度人工控制的方式生产更多的粮食和未来的生物产品。它们还将使粮食生产更靠近最终消费点，并将大大减少对石油和淡水供应的依赖。如果这还不够，那么不妨来看看垂直农业的普及可能带来的更广泛的环境效益。

很少有人能够否认人类文明的崛起是以牺牲环境为代价的。生物多样性继续受到人类行为的威胁，每年都有很多物种走向灭绝。然而，如果垂直农业导致更多的未来农业进入城市，那么生态系统恢复的潜力就会存在。

迪克森博士坚持认为垂直农场能缩小世界农业的生态范围。根据他的计算，每英亩垂直农场的生产力可以允许 10—20 英亩土地被转化为硬木森林或其他形式的荒野。而这个结果带来的最直接的好处是减少甚至扭转气候变化带来的影响，因为增加的森林面积会吸收更多的二氧化碳。更有意义的是，人类可以从改善生物多样性中获益。现在，我们不惜让那么多植物和动物灭绝，只是因为我们正在开发利用它们独特的 DNA 来制造有用的东西，这不仅令人痛心，而且荒唐至极。

地球的生物圈使我们得以生存。我们只要给它喘息的机会，它就会自我修复。如果人类从目前用于农业的土地上撤出，自然界很有可能在短短几十年的时间里再次繁荣起来。例如，人类撤离切尔诺贝利以后，现在那里已经成为野生动物避难所。在哥斯达黎加，那些已遭遗弃的耕地如今开始恢复。因此，未来的垂直农业革命可能会为自然世界某些地区的复兴带来意想不到的好处。

从这里到那里

垂直农场不是一蹴而就的。这种未来“农业建筑”的建设也会更多地受到传统思维模式的阻碍，而不是缺乏技能和资源。垂直农场确实是一个激进的想法，但现在已经开始迈出了第一步。或者，正如马嘉拉·卡特（Majora Carter）在《摩天农场》的前言中所说：“如果摩天大楼农场是一架波音747飞机，那么，我们现在就还处于‘莱特兄弟’阶段。”

至今还没有人建起一个垂直农场，甚至连迪克森博士也承认，在我们全面建设城市农业设施之前，还需要花费几年时间建造假体。然而，许多小规模的室内种植和城市农业的发展确实标志着一个明确的方向。

例如，英国BioTecture公司已经开展了一项名为“绿色墙”的业务设计和执行业务。这些绿色墙的特点是植物覆盖建筑物的内壁或外墙。该公司解释说：“植物垂直生长在一个独特的、有专利权的、模块化的水培系统中，该系统专为精确地节水和低成本维护而设计。”BioTecture公司已经在世界很多国家建立了绿色壁垒，其中一些装置有几层楼高，比如矗立在英国盖茨黑德（Gateshead）的Zizzi餐厅里的那个。

另一个先驱者是Valcent Products公司，他们开发了一种垂直的农作物生长技术，叫“VertiCrop”的水培系统。这种多层的室内水培系统每平方英尺土地的产量是传统农业生产产量的20倍。该公司解释称：“垂直系统设置在一个悬挂式的托盘系统中，上方有一个传送系统在移动。该系统的设计目的是为每株植物提供最充足的阳光和精确的营养。紫外线和过滤系统免除了除草剂和杀虫剂的使用。复杂的控制系统通过正确的营养成分、准确的pH平衡和正确的热量、光和水的传递来提供最佳的生长环境。”

这种高达10英尺的电动成长托盘的水培系统首次安装在佩恩顿（Paignton）动物园。这里有一个395平方英尺的温室，每周为动物提供800棵生菜。如果这些绿色植物通过常规方法种植，其水消耗量比现在的种植方法大约高出 80%。

为了迎合新趋势追求者，“窗台农场项目（Windowfarms Project）”甚至开发出了一种个人的垂直水培农业系统。这种模块化、低能耗和高收益的系统允许任何人在室内种植农作物，而且使用的都是可回收的材料。该项目旨在“使城市居民能够在全年内种植他们自己的食物”。除了出售窗户农场的工具包，该项目还是垂直农业室内种植方法协作创新社区。你可以在窗台农场官网（www.windowsfarms.org）上找到更多相关信息。

***

走向一个更可持续的城市?

世界上许多国家都实现了工业化，因此我们的城市也已经发展成保持文明的先进载体。然而，所有城市都依赖于食物、水、能源和其他资源的供应，而这些资源不可能永不枯竭。长期以来，城市已经习惯了过度消费，不能自给自足。

面对石油峰值、水峰值和更广泛的资源消耗，在接下来的几十年里，我们的城市至少需要部分自给自足。正如本章所讨论的，垂直农场可以让未来的城市种植一些农作物，并清理一些自己的废水。因此，垂直农场可能是减少城市对环境负面影响的一种解决办法。它们甚至可能将城市景观和城市生活重新与自然世界连接起来。

城市生活是以牺牲生物圈为代价的。但这种情况不会继续下去了。迪克森博士满怀激情地说：“垂直农场是建立以城市为基础的生态系统的关键。大规模地建立垂直农场将是彻底改造城市行为的开始，一切围绕着对环境无害的概念展开。最终，它将为居住在城市里的人们创造一种更健康的生活方式，使城市成为一个理想的养育孩子的地方，进而改善地球的整体环境。”

到目前为止，一些读者可能认为迪克森博士是个理想主义者。然而，我们确实需要首先在我们的头脑中构建未来，然后用我们的双手一起来建造它。面对第一部分中列举的未来挑战，我认为，我们急需像迪克森博士那样在技术上有远见卓识的人。为了使我们的生活和我们的城市得到可持续发展——延续我们目前生活方式中最佳的方面，我们需要支持并促进迪克森博士等人的工作，尽管他们的愿景在目前看来与现实相去甚远。

第三部分

为第三个千年加油

- 第十一章 -
电动汽车

所有形式的生命或机械都消耗能量。因此，没有人能够在不借助任何动力的情况下工作或玩耍。几个世纪以来，用于驱动人工机械装置的大部分能量都是通过燃烧化石燃料产生的。然而，正如我们在第一部分中所了解到的，化石燃料经济很快将难以为继。

除了一些太阳能或地面供热系统，基本可以肯定的是，在未来50年内，几乎每台机器都将消耗电力或消化有机物。我们已经看到，未来的有机技术和新型耕作方法很可能会得到巩固和发展。因此，接下来的四章将重点介绍未来电力的来源和用途。第十五章我们将进一步探讨如何从太空中获得能源以及其他资源。

电力运输的兴起

从亨利·福特（Henry Ford）建造第一条生产线开始生产福特T型车，至今已经过去大约一个世纪了。一百年来，石油驱动的汽车已成为人们出行的主要方式。我们大多数人将在未来几十年内体验从传统汽车逐渐过渡到电动汽车，电动汽车将是最明显的变化之一。

把一辆普通汽车的发动机和油箱卸下来，装上电动马达和电池，你就拥有了电动汽车。事实上，电动汽车并非如此简单，一切都要从头开始设计。然而，从根本上来说，电动汽车并不是一种激进的创新。即便如此，从石油驱动转向电力驱动的好处还是相当可观的。

电动汽车最明显的好处是它不烧石油。因此，鉴于石油将很快开始变得稀缺和昂贵，电动汽车的开发至关重要，也势在必行。因为电动汽车不是由石油驱动的，所以它们具有不产生任何温室气体或其他排放物的优势。也就是说，电能不是由燃烧化石燃料产生的，那么电动汽车就是一种零碳的运输方式。

电动汽车的另一个主要好处是非常节能。传统的内燃机仅能将其燃料的15%转化为动力，剩下的85%只是浪费在为发动机组供热上。相比之下，电动马达在产生动力方面的效率约为90%。即便考虑到发电、输电和电池充电的能源损耗，电动汽车仍将使我们更有效地利用现有的能源。

电动汽车只有在行驶时才消耗电能，因此在交通堵塞时，它比燃油汽车更节能。电动汽车的另一个优点是，它们的活动部件比传统汽车少得多。因此，电动汽车可能更安全、更耐用，并且不需要太多的维护。

尽管电动汽车有如此多的优点，但也必须注意到电动汽车的一些缺陷，其中最主要的是充电一次能走多远。纯电动汽车刚刚开始普及，大规模过渡到电动汽车还需要大规模推出与之相配套的公共基础设施。然而，建立一个充电网络比运输、储存和分配液态或气态燃料要容易得多。

从混合动力汽车到插电式电动汽车

在过去的几年里，许多混合动力汽车受到了广泛的关注，其中包括丰田普锐斯（Toyota Prius，2000年9月推出的第一代）和雪佛兰伏特（Chevrolet Volt，2010年11月推出）。每辆车都包括一个电动机和一个内燃机，然而，它们的驱动方法和技术非常不同。

丰田普锐斯使用一种“动力分离装置”来连接内燃机、电动机和发电机。这些连接的部件使汽车能够在行驶中从电力驱动转变为石油驱动。所以，开始移动时普锐斯总是先使用电能，而开始加速时则使用内燃机。

普锐斯混合动力汽车的碳排放量较低，而且比传统汽车更节能。然而，目前的普锐斯车型仅仅是在汽车靠石油驱动时，电池靠内燃机充电。因此，它目前还不是一种插电式电动汽车。

与普锐斯车型相比，通用汽车的雪佛兰伏特已经是一款插电式混合动力车。尽管它包括电动马达和汽油发动机，但轮子只靠电力驱动。内置电池也直接通过电源插座充电。雪佛兰伏特可以在4—10个小时内把电充足，充电时间的长短取决于电源电压和充电点的类型。充电之后，汽车可以行驶25—50英里[①]。超出这个范围，汽油引擎会发电来支持电动马达正常运行。实际上，对于许多通勤者和其他短途旅行者来说，雪佛兰伏特就是一种纯电动汽车。长途旅行时，它可以当作混合动力车使用。

虽然雪佛兰伏特是一大进步，但几大汽车制造商也只是刚刚开始制造纯插电式电动汽车。写作本书的时候，最值得一提的是日产聆风（Nissan Leaf）。这款电动汽车仅靠来自电池的电力驱动，并且也通过电源插座处充电。在理想的驾驶条件下，如果以每小时38英里的速度行驶，日产聆风可以在一次充满电后行驶138英里。开着空调穿行于城市，其续航里程很快下降到62英里。在一个公共充电站，电动汽车可以在大约半小时内快速充电到80%的电量，但这种充电方式会严重降低电池容量。因此，首选的充电方式是在标准电源插座上充电8小时。日产聆风的特点是有一个智能车载导航系统，导航系统能够计算出司机能否到达目的地，如果不能，就指明充电站的位置。如此看来，日产聆风提供三年的免费路边援助的服务也就不足为奇了。

虽然雪佛兰伏特和日产聆风的电池续航能力都相当有限，但目前非主流制造商正在生产可以走得更远的电动汽车。最值得注意的是，特斯拉跑车于2008年问世。由加利福尼亚州新创特斯拉汽车公司生产的电动汽车续航能力超过200英里，但成本超过8万英镑。目前它在30多个国家售出了

---

① 1英里约为1.6千米。

超过 1200 辆跑车。特斯拉汽车公司还打算推出新型家用电动汽车，配备 160 英里、230 英里或 300 英里的电池组，可在 45 分钟内快速充满电。

在接下来的几年里，大多数主要的汽车制造商都会生产出插电式电动汽车，就连劳斯莱斯也展示了其电动汽车原型。宝马推出了 Megacity 电动汽车。沃克斯豪尔（Vauxhall Ampera）电动汽车也已上市。与雪佛兰伏特类似，这种插电式电动汽车装有一个内部燃烧引擎，以提供超过 40 英里电池续航里程的电力。

雷诺还在开发一系列新的零排放（ZE）电动汽车，包括 Fluence ZE 家庭轿车，Kangoo ZE 汽车，Zoe 汽车，以及一个古怪的单座“重型四轮车（Twizzy）”。福特还推出 5 款纯电动或混合动力汽车，包括一种名为“交通连接（Transit Connect）”的商用电动面包车。本田和三菱也在生产电动汽车。因此可以肯定的是，到 21 世纪中期，将有大量的电动汽车可供使用，销售竞争也将异常激烈。

增加续航能力

许多人把电动汽车和高尔夫球车或送牛奶车联系在一起。然而，电动汽车速度缓慢而且外形丑陋的观念正在被撼动。雪佛兰伏特、日产聆风和特斯拉跑车已经证明，电动汽车可能既时尚又有许多燃油汽车一样的出色表现。因此，唯一需要关注的问题是电动汽车的续航能力。

未来越来越多的电动汽车将由轻型复合材料制成。这将降低车身的重量，增加其续航能力。例如，宝马的 Megacity 将是第一台批量生产的电动汽车，该车的车身由碳纤维增强塑料制成。然而，即使未来可采用纳米技术，车身的重量也不能过轻，毕竟车身的自重不能比其载客和其他货物的重量轻。因此，在电动汽车真正走向大众市场进行长途旅行之前，发展电池技术或者安排替代充电将是必要的。

本章提到的所有电动汽车使用的都是锂离子电池。特斯拉跑车这样的车型驾驶起来更简单，因为它们包括更多的电池单元，而且没有家庭汽车那么大。因此，提高锂离子电池性能的竞赛正在进行。

一些潜在的电池创新涉及纳米技术的应用。例如，美国能源部西北太平洋国家实验室的一个研究小组与美国沃贝克材料公司合作，在锂离子电池电极上使用石墨烯。正如第七章介绍的，石墨烯是一种单原子厚的碳层。在电极上使用这种材料可能会让锂离子电池的充电时间由几个小时缩短为几分钟。虽然此项技术不会直接延长电动汽车的续航里程，但司机只需到充电站充电几分钟就可以了。

其他研究团队试图利用纳米技术来提高锂离子电池的容量。例如，佐治亚理工学院的一个团队研发出一种自组装纳米复合技术，这种技术可以使锂离子电池电极具备高性能的硅结构。理论上讲，这可能会使电池容量增加5倍。然而，麻省理工学院的另一个研究小组则试图通过用碳纳米管制造电极来提高锂离子电池的容量。

替代能源存储技术也是一种可能，其中之一就是使用超级电容。传统电池用电化学的方式储存电能。相比之下，电容器是一种常见的电子元件，它在两个极板之间储存静电场。极板越大，电容器储存的能量就越大。在大多数传统的电容器中，这些极板以螺旋状缠绕在一起，它们之间的距离只有1毫米。然而，如今有了纳米技术，我们使用的超级电容器只有几纳米。这大大增加了装在电容器中极板的面积，从而增加了可储存的电荷。在未来，超级电容有可能取代传统电池。

超级电容的优点是能够快速充电。相对传统电池，未来的超级电容电动汽车只需几分钟即可完成充电。目前，超级电容器的容量远远低于锂离子电池。因此，英特尔公司和其他公司竭力开发具备大存储能力的超级电容来与传统电池竞争。

虽然超级电容可以快速充电，但目前看来，它放电也快，并且漏电严重。这意味着超级电容无法长时间保存电荷，一般不会超过几个小时。因此，超级电容器取代锂离子电池还有很长一段路要走。然而，在短期内，使用锂离子电池和超级电容来驱动电动汽车的可能性很大。在一种被称为“再生制动（regenerative braking）”系统的帮助下刹车时，超级电容能快速恢复电能，也将在长途旅行当中需要快速充电的情况下提供优质的电池补充。

未来能够快速充电的电动汽车甚至可以无线充电。例如，在一些停车场甚至某一些路段，我们能看到有人在推销感应充电板。感应充电板会在电动汽车行驶过程中或停车时给电池或超级电容充电。因此，电动汽车未来在收费公路上行驶时可能要为其从路面获得的电力买单。

太阳能电池有可能为电动汽车持续充电，从而大大增加其续航能力。日产聆风的后扰流板上已经安装了一个太阳能板，为基础系统提供一点额外的能量。未来的纳米涂料甚至可以让汽车的整个车身变成一个太阳能电池板。

走向一个更好的地方？

另一种提升电动汽车续航能力的方法是将其与可快速切换的电池相匹配。短途旅行的司机将继续在家里或公共充电站充电。然而，那些行驶较长距离的人可以去服务站迅速地卸下没电的电池，换上新充好的电池。这样，电动汽车就能像石油驱动汽车在路边的加油站加油那样，续航能力得到无限增加。

处于电池切换技术前沿的是Better Place公司。这个电动汽车先锋的目标是提供一个“网络和服务平台，让人买得起便捷的而且功能惊人的电动汽车”。该公司解释道：“电池充电时间长是一个物理问题。即使电池和充电基础设施得到改善，使用电动汽车进行长途旅行也需要快速并且可靠地延长电池的续航能力。我们公司将提供这个解决方案。通过充电站网络，我们用一个灵巧的机器人系统取下电量耗尽的电池，换上充满电的电池，并为卸下来的电池充电。通过管理复杂的程序，以确保每辆电动汽车进站时都有充足的电池供应。”

2010年4月，Better Place公司在东京开始了第一次电动汽车电池替换试验。在这次试验的前90天里，三辆电动出租车行驶了2.5万英里，在电池交换站换电池的时间比加油还快。后来，在旧金山又进行了一场更大的试验，其中包括由四个电池交换站支持的61辆电动出租车。另有一些公司也对电池交换系统产生了兴趣，比如特斯拉汽车公司推出的Model S电动汽车配备有一分钟快速交换电池。

除了Better Place公司以外，另有几家公司和研究项目都致力于开发电动汽车基础设施以塑造一个更环保、更清洁的未来。例如，Urbee混合电动汽车是由一组志愿者在www.urbee.net上开发的。他们的愿景是创造一种环境可持续的汽车，在单车车库中存放一天所储存的太阳能和风能正好够用。如果驾车人需要去更远的地方，而储存的这些能量不够用，Urbee还有一个乙醇动力引擎。（你可能还记得在第六章中，用于制造第一个Urbee原型的所有组件都是使用3D打印机制造的。）

麻省理工学院的研究人员甚至计划使用新的电动汽车设计来帮助塑造未来城市的环境。他们指出，现在的汽车很重（通常比一个司机重20倍），而且在停车的时候占用了大量的空间。麻省理工学院的研究人员因此设想更轻、更小、更节能的电动汽车。为此，他们设计了一辆名为"城市汽车"的两座电动汽车。这个车轮上的电动马达或"车轮机器人"的特点是将混合驱动、悬架和制动系统并入同一个装置。城市汽车可以在轴心上转向。为了便于停放，城市汽车可以折叠成100英寸×60英寸大小，然后用其零转弯半径将车停在路边，三辆城市汽车所占用的空间相当于一辆传统汽车所占用的空间。你一定想知道当汽车处于折叠状态时车里的人如何出来吧？他们可以打开宽敞的前挡风玻璃，从那里出来。

麻省理工学院的研究人员在设计城市汽车时表示，如今"大多数城市用车被过度设计了"。只有40英里的往返路程，大多数旅行只需要运送一到两个人或者少量的货物，有必要动用一辆行驶几百英里的大型汽车吗？那么，当我们可以有效地共享城市汽车的时候，我们为什么还要拥有私人电动汽车呢？

麻省理工学院和其他地方的一些研究人员也期望未来大多数电动汽车能够自动驾驶。其逻辑是自动车辆能够有效地优化其能源和道路安全。这部分很有可能是通过将所有的电动汽车连接到一个计算机网络来实现的，这样整个汽车群的整体性能就能得到充分优化。

谷歌研发的自动驾驶汽车依靠摄像头、雷达传感器和激光测距仪来“看到”其他车辆；它们还利用了谷歌地图。车上只有一个乘务员负责安全，这样的车辆已经在公共道路上行驶了14万英里。自动驾驶汽车在好莱坞大道行驶，穿过金门大桥，驶向太平洋海岸高速公路。在大多数汽车由电动马达和电池或超级电容驱动的时候，我们不应该希望总是由人类操纵方向盘。

飞机、船只和火车

我成长在20世纪七八十年代，当时传统的观点是电力驱动的东西不能飞。因此，当我第一次走进一家玩具商店，看到一架会飞的电动直升机的时候，我笑了。这架电动直升机证明传统观念是错误的。2010年7月，一架由光伏电池驱动的、跟正常飞机一样大的电动飞机连续飞行了26个多小时。听到这个消息，我又笑了。该团队将太阳能动力飞机视为“未来大使”。他们还计划驾驶他们的电动飞机环游世界。

在传统飞机和货运飞机靠电力驱动之前，电池和太阳能技术需要做出重大改变。然而几十年以后，大型电动飞机有可能被生产出来。这些未来的飞机可能采用下一代超级电容器，并用纳米太阳能光伏涂料覆盖所有机翼。然而，在这一天到来之前，安全舒适、充满氦气的电动飞艇可能已经建造出来了。

主要飞艇制造商Aeros研制出一代名为飞艇ML866（Aeroscraft ML866）的飞艇。这个“空中运输的新范例”能飞行3100英里，大约有5000平方英尺的舱位，该飞艇由电力驱动，可以作为私人的空中游艇，还有可能当作运输机，甚至可以当作飞行会议中心。

现在让我们回到地面上来，虽然电动火车并不是什么新鲜事，但随着石油供应的减少，它们会变得越来越普遍。尽管大多数未来的电动火车将继续在轨道上行驶，但我们也可以看到磁悬浮车辆的发展，也就是所谓的磁悬浮列车。这些悬浮在导轨上的超导磁铁可以推动它们以每小时数百英里的速度前进。

世界上第一辆商业高速磁悬浮列车于2004年1月在中国开通了公共服务，连接上海浦东国际机场到上海市中心。这列火车以每小时268英里的速度运行，尽管在测试中时速已经达到311英里。许多国家已经考虑甚至开始着手建设高速磁悬浮铁路。例如，将加州和内华达州连接在一起的、全长269英里的磁悬浮导轨筹建了20多年，直到2010年资金最终转向其他地方。然而，随着大众航空成本越来越高而变得越来越不可行，磁悬浮技术很可能演变成电动技术而大放异彩。甚至传统列车或磁悬浮列车有朝一日可能会穿越大西洋的隧道，将欧洲和美国连接在一起。

综上所述，一些未来的电动汽车将会在水里穿行。几十年来，包括杜菲电动船舶公司（Duffy Electric Boat Company）在内的制造商都制造出了电动船。绿色和平的新旗舰——长58英尺的“彩虹勇士III”就使用了电力推进系统，可以从光伏太阳能电池中吸收部分电能。

尽管电动游艇市场目前规模很小，但在石油峰值出现之际，更多的制造商可能会考虑选择电动。电动帆船也比电动汽车、火车和飞机更有概率通过太阳能板发电。例如，我们可能会在未来看到混合动力的“风—电”船，这些船的特点是船帆的帆布上涂有一层可发电的光伏纳米涂层。

* * *

转型

目前世界上大约有8亿多辆汽车——仅美国就有超过2.5亿辆。在发达国家大约 70% 的成年人拥有汽车，在世界其他地方约 20% 的成年人拥有汽车。综观中国、印度、俄罗斯和巴西的经济发展形势，预计到 2020 年全球汽车数量将增加到 10 亿辆。在石油峰值和气候变化的情况下，迅速地过渡到电动汽车势在必行。在未来，根本无法想象世界各地的人们要依赖燃油车出行。

2010 年 11 月，“布赖顿—伦敦”未来汽车挑战赛首次举行。60 多辆环保汽车参加了这次盛会，其中很多都是纯电动汽车或部分混合动力车。大多数主要汽车制造商都参加了，尽管其许多车型都是生产前的车型，但这一事件确实发出了一个强烈的信号：电动汽车即将走向成熟。

正如本章所展示的，电动汽车不再是异想天开。从 2015 年开始，主要的汽车制造商已然把许多车型推向市场。因此，想加入电动汽车革命的人可以轻而易举地实现从燃油车到电动汽车的转换，并且不会从鲜为人知的初创企业购买到不靠谱的新设计的汽车。

未来电动汽车的使用有两种可能。其一，在未来的 10 年或更长时间里，人们只能看到相对较少的电动汽车，大多数人和组织只能在无法承受汽油驱动型汽车的高额费用时才使用电动汽车。换句话说，只有当人们别无选择的时候，电动汽车革命才有可能发生。其二，10 年后，电动汽车可能备受青睐并进入大众市场。然而，要实现这个目标，需要做一些事情，而且需要马上去做。

最重要的是，在电动汽车的早期控制过渡期间，需要建立适当的公共充电站和电池交换站的基础设施。许多家庭和很多工作场所也需要安装高功率充电桩。英国皇家汽车俱乐部（RAC）意识到了这一点，并在 2010 年的一份报告中建议所有新建筑中都必须安装电动汽车充电桩。然而，在立法实施之前，电动汽车连接器的标准、充电调节器和电池样式都需要在全行业范围内达成一致。我们真的没有时间就标准问题争论不休。

即使在基础设施方面进行了适当投资，汽车制造商和政府仍然必须说服公众，电动汽车会像传统汽车一样为他们服务，早期大规模的电动汽车更新才有可能发生。同时，司机们也必须适应一种新的驾驶方式。据报道，大多数电动汽车司机都有“里程焦虑”，因为他们经常担心电动汽车的电量耗尽。司机们还必须适应那些没有齿轮的汽车，电动汽车的处理方式与石油驱动汽车不同。

我们向电动汽车过渡的速度也将取决于开发和推广其他石油替代燃料的车辆的速度。近年来，一些地区大力推广氢燃料汽车。这些车辆的内燃机，或者燃烧氢气，或者使用燃料电池将氢和氧气转化为电能来驱动马达。两种技术都是低排放，比石油更环保。

不幸的是，氢燃料汽车的支持者们忽略了一点：地球上没有现成的氢。更确切地说，氢燃料电池或直接氢气汽车要么需要甲烷或其他化石燃料来提供，要么需要通过电解从水中提取。提取过程本身就使用了电力，这样还不如直接把电用在未来的电动汽车上。此外，设立氢基础设施比设立电动汽车充电站和电池交换站网络更麻烦、更危险。因此，未来使用氢燃料汽车行不通。同样，任何为化石燃料汽车提供燃料的基础设施都是盲目的。但令人遗憾的是，人类做蠢事的历史由来已久。因此，我们只能希望在大规模建设不可持续的、气态燃料基础设施之前，电动汽车的提倡者将会据理力争，说服民众和政府。

短期内，配备增压汽油发电机的电动汽车，如雪佛兰伏特和沃克斯豪尔汽车，最有可能推动电动汽车革命。许多人将驾驶更清洁的汽车，这种车在大多数情况下不需要石油，而在长途旅行过程中可以在任何路边加油站加油。从长远来看，随着电池和超级电容技术的发展以及公共和私人基础设施的建立，纯电动汽车很可能成为常态。需要回答的下一个问题是：未来电动汽车和大多数其他机器所使用的电力将从哪里来？但是不要担心！接下来的三章内容将讨论这个问题。

第十二章
风能、波浪能和动能

人类文明出现以来，人类就开始利用风、潮汐和其他自然水流。自农业生产活动开始以来，人们利用牛、马和人类自身的力量来耕种土地。因此，从自然运动中获取能量并不是什么新鲜事。然而，在过去的几个世纪里，由于一些主要自然资源日渐枯竭，人类对能源的需求无法得到充分满足。

自从初次完成工业革命以来，我们非常依赖大量的化石燃料为工业机器提供动力。在过去的几十年里，发达国家的人们对新工程方法的发明并没有多大兴趣，然而这些新工程方法能够将我们最古老的动力形式提升到更高的层次。而在石油峰值和气候变化的今天，我们不得不转向支持“可再生”能源或“替代”能源。本章接下来将探讨一些主要自然资源的开发是如何展开的。

新能源景观

我们现在不仅需要新的能源生产方法，还需要新的能源理念。从某种程度上说，我们所有人都需要能源意识并接受更节能的生活方式。然而同样重要的是，我们也需要懂得未来的能源景观将是发电规模有大有小，方法各不相同。

在发达国家，大多数人只知道大规模或“宏观”的国家电力基础设施。几十年来，巨大的煤炭、石油、天然气或核电站已经成功地满足了数百万人的用电需求。对大多数人来说，电能的产生一直是别人的事情，与自己无关。

未来，国家电力基础设施将继续存在。事实上，当我们向电动汽车过渡的时候，国家基础设施在某种意义上变得更加重要。因此，大规模的电力网络将越来越多地由当地甚至个人的“微”发电方式来补充。

今天，许多人继续忽视当地的小型替代能源。例如，家用风力涡轮机通常会因为“不能产生足够的电力”而受到冷遇。任何想通过一个小型风力涡轮机发电的人确实很可能会失望。然而，对当地和家庭能源生产的“非此即彼”的态度恰恰是需要改变的。

在不久的将来，我们将需要利用一切可能的动力形式。少数大规模发电技术将不足以满足全球的能源需求。因此，即使某种技术只能满足我们能源需求的百分之几，我们也将不得不接受。

智能电网已经开始允许一些个人和公司成为能源用户和能源供应商。当地的微型发电技术，如家庭风力涡轮机或太阳能电池板，正在各显神通。在不久的将来，分散的双向电网将包括大小发电机制，这很可能成为常态。大多数个人、家庭和企业也将直接生产一部分电力，为那些从未连接到总输电线的电器供电。当我们在本章和下一章探索发电的替代方法时，将这一变化的能源景观铭记于心是极其重要的。

流动空气的力量

自古以来，人们就一直在利用风的力量。古埃及人在5000年前用风力推动的船只在尼罗河上旅行，最早的一艘帆船雕刻在公元前3200年的埃及陶罐上。大约在公元前200年，中国发明了风车，用来抽水。

中世纪时，中东建造了风车来碾磨谷物以及为机器提供动力。在11世纪，商人和十字军开始将风车设计带回欧洲。到了14世纪，荷兰人又进一步改良了风车，并利用它们来排放莱茵河三角洲地区的水。1890年丹麦建造了最早的发电风车。

自20世纪70年代油价上涨以来，人们对风力发电的兴趣一直在增长。到2010年末，全球近2%的能源都是来自风力发电。相比之下，2007年这一比例仅略高于1%。目前，太阳能和风能是全球能源增长最快的两个领域。间歇性的风流，加上风在夜间往往吹得更大，因此，风成了难以依靠的动力源。正如我们在上一章看到的，电池技术可使风产生的电能存储起来，并且该技术正在继续改进。一些研究已经表明，大气中有足够的风能来满足当前的全球能源需求。

风力发电是利用风力涡轮机实现的。大多数商用涡轮机的转子叶片直径达80米。风吹时，叶片围绕水平轮毂旋转。轮毂与安装在塔顶的机舱中的齿轮箱和发电机相连。变速箱是必要的，它使轮毂以每分钟10—30转的速度带动高速发电机。主要的制造商西门子和通用电气正在计划制造更高效的风力涡轮机，这种风力涡轮机配备了大型低速发电机，完全不用变速箱。今天，大多数风力涡轮机塔架都在25—85米。商用风力涡轮机的发电量从几百千瓦到兆瓦级不等。

商业性风力发电厂

风力发电厂使用大量风力涡轮机发电，这在全球已经相当普遍，风能行业的年增长率一直保持在25%以上。2007年，世界观察研究所（Worldwatch Institute）报告称，风力发电在欧洲占新增发电能力的40%，在美国占35%。根据世界风能协会（World Wind Energy Association）的数据，2010年中期，全球风力发电装机容量为175亿瓦，到2016年装机容量已达到487亿瓦。这样的风力发电能力解决了全球约3%的能源需求。

20世纪八九十年代，第一批主要的陆上风力发电厂在加利福尼亚州建成，美国其他主要风力发电厂也相继公布于众。这些项目包括耗资12亿美元的项目，在该项目中，泰拉根电力公司（Terra-Gen Power）还将建起四座加州风力发电厂级别的风力发电厂，总容量为 3 千兆瓦。2010 年 10 月，美国政府还批准了 130 个涡轮海角风能项目作为美国第一个海上风电厂。

尽管美国多年来一直占据风能主导地位，但到 2010 年年底，它已被中国超越。中国风力发电的增长相当显著，到 2010 年中期，中国风力发电装机容量约为 34 千兆瓦，并且每月新增 1.2 千兆瓦。有人估计，到 2020 年，中国的风力发电装机容量将达到 230 千兆瓦，相当于约 200 座燃煤发电站的发电量。世界上 15 家最大的风力涡轮机制造商中有 5 家是中国的。

对大多数欧洲国家来说，海上风力发电厂最有潜力。世界上最大的海上风力发电厂位于英国萨纳特海岸的北海，能够为大约 20 万户家庭供电。一个由 11 家西班牙公司和 22 个研究中心组成的财团也计划建造世界上最大的海上风力涡轮机。这个发电量达 15 兆瓦的怪物计划在 2020 年之前上线。

目前的近海涡轮机建在塔架上，而塔架固定在海床上。这使得它们无法移动，并将它们限制在不超过 50 米深的水域内。然而，未来海上风力涡轮机的底座将固定在漂浮的和半潜式的平台上。像许多石油钻井平台一样，底座将被拴在海床上，而不是固定在海床上。因此，它们可以被移动到远处的海上，那里的风强大而稳定，而陆地上的人们也将看不到它们。

本书中最有把握的预测之一是，陆上和海上风力发电厂将会大规模扩张。非能源公司甚至也开始投资风力发电项目。例如，2010 年 10 月，谷歌宣布，它将为耗资 50 亿美元的大西洋风能网投资 2 亿美元。这个项目的目标是建立一个水下网络，将大西洋中部风力发电厂的电力输送到美国家庭。

补充性小风系统

除了商业风电厂以外，小型和家用风力涡轮机将会得到大力普及。这种被称为“小风系统”，通常在低电压下能产生高达 15 千瓦的电力，可以通过变压器和变频器系统连接到电网。小风系统也可以“脱离电网”来为电池充电，电池则用来运行电器。

不管它们是如何连接的，小型风力涡轮机更有可能补充而不是取代从总输电线获得的电能。例如，在未来十年里，由于人们普遍使用功率非常低的LED照明，许多家庭都有可能通过一个小型的屋顶涡轮机发电，当风吹来的时候，它就会给一组电池充电。此外，还可以使用特殊的“48伏”浸入式加热器，利用家用风力涡轮机来烧水，让小型风力涡轮机的过剩能量可以被“倾倒”到热水槽中，而不是在电池组充满电后被浪费掉。

不管怎么说，目前的风力发电机不仅外形丑陋，还伴有很大噪声。从审美的角度来说，这是不可避免的，因为涡轮机必须高高架起，并且装上叶片。然而，现在一些安静的小型风力涡轮机已经上市。例如，Quiet Revolution公司已在出售一种低噪音风力涡轮机，其特点是有三个垂直的直径达5米的螺旋叶片，与旋转的DNA分子相似。风力涡轮机安装在一个9米高的塔架上，其系统成本加上安装费需要两万英镑，如果位置适当，该机将静静地产生约7千瓦的功率。

海洋发电

几千年来，在河流附近建立作坊或其他工厂是很常见的事情，因为这样工厂的机器就可以由一个水轮驱动。自工业革命以来，这种做法在发达国家几乎绝迹。然而，通过拦河筑坝形成水差来发电的技术已经得到了完善，并应用于许多领域。例如，中国三峡大坝于2006年建成。这是世界上最大的水力发电工程，可以生产超过80兆兆瓦的电力。类似的水力发电设施包括巴西和巴拉圭之间的伊泰普大坝、加拿大的丘吉尔瀑布水电站、美国的约瑟夫酋长大坝，以及威尔士的迪诺威克抽水蓄能电站。

水电站无疑是清洁能源的重要来源，但其发展不可避免地受到地域限制。此外，海洋发电有着巨大的开发潜力。尽管波浪发电技术还处于起步阶段，但许多项目现在已经付诸实施。因此，波浪发电有可能成为未来发电的重要来源。

利用海洋发电可以通过几种不同的技术实现。最简单的方法就是建造潮汐拦河坝。这些大坝造就天然的河口湾，在涨潮时可以容纳水，并在低潮时通过水闸将水释放出来，利用涡轮机发电。第一个这样的设施是在法国兰斯河河口建造的，并于1966年投入使用。在这里，潮汐水的流动可以驱动24个涡轮机，因此产生了240兆瓦的电力。目前其他几座潮汐大坝还包括位于韩国的始华湖潮汐发电站。几十年来，一直有传言在英国的塞弗恩河河口建造大规模的潮汐拦河坝，但没见行动。

像水电站大坝一样，潮汐堰坝电站只能建在有限的合适地点。因此，更广泛适用的潮汐能技术可以利用涡轮机从洋流中提取能量，或者利用波浪能转换器来控制单个波浪的运动。

目前，亚特兰蒂斯资源公司（Atlantis Resources）正在开发水下潮汐发电机。其中一些发电机的三翼螺旋桨安装在高空的塔架上，而塔架则被固定在海床上。还有一些发电机的旋转输送带上有许多“艾菲”叶片，这种发电机更适合在浅水中工作。根据发电机的大小，单个的洋流发电机预计将产生100千瓦到2兆瓦的电力。

印度古吉拉特邦（The state of Gujarat in India）正在使用亚特兰蒂斯资源公司研发的潮汐发电机组建造一个潮汐发电站。最初目标是在海床上放置50个涡轮机，产生50兆瓦的电力，后来计划增加更多的涡轮机，总容量将超过250兆瓦。

虽然海洋发电机可以安装的地方比水坝和潮汐流更多，但它们仍然受限于合适的海底位置。因此，研究人员正在大力开发波浪能转换器，波浪能转换器可以通过单波的运动在海洋表面的任何地方产生电能。实现这一目标机制的差别很大，所有的系统尚在开发阶段。然而，一些富有发展潜力的技术现在已经投入商业应用。

第一个波浪能转换发电厂是库斯湾波浪区（Coos Bay Wave Park）。这是由海洋动力技术（Ocean Power Technologies）公司在距俄勒冈州海岸2.7英里的地方建造的。建成后，该发电厂配备200个“电力浮标”发电机，把波浪能转化为电能。每个电力浮标实际上是一个带有中心垂直柱塞的浮动环。柱塞随波浪的涨落驱动连接到发电机上的液压泵。发电厂里的每个电力浮标都将连接到 20 个水下变电站中的一个，电缆将电力输送到陆地。

库斯湾波浪区的“电力浮标”将产生 500 千瓦的电量，因此总共可提供 100 兆瓦的电量。西班牙、夏威夷和苏格兰的奥克尼群岛等地区已经在海上建造了一些电力浮标发电机组并进行了测试。这些较小的发电机能够产生 40 千瓦—150 千瓦的电力，几年来已经证明了这项技术的可行性。

另一个先驱是海蛇波浪发电公司（Pelamis Wave Power）。其研发的“波能转换器”（WEC）是由铰链连接的圆柱状部件构成的半浸式、铰接式的蛇形结构。在海洋中，圆柱状部件伏在波浪上，因此导致了它们之间的关节移动。液压油缸利用关节的移动液压马达泵出高压流体驱动发电机发电。

海蛇波浪发电公司生产的 WEC 模型长 180 米，直径 4 米，每个 WEC 有四个电源转换模块，输出功率可达 750 千瓦，这意味着每台机器可以为几百个家庭提供足够的电力。在 2008 年，这些机组中有 3 个被安装在葡萄牙北部的大西洋海岸线上，并成功地将电力输出到国家电网。在苏格兰周围的水域，其他几家波能转换发电厂也处于不同的建设阶段。

谷歌又一次对开发这种开创性的替代能源解决方案产生了兴趣。具体来说，在 2009 年 4 月，这家互联网巨头获得了一个浮动数据中心的专利，该中心将由“海蛇 WECs”来提供动力。如果这样的浮动数据中心建造起来，那么需要电力的机器将会再次被安置在以水为基础的能源附近，就像几个世纪以前一样。

然而，其他从海洋中获取电能的方法也在发展当中。例如，绿色海洋能源公司（Green Ocean Energy）正在研发“海上波浪能发电装置”。这与海上风力涡轮机的基础原理相吻合，它的特点是两个桨状的浮舟伏在波浪上。随着浮舟的上升和下降，迫使压力流体通过液压缸，进而产生电力。这个理念是为了让新的或现有的风力发电厂产生更多的电力，而不需要对额外的基础设施进行重大的投资。

其他未来的波浪发电设备可能会使用“振荡水柱”来发电。这些设备将是中空的圆柱体，顶部露在外面，其余部分在海里。波浪会通过底部的光圈进入，然后在圆柱体中上升。这将使圆柱上部的空气增压，然后以旋转涡轮被释放。

其他可能的波浪发电机甚至可能是基于巨大的橡胶制成的水下“蛇”。这些装置里充满了水，水受到波浪的挤压从而产生膨胀的压力，压力在“蛇”身里窜动并驱动在其末端的涡轮机。这种装置的比例模型正在南安普顿大学接受测试。

个人动态电能

未来的大多数替代能源系统将依靠大型移动设备发电。然而，个人很可能从日常活动中发电以供自己使用。动力发电是描述物体在运动中产生能量的广义术语，这类物品可以包括人类。例如，多年来有些人戴着运动手表，其原理是利用手腕的自然摆动来转动转子，转子上紧发条或给电池充电。

20 世纪 90 年代初，英国发明家特雷弗·贝利斯（Trevor Baylis）发明了第一个发条收音机。就像传统的钟表或手表一样，这种收音机依靠手动发条来储存能量。到 1997 年，特雷弗的发条收音机投入商业生产，它只需 20 秒就可以上紧发条，并用上一个小时。今天，在大多数的大街上都可以买到发条收音机和手电筒。发条手机充电器也投放市场，而发条笔记本电脑处于样机阶段。这些设备要么在发条上储存能量，要么在操作员转动手柄时直接向电池充电。

另一种可以用来发电的技术是压电体。许多人每天都在使用这种技术，比如，用压电体点火系统点燃炉灶。其做法是，按下按钮来压缩一个由锆钛酸铅等材料制成的压电晶体。当被压缩时，压电晶体会产生电力，从而产生点火火花。

在未来，压电晶体将不仅仅被用来制造火花。早在 2008 年 8 月，诺基亚就申请了一项专利，该专利可以使用压电晶体将身体运动转化为电能，从而给手机或其他设备充电。同年，来自佐治亚理工学院的科学家报告了他们在芳纶纤维周围培养氧化锌纳米线的进展。他们把这些纤维编织在一起，这样当它们互相摩擦时就产生了电荷。在未来，由压电纺织品制成的衣服可以通过肢体运动来对小型的个人设备，如手机或媒体播放器等，进行充电。

2010 年 12 月，博尔顿大学材料研究与创新研究所的一个研究小组甚至声称已经制造出了一种柔性的光伏压电纤维。他们希望这些材料能被编织成未来的面料制成衣服，不仅能让穿着者在运动中发电，还可以利用太阳光发电。

在压电材料出现之前，我们可能看过压在鞋子后跟的压电晶体。每次脚落地时，晶体受到压缩产生微小的电量，可以给电池或超级电容充电。如果这听起来很疯狂，那么值得注意的是，这一原理已经得到英国帕维根系统公司应用。

帕维根系统公司所做的是将压电晶体嵌入铺路板。其特征是一个中央透明的橡胶面板，当人踩到上面时它就会压缩晶体进而产生能量。大约 5% 的能量用于短暂地照亮橡胶面板，其余的 95% 则可用来为行人提供照明、为信息显示或其他设备提供电力。帕维根系统公司声称，压电晶体可以满足行人交叉路口、公交车站和其他设施所有的照明或其他电力需求，只需把附近的一些铺路石换上他们的发电板即可。

***

替代能源革命

在未来，越来越多的企业和家庭至少会发一些电供自己使用。许多人甚至还会偶尔把一点电力供应给一个双向国家电网。另外，个人发电将越来越多地被用来为手机、媒体播放器、照相机和平板电脑等设备充电，因而越来越多的电器和电子设备无须连接到总输电线上。我们需要大规模的风力和海浪发电厂，更不用说太阳能系统和核电站（在接下来的两章里详述），来延续文明，让我们所有的灯、冰箱、暖气和电脑都正常运转。然而，非电网的电力将会变得司空见惯，每个人或家庭发电都能帮助人类从事各种各样的文明活动。

我们越是接受家庭和个人发电，就越有可能开始更仔细地思考我们使用电网的问题。由于石油峰值导致能源价格的上涨和碳排放税的增加，大多数人更不愿意按下开关加大开支。未来，所有形式的能源将会上升到远远高出大多数个人和商业的预期。反过来，这可能会推动越来越激进的能源发电创新。因此，我们可以肯定，21 世纪的替代能源革命才刚刚开始。

第十三章
太阳能

如果没有太阳能，所有生命就会消亡。因此，我们的祖先崇拜太阳也就不足为奇了。从古埃及到希腊，从墨西哥到美索不达米亚，天上与生命之神有关的天体更受尊崇。我们的祖先当时不可能完全理解在太空中9300万英里以外太阳不断燃烧的核聚变反应。然而，他们知道，如果每天早上太阳不再升起来，他们就会大祸临头。

今天，拉、阿波罗、托纳提乌、乌图和其他许多古代太阳神不再拥有忠实的追随者。然而，太阳对我们所有人来说仍然是至关重要的。至少在某种程度上，太阳几乎提供了我们需要的所有能量。植物通过光合作用给我们提供从阳光中获得的营养。所有的肉也含有从食物链中转化而来的太阳能。化石燃料还提供了来自远古阳光的能量，这些能量储存在早已死去的植物和动物身上。甚至风也是由太阳创造出来的，因为那是太阳烘烤地球的某些地区更甚的结果。

只有波能和核能不是完全依赖太阳。然而，推动海洋的力量也会受到太阳的影响，只是太阳对海洋的影响远低于月球的引力。在下一章中我们将会看到，未来的核电站甚至可能依赖于由太阳发出但储存在月球岩石中的稀有气体。

随着化石燃料供应的减少，我们越来越有可能采用一系列新技术帮助我们从太阳那里直接获得越来越多的能量。首先，我们将通过捕获和引导太阳辐射为建筑物照明和供暖；其次，我们将利用光伏电池将太阳能转化为电能；

再次，集中的太阳能发电站将把阳光直射到接收器上，以便使用蒸汽涡轮或热机发电；最后，我们甚至可以在太空中建造太阳能卫星，将能量传送到地球。

捕获太阳辐射

利用太阳能最有效的方法就是直接使用它的光和热。从某种程度上来说，可以通过将大型双层或三层玻璃窗安装到隔热良好的建筑中来被动地实现。为了最大限度地利用被动太阳能，住宅和工作场所通常需要加厚的墙壁和地板，这些墙壁和地板会保持和缓慢地释放热量。更积极的方面是，越来越多的太阳能照明和加热技术陆续被发明出来，并且很可能流行起来。

正如第十章讲述的，纤维光学和抛物面镜可用来收集和重新分配建筑物周围的阳光。例如，总部位于加州的 Sunlight Direct 公司创建了一个名为 Solar Point 的照明系统。该系统通常包括一个安装在屋顶上的平台、一个 45 英尺长的塑料纤维光缆和一些特殊的“混合灯具”。该公司解释说：“该技术将自然光集中到一小束光纤中，将太阳光直接送入建筑物。特殊照明装置（混合灯具）把光漫射到整个空间，最高可达 25000 流明。混合灯具将自然光与现有的人工照明相结合以提供可控的室内照明。随着日照水平的增加和减少，采光控制器自动增加或减少协同定位的人工照明，从而在白天大大节省了能源。”

替代式自然照明系统使用高度抛光的镜像管道或“光管”将光从屋顶转移到天花板扩散器。目前，使用此类光定向技术把光引入现有建筑非常昂贵。这种技术在夜间派不上用场。然而，随着成本的下降，光捕捉和重定向系统可能会被应用于越来越多的新建筑中，以确保在一天中尽量少地使用人造光源。

直接使用来自太阳的热量比捕捉和定向太阳光容易得多。太阳能热能（STE）供热系统已通过了检验，多年来一直处于有限使用状态。例如，如图 13.1 所示，房屋可以安装屋顶太阳能收集面板来把水加热。该装置装有输水玻璃管。水在闭合回路中循环，将从太阳那里获得的热量传递到热水箱。

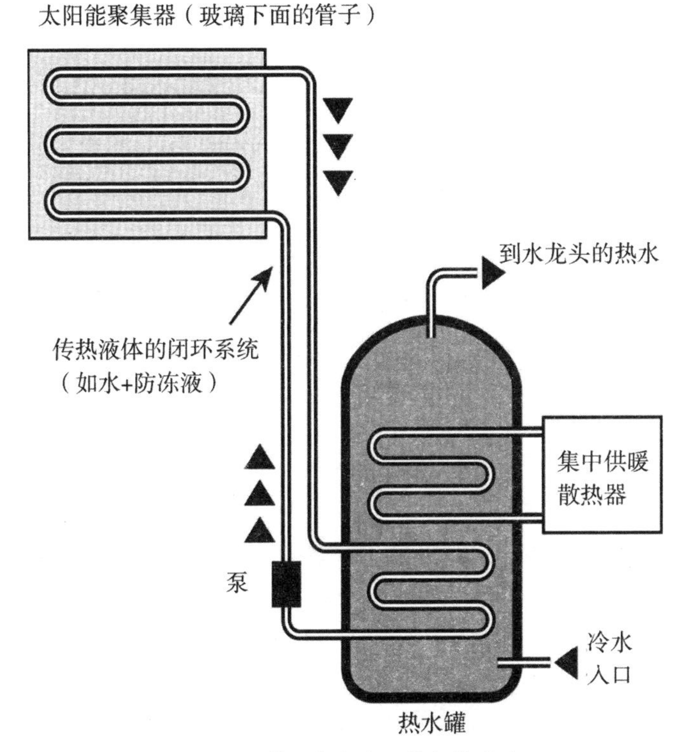

图 13.1：家用热水太阳能加热系统

大约 15%—30% 的家庭能源用于烧水。即使采用传统的加热方法，太阳能热水供暖系统也能减少家庭能源的使用，从而节省开支。据英国天然气公司估计，英国在大多数情况下，太阳能热水系统可以供应 50%—70% 的家用热水。因此，我们有理由相信，越来越多的人会使用太阳能热水器。

光伏太阳能

光伏太阳能电池直接借助太阳发电。涉及的物理学知识很复杂，但基本上是利用光来触发两层半导体材料之间的电子流动。多年来，光伏太阳能电池提供了一些计算器、手表和其他低功耗设备所需的少量能量。大多数卫星也由光伏太阳能电池提供动力，而一些建筑则安装了太阳能电池来提供部分电力。这一切都表明，即使光伏太阳能电池提供了一种以零燃料成本发电的方法，但由于太阳能电池板的高成本和相对较低的能源产量，它们仍然是一种昂贵的发电方式。

在石油峰值和气候变化的情况下，对能够以合理成本发电的光伏太阳能电池的需求开始增加。美国能源部建立了太阳能技术项目（SETP）。该项目的目标之一是开发光伏太阳能。为了达到这一目标，美国能源部努力改进基本的光伏电池技术，最大限度地提高光伏电池的工作寿命，并降低其生产成本。如果美国能源部获得成功，光伏太阳能很可能成为电网和非电网发电的主要手段。

单个光伏电池只能产生少量的低压电力。如图 13.2 所示，单个光伏电池被组装成太阳能电池板模块。这些模块被进一步排列成更大的阵列，以产生较大的电量。反过来，阵列又成了完整光伏太阳能系统的一部分。大型光伏系统包括动力（功率）调节器和变压器，将直流电变成电网的交流电。较小的离网光伏系统包括用以提供恒定本地电流的电池，这样光照水平的变化就不会对电压产生任何影响。

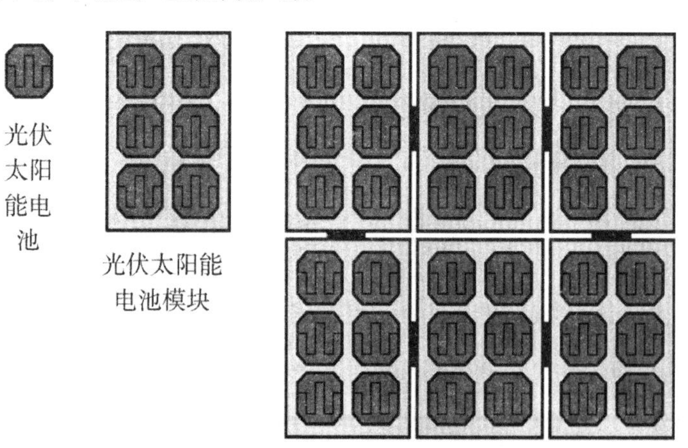

图 13.2：光伏太阳能电池、模块和阵列

光伏太阳能电池是以硅片或薄膜技术为基础的。以晶片为基础的电池是由纯硅晶体片制成的，或者将已经液化的硅切割成一个由许多小晶体组成的块体。单晶光伏电池是最有效的，而所谓的多晶硅电池虽然成本较低，但发电量较少。一般来说，基于晶片的光伏电池的尺寸是 10 厘米 ×10 厘米或 15 厘米 ×15 厘米。它们也相当脆弱，因此必须安装在坚硬的框架上。

薄膜光伏电池通常比基于晶片的替代品产生更少的能量，但由于它们既轻便又便宜，因此更受欢迎。在这里，半导体材料的微小晶粒被涂在一种支撑材料上，薄膜光伏电池也可以根据需要制造得有柔韧度。未来，喷涂光伏薄膜甚至可以应用到布料上，让我们的衣服在阳光下产生电能。

提高光伏太阳能电池的效率

目前在薄膜光伏电池的制造中使用了一系列不同的半导体材料，其中包括硅、铜铟、碲化镉和砷化镓。第七章提到，未来的光伏电池也可能会由被称为石墨烯的原子厚度的碳片制成。

使用石墨烯来生产太阳能电池具有挑战性，因为这种材料很难加工。因此，石墨烯太阳能电池仍处于探索阶段。然而，许多研究团队现在正在使用各种其他方法来尝试和创建第三代薄膜光伏电池。例如，3GSolar 公司正在开发一种基于染料的薄膜技术。这种电池使用嵌入染料中的纳米二氧化钛颗粒来生产光伏电池。染料太阳能电池使用的是丝网印刷设备而不是真空制造系统，也不需要硅。3GSolar 公司因此预计，其基于染料电池的批量制造成本将比硅基电池低 40%。

除了降低生产成本外，光伏太阳能技术发展的一个主要障碍是增加光的吸收率。传统的光伏电池通常最多利用了照射在电池上的 67% 的阳光。这是因为只有在太阳以 90 度的角度照射电池时才能产生电能。当太阳在天空运转时，静态安装的光伏电池的能量输出也会发生变化。直到最近，解决这个问题的唯一方法是安装太阳能阵列，以使其电池与太阳的角度保持一致。

幸运的是，现在正在开发纳米技术来解决吸收太阳光的问题，其特点是多层非常微小的“纳米棒”可以让光伏电池从任何角度吸收光线。纳米棒的工作原理就像一系列非常小的漏斗，每一层都将光线弯曲一点点，这样就能尽可能使太阳光以 90 度的角度照射在电池上。到目前为止，研究人员，包括纽约仁斯利尔理工大学的一组研究人员，已经成功地利用纳米涂料将光伏电池的吸收能力提高到近 97%。这将使光伏阵列能够多产生约三分之一的电量，而无须太阳跟踪装置。

大规模的光伏系统目前还存在电池过热的风险。因此，它们必须包括高耗能的冷却系统。为了解决电池过热和光吸收问题，来自麻省理工学院的一个研究小组成立了一个名为“共价键太阳能”的公司开发未来的“波导光伏组件”。这些基本上是透明的玻璃面板，涂上了不同颜色的染料，能够捕获从任何角度进入玻璃的光线，再从内部反射到小太阳能电池的位置。波导光电板不需要冷却，且相比传统面板，其所使用的半导体材料减少了 90%，吸光损耗少，整体效率可能提高了 50%。

光伏太阳能在行动

在许多上述技术发展进入市场之前，世界各地已经在规划和建设光伏太阳能发电站。到 2010 年底，pvresources.com 网站列出了超过 800 家商用光伏太阳能发电厂，其中 100 多家太阳能发电厂的发电量超过了 2 兆瓦。自 2007 年以来，所有百强工厂都已联机发电，其中最大的光伏太阳能发电厂包括加拿大的萨尼亚 97 兆瓦光伏发电站，意大利的蒙塔尔托 – 迪卡斯特罗 84.2 兆瓦光伏发电站，以及德国的芬斯特瓦尔德 80.7 兆瓦光伏发电站。其他大型光伏电站已在美国、西班牙、捷克、葡萄牙、中国和韩国投入运营。

如果光伏发电站的建设以目前的速度继续下去，到 2020 年，光伏太阳能将成为许多国家的主流发电方式。事实上，欧洲光伏产业协会（European

Photovoltaic Industry Association）曾表示，到2020年，光伏太阳能发电将达到欧盟电力需求的12%。

光伏太阳能板也很可能出现在许多家庭的屋顶上。这样的家用电池板不太可能满足家庭的全部用电需求。然而，随着上述光伏电池技术投入市场，一些家庭可能会从太阳那里获取20%—30%的电力。第十一章提到，未来的电动汽车也很可能会配备光伏太阳能板来帮助提高续航里程。笔记本电脑上的光伏电池同样有可能成为提高电池续航能力的手段。

聚光太阳能发电

光伏电池可能让大多数人联想到太阳能发电。然而，就大中型规模而言，同样可行和潜在的低成本技术是聚光太阳能发电（CSP）。你曾试过在晴天用放大镜在一张纸上烧一个洞吗？聚光太阳能发电的工作原理与此相同。它通过一个或多个集中器将太阳光集中到接收器上，接收器将其加热到350℃—1000℃，然后，汽轮机或热机利用这种集中的热量来发电。

根据其集中器和接收器的类型和配置，并基于抛物线槽、菲涅尔反射镜、电力塔或抛物面盘，聚光太阳能发电厂分为四种不同的类型。如图13.3和图13.4所示。

目前最广泛采用的聚光太阳能发电技术使用的是抛物线槽。接收管道分布在许多抛物面弯曲反射器的焦点周围，这些反射器将太阳光线集中到管道上。这些槽的排列是平行的，通常采用机械系统使它们与太阳的角度保持一致。经由一种液体，如石油或熔融盐的混合物在接收管道里循环并将热量传送到锅炉中，液体在锅炉里变成高压蒸汽，然后驱动涡轮机发电。

抛物线槽聚光太阳能发电厂目前可产生高达80兆瓦的电力。如果它们与热存储系统连接，那么，发电时间可延长几小时，一直持续到晚上。在首批基于抛物线槽的聚光太阳能发电系统中，大部分都是混合动力系统，在没有阳光或夜晚的时候，使用化石燃料为蒸汽轮机提供所需的热量。

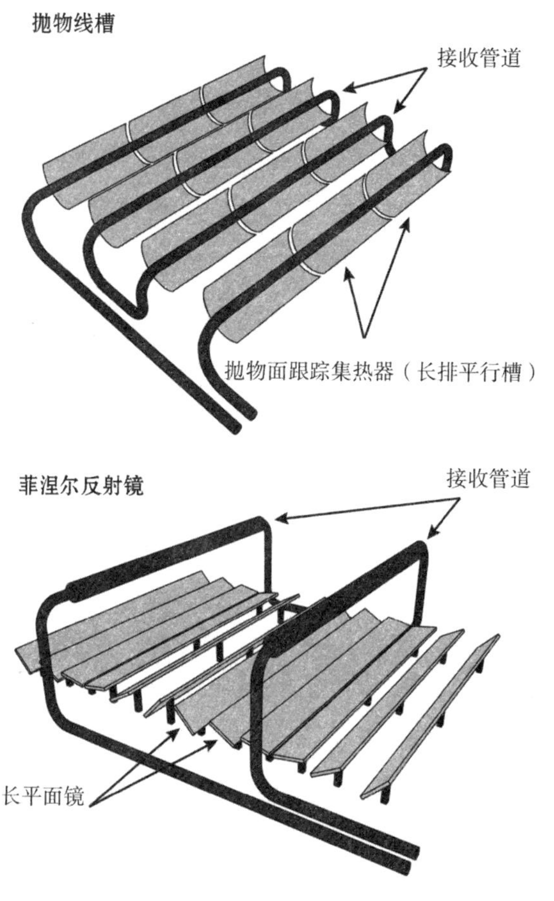

图 13.3：抛物线槽和菲涅尔反射镜

至少有 25 家抛物线槽的聚光太阳能发电厂已经投入运营，另有 20 多家宣布动工或正在建设中。第一个抛物线槽的聚光太阳能发电厂于 1984 年在加利福尼亚的莫哈韦沙漠建成。截至 2011 年，9 家抛物线槽的聚光太阳能发电厂分布在莫哈韦沙漠，总发电量为 384 兆瓦。2010 年 12 月，加州宣布建设另一家聚光太阳能发电厂。这个被称为帕连的太阳能发电项目相当于两家抛物线槽聚光太阳能发电厂，发电能力为 484 兆瓦。除了美国，西班牙是另一个拥有多家抛物线槽聚光太阳能发电厂的先驱。此外还有位于塞维利亚的 Solnova 发电厂，发电能力为 150 兆瓦。

如图 13.3 的下半部分所示，第二种聚光太阳能发电系统使用菲涅尔反射镜。这种装置与抛物线槽装置相似，但使用长平面镜，从不同的角度将太阳光集中到它的接收管道上。在抛物线槽系统中，一种液体在管道中循环流动，其热量用于驱动涡轮机。虽然菲涅尔反射镜系统的效率不如抛物线槽，但比它要便宜得多。截至 2011 年，世界上唯一的商业菲涅尔镜像聚光太阳能发电系统是金伯利娜太阳能热电厂。该发电厂位于加州的贝克斯菲尔德，发电能力为 5 兆瓦。

第三类聚光太阳能发电是电力塔。如图 13.4 所示，其特点是由被称为定日镜的镜子组成同心圆。这些镜子跟踪太阳，把它的光线聚焦到一个高塔顶上的单个接收器上。在接收器中，太阳的能量被用来集中加热一种液体，而这种流体反过来又用来产生蒸汽并驱动发电涡轮。

强大的太阳能发电塔 PS20 太阳能发电厂于 2009 年在西班牙的桑卢卡尔市建成投产。该设施由 1255 个太阳反射镜组成，反射镜将太阳光线反射到一座 165 米高的塔顶。PS20 太阳能发电厂发电能力是 20 兆瓦。未来的电力塔可能发电量将高达 200 兆瓦。

如图 13.4 所示，聚光太阳能发电技术的最终类型是抛物柱面反射器。它就像一个巨大的镜像卫星接收器，不断地跟踪太阳。反射器捕捉阳光，并将其定向到其焦点上的接收器。一种叫热机的机械装置将集中的太阳能转换成动能来驱动发电机。虽然未来可能会有各种各样的热机机制，但最常见的可能是斯特林发动机。

1816 年，罗伯特·斯特林（Robert Stirling）博士为他的“节热器”或者说“斯特林发动机”申请了专利。该装置非常简单，通常被归类为外部燃烧引擎。在汽油驱动的汽车中，燃料在发动机内部燃烧，斯特林发动机使用外部热源使包含在汽缸中的气体膨胀从而导致活塞运动。

斯特林发动机采用合适的热交换器配置来调节冷热室之间的气体流动。一旦热气体驱动活塞向前推进，第二个或“置换器”活塞便将气体循环回去，使其冷却并使主驱动活塞返回到初始位置。这种持续循环运动被用来驱动

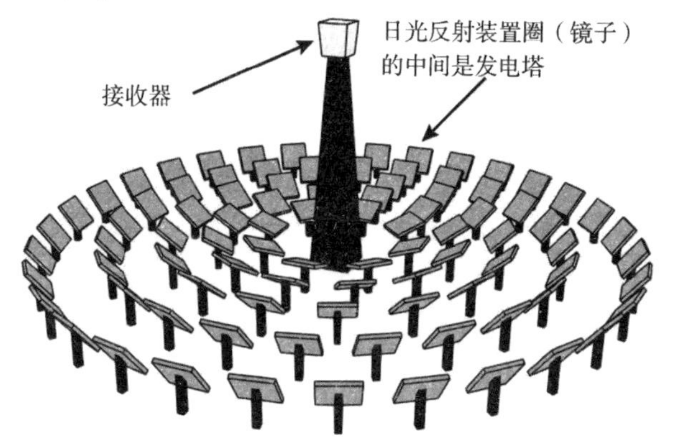

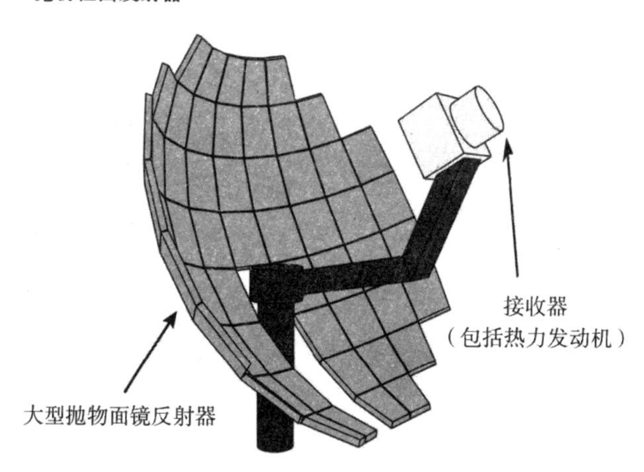

图 13.4：电力塔和抛物面盘

发电机。

抛物面盘式聚光太阳能发电技术的先驱之一是斯特林能源系统公司。该公司开发了一种名为“太阳捕手”的抛物面镜和斯特林发动机驱动型发电机。每个发电机上都有一个 38 英尺的柱面反射器，发电能力可达 25 千瓦。2010 年 1 月，位于亚利桑那州马里科帕市（Maricopa）的世界上第一个商业抛物面聚光太阳能发电厂使用了 60 个这样的柱面反射器。

太空太阳能

直接的太阳热能系统、光伏电池和聚光太阳能发电都是经过大气过滤后从太阳射线中提取能量的。它们也只能在灿烂的阳光下才能充分发挥作用，不能在夜间工作。乍一看，最理想的太阳能发电的障碍似乎是不可克服的。然而在未来，人们可以通过将太阳能卫星送入轨道来清除这个障碍。这些未来的空间站可以排除太阳光被云层吸收的障碍，在阳光接触地球之前将其捕获。因此，它们比地面太阳能发电站的效率要高很多倍。虽然地球同步卫星与地球同步，但只在白天接收阳光；而另一些卫星则可能是非同步的。因此，它们在夜间也能接收到阳光并全天候发电。

天基太阳能（SBSP）的概念最初是由美国工程师彼得·格拉泽（Peter Glaser）在1968年提出的。他的想法是利用微波让巨大的轨道光伏发电站将电力传输到地球。1973年，格拉泽的“将太阳辐射转化为电能的方法和装置”被授予了一项美国专利。这种设想的太阳能卫星有面积约1平方千米的微波天线，微波天线能够将电力传输到地面上较小的“硅整流二极管天线”上。

最初，格拉泽的设想并没有引起多大的反响。然而，20世纪70年代，美国能源部花了大约2000万美元研究天基太阳能。美国能源部甚至制订了一个太阳能空间站计划。空间站宽5千米，长10千米，并使用微波将电力传送到地球。

1995—1997年，美国国家航空航天局在一项名为“新鲜面孔（Fresh Looks）”的研究中再次探讨了天基太阳能的可行性。其结果是形成了一个叫“太阳塔”的新概念。该计划是在低或中地球轨道上建立6—30个垂直叠加的太阳能卫星。10年后，美国国家安全空间办公室（US National Security Space Office）再次对天基太阳能进行了详细分析，称其为“解决能源安全的潜在重大机遇”。2009年甚至有报道称，太平洋天然气和电力公司正在尝试测试一颗200兆瓦的太阳能卫星，研发该卫星的目的是将微波能量传输到加州弗雷斯诺县的接收站。

也是在2009年，日本航空探索机构（JAXA）推出了一个大胆的计划：建造轨道太阳能电站，用激光将光能传送到地球。2010年1月，欧洲最大的航天公司——欧洲宇航防务集团（EADS Astrium）开始寻求合作伙伴，开展一次轨道上的太阳能使命展示。它的原型机有望使用红外激光器将大约10千瓦的电力传输到地面。正如2010年11月astrium.eads.net所给出的解释，在不久的将来，10千瓦的小型卫星可以安全地将离网的电力传输到几十米直径的接收器上。到21世纪20年代，大规模的电力系统将能够在轨道上提供兆瓦级甚至十亿瓦的电能。

欧洲宇航防务集团宣称，建造太阳能卫星所需的所有技术条件都已经成熟。也正如我们在这一章所看到的那样，光伏太阳能技术正在持续完善。利用微波或激光束远距离传输电力的方法已经得到验证。天基太阳能的支持者甚至声称，所涉及的频率和能量密度不会导致意外妨碍光束的传输。正如将在第十五章演示的那样，对空间的访问也即将变得更具成本效益。从现在起的几十年里，彼得·格拉泽从太阳能卫星获取能量的“疯狂”想法可能会成为现实。

在轨道上建造一个或多个大型太阳能发电站将是个巨大的挑战。然而，这也可能导致出现一些重要的衍生品。正如第二章所讨论的，减少甚至扭转气候变化的宏观工程解决方案可能是在太空中建造太阳能帆板。这些帆板将阻止太阳的光线照射地球从而缓解全球变暖，而不需要减少大气中温室气体的水平。考虑到轨道上的大量光伏阵列具有相同的遮阳效果，未来的太阳帆板和天基太阳能项目结合起来同时进行，可能是合乎逻辑的想法。

成为太阳能先锋

2009年1月，一个名为沙漠技术基金会（DESERTEC Foundation）的非营利性组织成立了，该组织提倡把沙漠作为未来太阳能发电厂的选址。沙漠技术基金会指出，世界上的沙漠六个小时内从太阳获得的能量足够目前人类使用一年。换句话说，每年每平方千米沙漠的太阳能发电量大约相当于150万桶石油。如果在世界上1%的沙漠上建造了太阳能发电厂，那么整个地球目前的能源需求就会得到满足。这样一个极端的未来命题很可能是一个白日梦。然而，它确实证明了太阳能成为主要能源的巨大潜力。这一点也是在我们开始认真思考太空太阳能之前应该想到的。

虽然大规模的太阳能发电技术已经成熟并用于商业性开发，但个人也有可能成为太阳能应用先锋。如果愿意，我们大多数人现在可以用家用太阳能充电器给我们的手机和其他电池充电。许多家庭也可以安装太阳能热能板来加热烧水。由光伏电池供电的家庭制冷和通风装置的外部接口已经上市。在英国，太阳能应用先驱Sun Switch公司研发的一种安装在屋顶的全套光伏太阳能电池阵列已经投入市场，预计每年可以产生价值1000英镑的电力；另外几家公司的同类产品也已上市。英国Oxford Photovoltaics公司（Oxford PV公司）研发了一种技术，从而可以很快将基于染料的光伏太阳能电池喷涂在标准的窗玻璃上。

任何想很大程度地依赖太阳能或其他任何形式的替代能源的人，都必须学会有计划地使用能源。如今在发达国家，无论白天黑夜，大多数人都可以打开开关随心所欲地用电。但在未来使用替代能源驱动的家庭中，情况并非如此。电池可以在电力很小或没有电力产生的情况下使用。即便如此，在电动汽车充电的同时，仍有可能出现不能打开烤箱、浸入式加热器和电炉的情况。因此，至少在家庭层面上，使用太阳能和其他形式的替代能源不仅需要新的技术，而且需要新的观念和行为方式。

我们所知道的一切生命都依赖于太阳，人类文明更是如此。正如本章所希望的，这种依赖程度显著增长的可能性确实非常巨大。因此，太阳能行业可能会变得炙手可热。随着纳米技术、转基因和合成生物学的蓬勃发展，到21世纪末，我们可能经历第一次类似金融界市场泡沫般的“太阳能热潮”。

- 第十四章 -
核聚变

1958 年，艾贡·拉尔森（Egon Larsen）写了一本书，书名是《原子能：一个外行人的核时代指南》（*Atomic Energy: A Layman' s Guide to the Nuclear Age*）。这本书详细描述了核电站的设计，甚至还有未来的原子飞机和核动力汽车。自 20 世纪 50 年代以来，拉尔森和他同时代的人所强烈表现出的对核能的那种热情可能已经明显减弱了。尽管如此，至少有一种形式的核运输正在运行之中，铀动力潜艇现在经常在我们的海洋上巡逻。如今，一些国家，尤其是法国，也在利用核能发电。事实上，截至 2011 年 1 月，世界上共有 442 个运行中的核电站，另有 65 个正在建设之中。

尽管目前核工业的规模如此之大，但总的来说，它在新闻报道中的声誉并不好。这点也可以理解，2011 年的福岛核泄漏事故、1986 年的切尔诺贝利核事故和 1979 年的三里岛核事故，都导致公众和政界对该行业的安全和远景产生怀疑。自从这些核灾难发生以来，人们对可能的核泄漏、核废料的再处理和长期储存感到非常担忧。这些担忧并非无足轻重。然而，面对气候变化和化石燃料供应的减少，一些绿色运动的成员也在鼓吹核能是最可取的生产更多电力的解决方案。最重要的是，资深环保人士斯图尔特·布兰德现在正在推广核能的利用，因为它不会排放任何温室气体。

未来，与核电站有关的危险也会大大减少。今天，所有的核电站的建造都是基于核裂变过程。然而，转换到另一个被称为核聚变过程的潜在可能性是存在的。这恰好推动了向太阳索取能量的机制，这种机制有可能成为人类未来更安全核能的来源。

核聚变的前景

今天的核裂变发电厂分裂铀或钚原子以释放其破碎的原子键的能量。反应堆中产生的热量被用来将水转化为高压蒸汽，从而带动涡轮机发电。

核裂变背后的物理原理如图 14.1 所示。在核裂变反应中，一个被称为中子的亚原子粒子撞击核燃料，从而释放出能量和更多的中子，进而引发连锁反应。然而，裂变反应的第二个副产品是制造裂变的原始燃料的碎片。这种核废料具有很高的放射性。即使经过再处理，这些核废料也必须安全储存数百年甚至数千年。

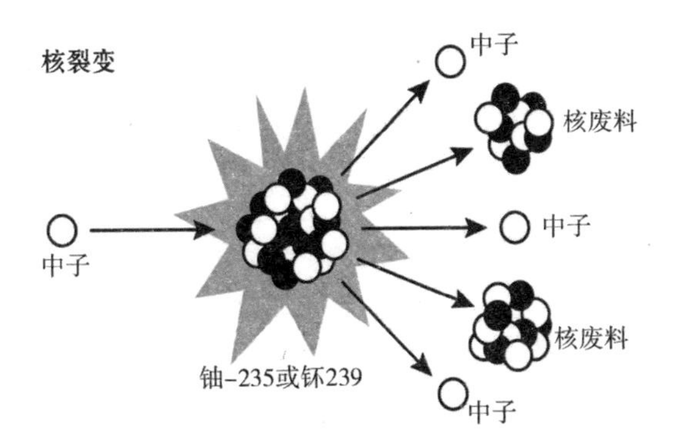

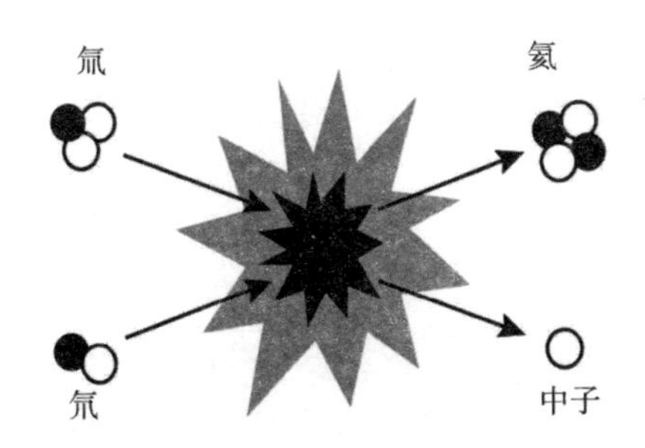

图 14.1：核裂变和核聚变

鉴于核裂变产生的放射性废物的水平和毒性，几十年来，核物理学家一直致力于建立核聚变发电厂以减少核污染。由于铀的储量不太可能持续到 21 世纪末，核聚变电站的另一个潜在吸引力在于减少我们对相对稀缺的核燃料的依赖。

目前，核聚变电站最有可能的燃料是两种同位素或被称作“重形式”的氢，即氘和氚。在核裂变中，燃料的原子被分开以释放能量，而在核聚变中，两种燃料则是在原子单位上融合在一起而释放能量。因此，尽管核聚变释放出原子能，但它不会直接产生核废料。相反，如图 14.1 的下半部分所示，由氘和氚所驱动的核聚变反应所产生的结果都是氦和中子。因此，核聚变比核裂变更安全。核聚变反应堆的某些环节在运行过程中会产生放射性，因此最终必须进行安全处理。然而，这种间接核废料的长期放射性毒性要比目前核裂变发电站的副产物少得多。

要了解核聚变的形成过程，我们需要简单地研究一下原子领域。看过接下来的两段以后，你就会了解核聚变所展现的奇迹和挑战。

所有的原子都是由亚原子粒子，即质子、中子和电子组成的。一个原子的质子和中子结合在一起形成其原子核，其电子通常在轨道上运行。但是在非常高温的情况下，所有材料从气态变为等离子体，其电子与原子核分离。

原子核中的质子是带正电的。正因为如此，两个原子的原子核通常被分开，因为它产生了强大的斥力和静力。然而，在核聚变的过程中形成了原子被如此紧密地挤在一起的条件，而将质子和中子结合在一起的巨大核力克服了这种斥力。这导致不同的原子核融合，释放出大量的原子能。

比太阳还要热

我们的太阳是从不断的核聚变反应中获取动力的，而这些反应是由巨大的引力引起的。然而，这种条件不能在地球上创造出来。因此，要在反应堆中产生聚变，就需要使用燃料来加热到极高的温度。在实践中，这意味着将它们加热到超过1亿摄氏度或者比太阳热很多倍的温度。这种异常炽热的等离子体必须保持足够的密度并保持足够长的时间才能达到“点火”和自我维持的核聚变。你会惊讶地发现，所有这些都是难以实现的。

正如图14.1所示，核聚变电站最有可能的燃料是氢的同位素氘和氚。氘来自海水中，每立方米海水产生33克左右的氘。氚不是自然产生的，且具有放射性。然而，氚可以从核反应堆的锂中“培育”出来。与氘一样，地壳中锂的储量相对较大，海洋中的锂储量相对较少。因此，未来的核聚变发电站有可能使用两个相对丰富的原材料。

如图14.1的下半部分所示，“氘—氚”聚变反应会产生氦和另一个“高速”中子。在一个聚变反应堆内，这些高速中子被包围在核心周围的锂“毯子”所吸收。然后锂被转化成氚，然后再给反应堆提供燃料。锂毯必须非常厚（至少一米）以减缓高速中子的速度，因为它们携带着聚变反应中产生的约80%的能量。当中子减速并停止时，其相当大的动能被锂毯吸收，而锂毯变得非常热。然后，这种热量被一种循环液体收集，用来把水变成蒸汽进而驱动涡轮机并发电。

测试聚变反应堆已经建成，但运行时间极短。除了维持聚变反应的难题之外，我们还面临着另一个难题，即如何燃烧和保存燃料才能不会消耗更多的能量。

目前正在试验两种建设未来核聚变电站的方法。更先进的一种方法被称为“磁约束”，利用磁场将数百立方米的聚变等离子体控制在饼形环内。另一种略显落后的方法被称为“惯性约束”——将激光或离子束聚焦在直径只有几毫米的氘和氚的小颗粒上。

实践中的核聚变

长期以来，在科学界有个笑话，那就是核聚变将永远是“大约40年以后的事”。虽然物理学家的嘲笑有些道理，但核聚变仍有进展。

大多数核聚变研究都涉及磁约束。虽然实现磁约束的方法很多，但最常见的方法是构建一个“托卡马克环形容器”。这个装置是由苏联物理学家安德烈·萨哈罗夫（Andrei Sakharv）和伊戈尔·塔姆（Igor Tamm）在1951年发明的，它的名字代表“环形磁室”。自1951年以来，已经进行了几次造价高昂的托卡马克实验。其中包括英国的欧共体联合聚变中心（JET），以及美国的托卡马克聚变试验反应堆（TFTR）。作为国际热核实验反应堆（ITER）项目的一部分，目前，世界上最大的托卡马克项目正在法国南部的卡达拉舍建造之中。

欧共体联合聚变中心的项目于1978年由欧洲原子能共同体（EURATOM）发起，但自1999年以来，改由英国原子能管理局（UK Atomic Energy Authority）代表其许多伙伴国家管理。欧共体联合聚变中心的项目是一种“氚—氘”反应堆，是唯一能够产生聚变能的操作设施。1983年，欧共体联合聚变中心产生了第一个等离子体，并于1991年11月输出了世界上第一个可控核聚变动力。

到目前为止，欧共体联合聚变中心的项目在一秒内产生16兆瓦的能量，5兆瓦持续时间更长。虽然成就显著，但遗憾的是，欧共体联合聚变中心从未产出维持其等离子体所需的70%以上的能量。不可否认的是，该项目继续推动着聚变研究。值得一提的是，它是一个非常成功的开发放射性处理和等离子控制技术的试验平台。

托卡马克聚变试验反应堆于1982年至1997年在美国普林斯顿等离子体物理实验室运行。1994年，该反应堆成功地产生了10.7兆瓦的可控聚变动力，1995年创下了5.1亿摄氏度的等离子体温度记录。

国际热核实验反应堆的历史可以追溯到1985年，当时苏联提出了一个与欧洲、日本和美国合作的核聚变项目。国际热核实验反应堆项目后来在国际原子能机构的主持下成立。多年来，该项目的合作伙伴一直处于波动状态，美国退出后又重新加入，而中国和韩国现在已经签署加入。

经过多次政治角力，在2005年中期，各方同意在法国南部的卡达拉舍建立国际热核实验反应堆测试设施。该项目总成本预计为128亿欧元。其中一半来自欧洲，美国、日本、中国、韩国和俄罗斯各占10%，运营寿命为20年。

国际热核实验反应堆的最终目标是以50兆瓦的功率输入创造500兆瓦的能量输出，并持续至少400秒。这就是说，国际热核实验反应堆实际上不会产生电力。但二期的20亿瓦示范厂预计将显露持续电力生产的可行性。演示的设计预计将在2024年开始施工，并有望在21世纪30年代开始运营。正如时间表所示，这是一项长期的研究，在2040年之前，核聚变能量不会进入国家电网。

虽然10亿瓦的燃煤发电站每年使用约275万吨煤，但一个具有相同能量输出的未来核聚变发电厂每年只需要250千克的氘和氚。核聚变的潜力令人惊叹，这足以让一些人相信，我们没有必要发展风能、波浪能和太阳能了。

聚变动力的替代机制

在我们欢呼雀跃之前，值得指出的是，从托卡马克首次发明到现在已经60多年了，而商业聚变发电站才只有30多年的历史，未来还有很多技术上的挑战需要克服。首先，对“氘—氚”聚变中产生的高速中子的遏制就是一个问题。此外还有人担心放射性氚会泄漏。这里的问题是氚可以穿透混凝土、橡胶和一些等级的钢材。因为氚是氢的一种同位素，所以它也很容易被水吸收，然后水就会有轻微的放射性。氚可以被皮肤吸入或吸收，无论是作为气体还是在水中，都是对人类健康的一种威胁，一旦泄漏，其放射性可持续125年左右。因此，未来的“氘—氚”核聚变电站的安全性已经成为一个潜在的问题。

由于上述风险和聚变研究进展相对较慢，研究人员正在考虑建立未来聚变动力的替代机制。其中一些是基于惯性约束的，并将激光或离子束聚焦在一个小的“氘—氚”燃料球芯块上。然后，球芯的外层会升温并爆炸，进而产生内爆。这种内爆的力量将球芯的内部层压缩到其液体密度的1000倍左右，使聚变得以发生。日本大阪大学激光工程研究所目前正在进行惯性约束聚变研究。

其他可能的方法包括冷聚变。1989年，美国研究人员史坦利·庞斯（Stanley Pons）和英国的马丁·弗莱斯曼（Martin Fleischmann）声称，他们在室温环境下在桌面上实现了核聚变。他们的实验显然是用钯（palladium）电极通过电解把氘原子核浓缩成所谓的“重水”（氘氧化物）。庞斯和弗莱斯曼声称，他们的实验是通过释放核能，以及包括氦和氚在内的副产品产生热量。自1989年以来，其他科学家没有成功地重复这一最初的冷聚变实验。然而，一些对冷聚变的研究仍在继续。例如，在2005年，加州大学的一个研究小组声称使用热电晶体启动了冷聚变。

更有可能实现的替代核聚变的过程，可能是利用“氘—氘”反应。两个氘原子核会聚变产生一个中子和一个非常稀有的氦同位素“氦-3”，其最大好处是在没有氚的情况下实现核聚变，从而使整个过程更加安全。但不幸的是，对这种核聚变的研究仍处于起步阶段。

核聚变能量来自月球尘埃？

氘和非放射性同位素“氦-3”可作为核聚变发电厂的燃料。图14.2展示了这种核聚变过程。正如你所看到的，这种核聚变的形式产生了氦和质子。考虑到质子是带电粒子，与中子不同，可以被包含在磁约束场中。因此，所谓的“中子核聚变”——“‘氦-3’聚变”可能比其他形式更易控制，也更安全。也就是说，产生电能的热量要从反应中提取出来，而不是靠中子与反应堆包层的碰撞。

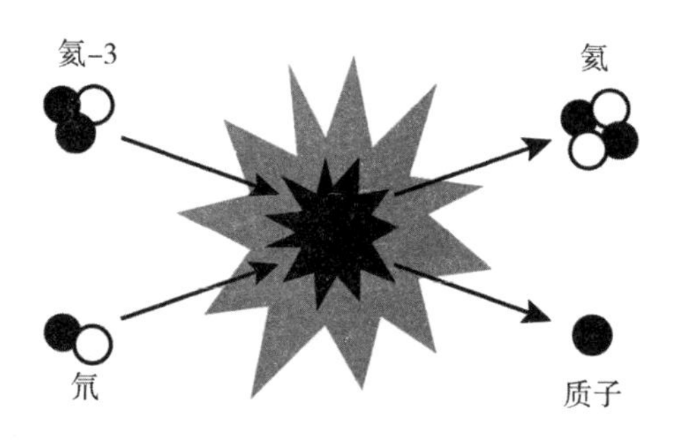

图 14.2：氦 -3 的核聚变

在未来的核聚变反应堆中使用“氦 -3”的最大障碍是，它不会在地球上自然生成。目前，每年大约有 15 千克的“氦 -3”是维持核武器的副产品。然而，太阳在其太阳风中不断地发射“氦 -3”。这潜在的宝贵气体无法到达地球，因为它不能穿透我们的大气层。然而，由于月球没有大气层，数十亿年来它一直从太阳中吸收“氦 -3”。因此，据估计月球表面大约有 110 万吨“氦 -3”，深度达几米。在未来，我们可以通过加热月球尘埃到 600℃来提取这种潜在的核聚变燃料。“氦 -3”将被放入加压罐并带回地球，为新一代核聚变发电厂提供燃料。

1994 年，一家名为阿尔忒弥斯项目（Artermis Project）的私人企业成立，该公司的目的是建立一个私人月球基地。在越来越多的组织的支持下，该公司估计大约 25 吨的“氦 -3”可以为整个美国提供一年的电力。这意味着“氦 -3”的潜在经济价值是每吨数十亿美元。反过来，这使得“氦 -3”成为月球上唯一有经济价值的矿藏，并且目前和未来的空间技术能够将其带回地球。

就在几年前，许多国家还在认真考虑开采月球上的“氦 -3”。例如，在 2006 年，时任俄罗斯太空能源公司的负责人尼古拉·谢瓦斯季亚诺夫（Nikolai Sevastyanov）报告说，俄罗斯正计划建立一个永久的月球基地，开采月球上的“氦 -3”，并在 2020 年之前开始工业规模的“氦 -3”生产。在奥巴马于 2010 年取消“星座计划”（Constellation Program）之前，美国国家航空航天局也宣布，打算 2024 年在月球上建立永久基地。开采“氦 -3”矿藏也被认为是美国国家航空航天局重返月球并计划建造这样一个基地的原因之一。中国将人类送上月球的目的之一就是测量月球土壤的厚度和“氦 -3”的储量。

在 2008 年金融危机之后，上述将人类送上月球的计划大多已落空。然而，美国、印度和中国仍然继续实施无人登月计划。谷歌甚至赞助了一项名为“谷歌月球 X 大奖”的竞赛，并设有 3000 万美元奖金，颁给第一个让机器人在月球表面着陆的私人团队，条件是机器人在月球表面移动至少 500 米，同时将视频图像发回地球。这一竞赛旨在促进无人月球探索。

***

地球以外的解决方案

这一章和最后一章都是展望未来的能源解决方案，而解决方案将依赖于工业对太空的访问。诚然，在未来一段时间里，太阳能发电站和依靠月球上的“氦 -3”发电仍将是白日梦或者永远是白日梦，然而短期内人们正越来越多地寻找通向太空的其他路径。因此，越来越多的私营公司开始在地球之外创业。尽管世界媒体对这个问题没有太大兴趣，但现在，第二次和非常商业化的太空竞赛真的开始加速了。

从长远来看，从太空获取资源可能是维持人类文明不断发展和工业化进程的唯一解决办法。因此，第三部分的最后一章将把未来的太空旅行作为满足人类对新能源和原材料供应日益增长需求的最终手段。

第十五章
太空旅行

生命通过进化征服新的领域达到生存的目的。数百万年前，一些特别无畏的海洋生物从海洋中爬了出来。在此后的几百万年里，其中一些灵长类后代成功地站立起来，用两条腿走路。很久以后，智人学会了建造人工环境。我们还发明了新技术，使我们能够成为海洋的主人，继而成为天空的主人。

1961 年 4 月 12 日，尤里·加加林（Yuri Gagarin）成为第一个进入太空的人。在那革命性的里程碑之后的 50 年里，人类又涉足了新的领域。尤其值得一提的是，我们已经绘制了自己的遗传密码并进入了数字领域。然而，除了几次短暂的月球之旅之外，迄今为止，我们还犹豫着要不要远离我们的家园去探索更远的未知世界。

许多人认为太空旅行是毫无意义的资源浪费。他们抗议的理由是，在数以百万计的人民正在挨饿的时候，他们为什么非要在火箭上浪费数十亿的钱财呢？不幸的是，忽视穷人和饥饿者是对大多数发达国家从事太空探索活动的一种指责。在我们最昂贵的科技企业中，太空旅行也可能为提高未来的生存能力提供最大的潜力。正如已经指出的那样，生命通过进化征服新的领域达到生存的目的；或者像苏联的太空预言家康斯坦丁·齐奥尔科夫斯基（Konstantin Tsiolkovsky）曾经所说：“地球是心灵的摇篮，但我们不能永远生活在摇篮里。”

本章着眼于太空旅行的未来。就像本书的其他部分一样，主要关注的是未来一二十年可能发生的事情。除此之外，本章还将简述未来几十年甚至几个世纪的潜在发展。预测未来是一件非常不确定的事情。事实上，就连一些未来主义者也认为这是不明智的。然而，只有通过延长时间范围，我们才能完全解决太空旅行的两个最基本的问题。

进入太空并在外星生活仍然相当复杂且危险重重。“我们将如何进入太空？”这是我们要考虑的第一个问题。随着一些潜在的未来实践的概述，我们将会转向更根本的问题：“为什么人类文明去太空冒险的次数越来越多？”

第一次太空竞赛

在 20 世纪五六十年代，超级大国政府独家操纵宇宙飞船。苏联在 1957 年 10 月 4 日发射了第一颗人造卫星“史普尼克 1 号”，次月，将一条狗送入了轨道。1961 年，第一个宇航员乘坐“沃斯托克 1 号”进行了太空飞行。

苏联的第三大太空里程碑促使美国总统约翰·肯尼迪（John F. Kennedy）开启了第一次太空竞赛。肯尼迪想做的不仅仅是追赶，他的目标是，十年之内美国要把人送上月球。当尼尔·阿姆斯特朗（Neil Armstrong）和巴兹·奥尔德林（Buzz Aldrin）于 1969 年 7 月登上月球时，这个目标实现了。

20 世纪 70 年代，冷战爆发，太空竞赛的紧张局势开始消退。美国人最后一次踏上月球是在 1972 年 12 月。1975 年 7 月，当美国的“阿波罗号”和苏联的“联盟号”飞船在轨道上停泊时，太空竞赛实际上就结束了。1975 年，欧洲的 10 个国家，包括德国、法国、意大利、西班牙和英国，成立了欧洲航天局（ESA），支持发展太空旅行。

欧洲航天局的成立是承认欧洲有必要发射自己的通信卫星。后来，阿丽亚娜的火箭被研制出来，并在 1979 年首次飞行。直到今天，阿丽亚娜航天公司生产的“阿丽亚娜 5 号”火箭仍在将无人驾驶的货运飞船送入轨道。

美国人用强大的“土星 5 号”火箭发射阿波罗太空飞船将人类送上了

月球。苏联人也计划发射“联盟号”太空飞船和火箭到达月球。第一次有人操纵的“联盟号”在1967年4月起飞登月，宇航员却在返航时牺牲。然而，在这一悲剧开始之后，“联盟号”已经成为世界上使用最久的将人和货物送入轨道的途径。

到2011年年中，“联盟号”已经完成了110次载人航天飞行任务和大约25次无人驾驶飞行任务。其中大多数飞行任务是将人带到“和平号”空间站（在1986年到2001年环绕地球运行）或者把人从“和平号”空间站接回地球或目前的国际空间站（ISS）。从它们开始工作到现在的40多年里，“联盟号”的发射一直在继续。事实上，在2011年，“联盟号”除了在俄罗斯本土的太空港进行营运以外，还开始在法属圭亚那的圭亚那航天中心投入营运。

虽然“联盟号”计划仍在运作，但最后一次飞行的阿波罗太空舱是在1975年与“联盟号”飞船对接的。像“联盟号”系统一样，阿波罗太空舱和发射它们的土星火箭采用的是一次性报废技术。阿波罗计划的成本也很高，该计划的最终成本于1973年向美国国会报告，金额为254亿美元。后来，阿波罗计划被更低成本的航天运输系统（STS）取代。这个航天运输系统于1972年1月启动，在1981—2011年运行，并使用了可重复使用的运载火箭（RLV）——航天飞机。

航天飞机时代

美国国家航空航天局声称，航天飞机是有史以来最复杂的机器。美国总共有5架航天飞机——“哥伦比亚号”“挑战者号”“发现号”“亚特兰蒂斯号”和“奋进号”，它们在30年的时间里执行了134次任务。遗憾的是，其中的两架以悲剧收场，“挑战者号”在1986年发射73秒后坠毁，2003年“哥伦比亚号”在重返大气层时烧毁。

航天运输系统有一个可重复使用的航天飞机轨道器，安装在一个可消耗的外部燃料箱上，然后将两个可重复使用的固体火箭助推器绑在外部燃料箱的两侧。在船员舱后面，每架航天飞机都有一个 18 米长、4.6 米宽的货舱，这个货舱可以用来运送多达 25 吨的货物进入太空。

在 1986 年“挑战者号”失事之前，美国宇航局大力宣传航天飞机是世界上最强大的运送公共和私人货物进入轨道的手段。然而，即使将悲惨的事故忽略不计，航天运输系统方案也从未像最初设想的那样让太空旅行廉价或成为平平常常的事情。因此，在整整 30 年的运行中，许多卫星和其他项目继续在常规火箭上发射——直到今天。

随着航天飞机的退役，美国国家航空航天局进入了一个新时代。2010 年，美国总统奥巴马取消了雄心勃勃的登月计划。同时，他还拨款来延长国际空间站的寿命，并拨款给美国国家航空航天局研发一种新的远程航天器，这种远程航天器可以在 2025 年前后用于执行探测小行星和火星的载人任务。然而，美国宇航局并没有立即淘汰航天飞机。从中期来看，国际空间站将由私营部门设计和运行的商业航天器提供服务。美国国家航空航天局在人类太空飞行中的运作角色，后来被限制在协调其商业轨道运输服务（COTS）计划下的私人太空飞船供应商的伙伴关系。

美国总统奥巴马在倡导依赖私人太空飞船的同时，也是言出必行。仅在 2011 年，美国国家航空航天局就投入了 5 亿美元用于激励私营公司开发能够将货物送入太空的运载工具。虽然美国国家航空航天局既是这些私人太空飞船服务的客户，又是其安全及其他标准的监督者，但他们的希望是，在很大程度上启动商业太空业务。有几家公司已经跃跃欲试，这一希望正在变为现实。

提供太空服务的私营企业

第一个为美国宇航局提供太空服务的私营企业是太空探索技术公司（SpaceX）。作为商业轨道运输服务计划的主要投资伙伴，该公司签订了

12个货运任务的合同，为空间站运送货物直到2016年。为了完成这项合同，太空探索技术公司研发了一种名为“猎鹰9号”的两级发射火箭，以及一种可重复使用、自由飞行的，被称为“龙”的太空舱。虽然美国国家航空航天局最初的合同只是运送货物，但“龙”太空舱已经被设计成“载人飞船”，可能还会搭载宇航员。鉴于“龙”太空舱侧面有一个窗口，可以确定运送人类是太空探索技术公司的最终目的。

除了美国航空航天局的货运任务外，太空探索技术公司还在打着“龙实验室”的旗号，为“龙”太空舱大做商业广告。这意味着任何实力雄厚的公司都可以进行太空活动。太空探索技术公司宣称，龙实验室可用于微重力研究、生物技术研究、空间物理实验、相对论实验，以及地球观测。

2010年12月8日，太空探索技术公司成为首个将太空舱送入太空并安全回收的私人企业。第一个“龙”太空舱搭载第二次试飞的“猎鹰9号”火箭，完美地完成了两次环绕轨道运行，然后重新进入大气层，在太平洋上进行了完美的跳伞活动。到了12月9日，太空探索技术公司才透露，藏在“龙”太空舱地板下面的“秘密货物”是一枚巨大的奶酪环。令人高兴的是，这一著名的乳制品在这次重大的旅行中被完好无损地保存了下来。

另外两次“龙”太空舱试飞于2012年完成，并于2013年与国际空间站进行对接。私人太空运输业务趋于成熟。

最初，大约有20家公司提交投标书参与美国国家航空航天局的商业轨道运输服务计划。除了太空探索技术公司以外，迄今为止，另一家投标成功的公司是轨道科学公司（OSC）。这家私人企业已经制造了569个载荷运载火箭和174颗卫星，因此已经成为私人太空业务的老牌参与者。

为了向国际空间站提供补给，轨道科学公司开发了“金牛座II”的二级火箭，与可独立操纵并加压的宇宙飞船“天鹅座”配套使用。截至2011年，轨道科学公司已经与美国国家航空航天局签订了8个国际空间站货物补给任务的合同。

另一个进入太空领域的重要的私人企业是波音公司。该飞机巨头目前正在为美国空军运营一种无人驾驶的可再利用的太空飞机——“X-37B”轨道测试飞行器。它与航天飞机类似，但体积只有航天飞机的四分之一，开发“X-37B”的目的是“探索可重复使用的交通工具技术以支持长期的太空目标”。然而，美国空军正使用“X-37B”做些什么，我们永远不会知道。

大众的太空旅行

虽然美国国家航空航天局的商业轨道运输服务计划可能是私人太空业务的一部分，但近年来一些普通人也参与了这项活动。最值得注意的是，1996 年安萨里家族赞助了第一个 X 奖。该奖项模仿的是奥泰格奖（Orteig Prize）。1927 年，查尔斯·林德伯格（Charles Lindbergh）成为从纽约直飞巴黎的第一人，并因此赢得了奥泰格奖。作为奥泰格奖的现代翻版，安萨里 X 奖（Ansari X Prize）向第一个在两周内两次将可重复使用的载人航天器送入太空的非政府组织提供 1000 万美元奖金。

共有来自 7 个国家的 26 支团队参加了安萨里 X 大奖的角逐。此外，这些参赛者还在私人太空项目上投资了超过 1 亿美元。2004 年 10 月 4 日，由航空航天设计师伯特·鲁坦（Burt Rutan）和金融家保罗·艾伦（Paul Allen）领导的团队获得了该奖项，他们的“太空船 1 号”在参赛前 5 天刚刚完成一次飞行任务，随后又将宇航员布莱恩·宾尼（Brian Binnie）送入太空。该获奖团队 8 年间得到的预算拨款才 2000 万美元。他们的此次夺魁不仅体现了其惊人的技术成就，也让美国国家航空航天局和其他机构的许多人为之一振，同时也陷入沉思。

“太空船 1 号”是由缩尺复合材料公司（Scaled Composites）建造的。它采用了一种创新的方式进入太空。“太空船 1 号”在“白骑士 1 号（White Knight One）”双涡轮喷气飞机的腹部下面被送入太空。在高空，“太空船 1 号”随后分离并发射火箭引擎以完成其升空后的后半程。在 100 千米以上的高空飞行后，飞行器将尾翼提升为高阻力形状，在重新进入大气层时使其减速。最后，随着尾翼的下降，“太空船 1 号”做常规的跑道着陆。由于无须在任何阶段丢弃燃料罐或火箭助推器，“太空船 1 号”和“白骑士 1 号”飞行器都是完全可重复使用的。

在“太空船 1 号”获得成功之前不久，其技术得到了企业家理查德·布兰森（Richard Branson）的认可。多年来，布兰森一直关注着私人太空计划的进展，并于 1999 年 3 月注册维珍银河公司（Virgin Galactic）。在“太空船”一号赢得安萨里 X 大奖之后，维珍银河公司与缩尺复合材料公司成立了一家合资公司，生产规模更大的复合材料用来制造更大的太空飞机系统。自此以后，维珍银河公司一直把自己标榜为“世界上第一条商业太空线路”，并开始接受前往太空旅行的个人订单。

维珍银河公司的首批宇宙飞船“太空船 2 号”航天器和“白骑士 2 号”运输机已经建成。新墨西哥州建设了世界上第一个商业太空港。这里已经进行了一系列严格的试飞。如果试飞成功，商业太空飞行将在未来几年内启动。

“太空船 2 号”将搭载 6 名乘客和 2 名飞行员，飞行高度距离地球 100 千米。在 100 千米的高度上，乘客将体验失重状态，并能从太空俯瞰他们的家园。总飞行时长预计为 2.5 小时，在空中飘浮约 5 分钟。在开始宇宙之旅之前，所有乘客必须接受为期两天的地心引力和安全训练。

超过 400 人已经支付了 2 万美元的定金来购买一张价值 20 万美元的维珍银河机票。理查德·布兰森希望这一天文数字的价格能够有所下降。维珍银河公司还计划开发太空飞机系统以便能够用于发射小型卫星。如此看来，维珍航空就未来载人航天技术的发展与美国国家航空航天局已经达成协议，并展开合作，也就没什么可叫人惊讶的了。

太空访问的成本

使用带有一次性组件的火箭进入太空仍然是一项昂贵的业务。美国国家航空航天局曾表示，发射一架航天飞机的成本约为4.5亿美元。然而，这个数字忽略了航天飞机本身的价格和其他后续的支出。考虑到这些因素，航天运输系统方案的总费用约为174亿美元，共飞行134次。这一计划的价值约为13亿美元，也就是说，航天飞机的货运成本约为每千克5.2万美元。

美国国家航空航天局向太空探索技术公司支付16亿美元用于执行为国际空间站提供补给的任务，这是“龙”飞船执行的12次补给任务的第一次。每个太空舱装载6吨货物，这使得“龙”飞船发射成本约为每千克2.2万美元。考虑到大多数卫星发射公司目前的费用为每千克2.5万美元，货物装载在加压的、可停靠的宇宙飞船上，这个价格还能接受，但仍然不便宜。

在其革命性的航天飞机系统中，维珍银河公司正在进一步降低太空访问成本。我们假设一个人的平均重量是100千克，那么维珍的20万美元的票价相当于每千克2000美元的发射成本，不到太空探索技术公司的十分之一。当然，这并不是一个完全公平的对比，因为维珍银河公司将乘客带到太空边缘，而不是在轨道上与另一艘飞船对接。然而，维珍航空公司在其航天飞机上设置100千米上限的一个主要原因是避免乘客在上升过程中承受巨大的地心引力。因此，利用航天飞机的后代来为国际空间站提供补给具有潜在的技术可能性。

在未来的许多年里，即使太空探索技术公司、轨道科学公司、维珍银河公司和其他许多公司不断创新，使用火箭或航天飞机进入太空的代价也将居高不下。因此，一些科学家提出一种完全替代的进入轨道的机制，也就不令人感到意外了。他们的想法是将电缆从地面延伸到轨道空间平台，然后，人们和货物乘坐电梯往返于太空和地球。

上升！太空电梯的兴起

太空电梯最初听起来可能很有道理，但它同时也是一个绝对疯狂的想法。毕竟这是科幻小说作家亚瑟·C. 克拉克（Arthur C. Clarke）的作品。建造太空电梯是一项非常具有挑战性的工程。然而，在未来十年里建造太空电梯的可能性在技术上和实践上是可行的。

图 15.1 说明了可能的太空电梯设计。在这里，连接到地面站的缆索或“缆绳”上升到距海平面约 3.5 万千米的地球静止轨道上的一个平台。然后，缆绳延伸到轨道平台以外的一个平衡重物，使它保持拉紧并且相对于地球重心保持不动。由于向太空发射一个巨大的反重力物被证明是极其昂贵的，很可能会捕获一颗小行星来达到这个目的。在缆绳另一端的地面站，其最有可能的位置是在赤道附近的高处。

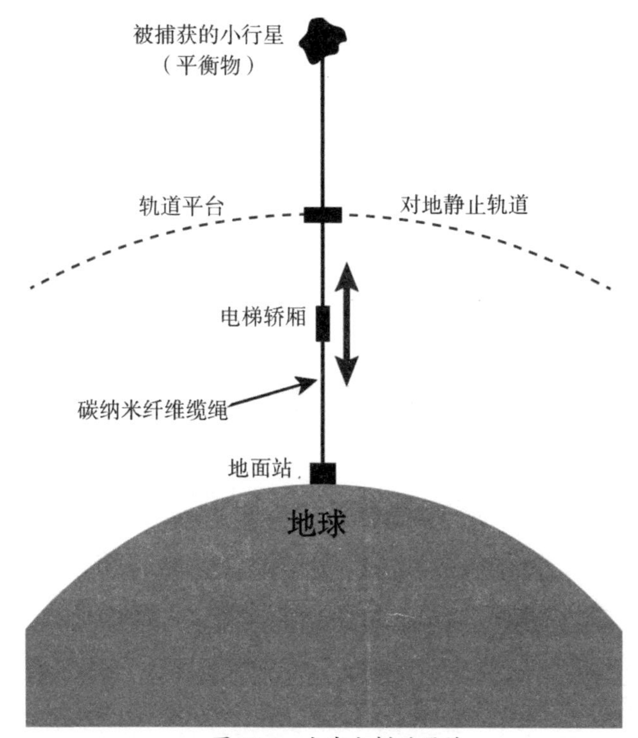

图 15.1：太空电梯的设计

建造太空电梯最困难的部分是制造缆绳。这条缆绳必须足够坚固以支撑自身的重量，以及在巨大的长度上上下移动的电梯轿厢的重量。缆绳还必须具备耐腐蚀性，能够承受高空大气层的极端寒冷。直到最近，还没有任何材料可以用来制作这样的缆绳。然而，随着纳米技术的发展，太空电梯缆绳的制造在未来存在技术上的可能性。

具体地说，可以用碳纳米管制造出一种太空电梯缆绳。如第七章所述，碳原子的六角形晶格强度约为钢的117倍。因此，从碳纳米管纳米纤维中分离出来的太空电梯缆绳完全可以支撑其自身的重量到达轨道上。目前，碳纳米管制造商没有制造太空电梯缆绳的专业知识和生产能力。然而，到2020年这有可能成为现实。

即使地面站、缆绳、轨道平台和配重问题都解决了，建造太空电梯轿厢的难题也不容忽视。因为缆索是固定的，所以电梯轿厢需要自身具备攀缘机制。这将需要自己供电——可能是使用太阳能电池或小型核反应堆。或者通过激光、微波将电力传送给电梯轿厢。

太空电梯的设计已经提出一个多世纪了。事实上，齐奥尔科夫斯基早在1895年就提出了一个从地球表面到地球静止轨道的独立的塔。但直到近年来，这个想法才受到了极大重视。一些有声望的科学家，包括美国宇航局的一些工程师，现在把注意力转向了太空电梯。2010年8月，在华盛顿的微软会议中心举行了为期三天的太空电梯技术活动。几个月后，第四届碳纳米技术和太空电梯系统国际会议在卢森堡举行。

总部位于加州的太空基金会（Spaceward Foundation）现在管理着一个名为"Strong Tether Challenge"的X奖太空电梯竞赛。它还运营着一年一度的太空电梯竞赛。作为美国国家航空航天局百年挑战项目的一部分，它为这些"刺激性"项目设立了200万美元的奖金，为那些开发出最好的太空电梯技术的选手提供资金。十年以内，太空先锋们将乘坐火箭太空舱和太空飞机去太空旅行，但未来太空旅行者可能会通过太空轨道直接爬上太空。

智人的旅行癖

正如本章开头提到的，任何关于未来太空旅行的讨论都必须同时考察

“如何”和“为什么”。前面的内容已经详细介绍了未来访问太空的最可行的方法。因此，在本章的最后将讲讲人类为什么越来越想进入太空。

《星际迷航》（*Star Trek*）中的许多情节提醒我们，离开地球的一个原因是“勇敢地去那些没人去过的地方”。好奇心和冒险精神确实是强大的驱动力。因此，未来一些太空企业可能只会在这一基础上证明自身存在的价值。最明显的是，征服新领域的政治运动很可能是第一次载人火星任务的动机。现在，像太空探索技术公司这样的商业太空公司所取得的进展，也意味着我们以合理的成本承担这些任务的能力一直在不断提高。到 2030 年人类登上火星仍然是可能的。

通过成为首批太空游客去探索新边疆的愿望也给维珍银河公司带来了大笔投资，以建造世界上第一条太空航线。在接下来的十年里，太空旅游也很可能成为发展太空产业的一个重要领域。到这十年结束的时候，第一个太空旅游真人秀节目将与观众见面。

在不断扩张的太空行业中，太空旅游只占一定比例，而更大的驱动力则是人们日益高涨的另一个需求，即期望更多的卫星和其他东西进入轨道。无论我们是否意识到，我们大多数人每次在打电话或使用卫星传输数据时，对太空产业的需求都会提升。当我们观看卫星电视、使用谷歌地图或其他卫星图像时，或者当我们使用任何一种 GPS 设备时，我们渴望太空访问的愿望愈加强烈。尽管最初看起来很神奇，但卫星通信和卫星数据的使用现在已经成为许多人日常生活的一部分。

多年来，我们一直依赖卫星来帮助定位石油和矿藏以及研究全球变暖问题。在国际空间站上，新的药物和材料也在零重力状态下继续研发出来。因此，任何反对增加太空访问的人（也许是正确的）就是反对扩大人类文明的技术机制。例如，如果没有更多的通信卫星，许多偏远地区的人可能永远无法得到互联网和电话服务。

正如我们在前几章看到的，太空访问对稳定我们的气候和维持我们的能源供应可能至关重要。正如第二章讨论的，几十年后，我们可以利用巨大的轨道太阳帆来遮蔽地球，缓解全球变暖。或者如第十三章详述的，未来，太阳能卫星可能会从太空中洒下电能。或者如我们在上一章看到的，未来的核裂变发电厂甚至可能会靠从月球表面开采的“氦 –3”燃料来驱动。从现在开始的几个世纪内，随着第五章所描述的资源耗竭的到来，从太空获取原材料也将成为生存的必要手段。

走进热力学现实

如果人类文明想延续几千年，那么只有两种选择。第一种选择是大力缩减人口，第二种选择是要求不断壮大的人类继续其古老的传统——从远处寻找新的资源。第二种选择是大有希望实现的解决方案。

人类为什么需要不断地从更远的地方获取资源呢？“热力学第二定律”的物理确定性做出了解释。简单地说，这告诉我们所有所谓的“封闭系统”必将退化，除非它们被打开来接收外部资源。为了解释为什么会这样，让我们暂停一会儿来进行一个简单的思维实验。

假设我们有一只兔子和一个大箱子。把兔子放进箱子，它现在就被困在了一个封闭的系统里。那么会发生什么呢？我们可以想象得出，如果箱子是密闭的，兔子会迅速窒息。然而，即使我们假设空气可以进入，兔子还是会因为缺乏食物和水而死。我们可以想象得更充分一点：兔子被关进一个很大的箱子，里面有充足的空气、一个装满水的大碗和一大堆莴苣。这肯定会缓解我们所假设的兔子的困境。然而，即便如此，也只能是延缓不可避免的结果的到来。在我们的思维实验之外的现实世界里，箱子里的兔子只是存活了下来，因为它们被迫生活在狭小封闭的环境中，但获得了源源不断的食物和水。

那么，箱子里的兔子思维实验是如何与太空旅行的必然性联系在一起的呢？从更大的范围上来说，整个地球是一个封闭的系统，就像可怜的兔子所待的箱子一样。像古埃及这类文明古国是在自然资源丰富的地区崛起的。但是，随着这些文明的发展，人们不得不去更远的地方旅行和贸易以满足日益增长的资源需求。几个世纪以来，这并不是一个问题，因为地球上总有新的区域供其掠夺。然而，正如我们在第五章看到的，今天的情况不一样了。一个非常明显的事实是，美国和欧洲在食品、基本原材料或是能源供应方面已不再能够自给自足。

在一两个世纪之内，人类将开始触及地球封闭系统的极限。为了数十亿人的生存，未来人类将不得不冒险进入太空寻找新的资源。这些资源最初可能包括来自月球和小行星的原材料。然而，即使是这些相对封闭和丰富的新供给地最终也会枯竭。随着斗转星移、光阴荏苒，越来越深入的太空探究不可避免。

幸运的是，目前大众文明还无须太空特有的资源来维持。然而，从进化的角度来看，用不了多久，人类就有可能与我们假设的兔子同病相怜，悲伤地看着最后几块莴苣。唯一的区别是，尽管我们的兔子无法打开并逃离箱子，但人类通过发展太空旅行可以向太阳系拓展。人类冒险进入太空是一种自然的进化过程，就像用两条腿走路、从海洋中爬出来一样。毕竟坐等外星人把一堆新的原材料送上门来是不可能的。

***

我们在太空中的进化

正如本章论述的，生命的延续离不开征服新的领域。鉴于人类难以置信的生存习性，我们可以确信我们遥远的后代将会深入探索太空。这样一想，我们不禁对我们在最近几十年里太空旅行技术的进步如此之少而感到惊讶。

很多原因，尤其是资金和技术，限制了地球之外的旅行。然而，最根本的原因也许是太空的真空环境不适宜作为人类的自然栖息地。在太空旅行成为一种常见的活动之前，我们自身的一些进化可能是必要的。

几个世纪以前，我们需要船只从而成为海洋的主人。很明显，我们将再次需要新的旅行技术才能成为太空真正的主人。除此之外，至少我们中的一些人的身体可能还需要进一步进化才能执行深空任务。因此，太空旅行的发展可能正在等待新一代太空胶囊、太空飞机和太空电梯的发明，就像医学正在等待新的基因、控制论和纳米技术一样。

当我们的祖先爬出海洋时，他们必须进化才能在新的环境中茁壮成长。因此，我们应该相信，以现在的形态，人类不可能成为明天最成功的星际战士。毕竟，从我们的第一颗行星到太空真空的进化过程不亚于从水里到陆地的进化。

在第五部分，我们会提到智人不是一个静态的、已经完成的创造物。更确切地说，正如本书在概述许多发展时所强调的那样，“人类 2.0”就在不远的地方等待着。为了寻找未来的资源，“人类 2.0”最重要的进化角色可能是从母体世界一跃进入太空。

当我们的远祖离开海洋的时候，他们并没有随身穿着水服。相反，他们适应了这种新的环境。为了让生命在陆地上茁壮成长，肺必须替换鳃。在过去的几十年里，我们总是携带大气成功地进入太空。然而，由于地球以外的地方空气和水如此之少，我们不得不进化到依赖其他东西，比如整个太阳系中极其丰富的太阳能。因此，最成功的未来太空旅行者可能是那些纯粹利用太阳辐射维持体能的人。

有史以来，所有远离地球的探测器和太空漫游者都依赖于光伏太阳能的无机机制。许多未来的太空探索者也可能是某种智能机器人。正如我们将在第五部分考虑的，人类与人造的控制论技术之间的界限无疑将继续模糊。然而，在我们考虑如此深刻的进化之前，我们首先需要研究人造机制本身可能出现的发展。接下来的五章，我们将着眼于更近的未来，探索计算科学和无机生命未来的发展。

第四部分

计算科学和无机生命

- 第十六章 -
云计算

过去 30 年的技术奇迹是计算机和数字通信。IBM 公司于 1981 年推出了个人电脑并与 1985 年第一版 Windows 兼容。六年后，蒂姆·伯纳斯·李（Tim Berners-Lee）发明了国际互联网。众所周知，在此之后，计算机和数字通信行业步入了快速发展的轨道。

在 2011 年初，www.InternetWorldStats.com 报道说互联网用户已经超过 20 亿，而 1995 年的互联网用户仅为 1600 多万。在现在的 20 亿网民中，超过 8 亿人经常使用社交网站。大多数企业现在也使用互联网，摩根大通集团（JP Morgan）在 2010 年的报告中称，全球电子商务价值为 5710 亿美元，到 2014 年则已超过 1 万亿美元。至少在发达国家中，数字媒体几乎渗透进所有形式的工业活动、社会活动和文化活动。或者换句话说，我们人类越来越多地生活在现实世界和网络空间中。

人类文明一直依赖于信息的处理。无论最新的创新是演讲、写作还是某种形式的电子通信，那些了解和利用最新技术的人总是能在世界上占有一席之地。由于我们与互联网的大规模连接已经成为现实，我们有理由想知道接下来会发生什么。

多年来，变化一直是数字领域中唯一不变的主题。因此，预测下一代处理器、操作系统或移动电话的未来将是一件棘手的事情。有些人甚至认为这是一种徒劳的追求。但是，在接下来的五章里，我们试图预测计算科学及其相关开发的发展方向。我们将从最新的在线创新“云计算”开始。

在这一重要基础的背景下，我们将探索人工智能和增强现实的一些潜在的相关发展。随着对未来探究的进一步深入，我将聊聊下一代量子计算机。量子计算机将使用亚原子粒子存储和处理数据。最后，在结束第四部分之前，我还会谈谈机器人，因为谈论未来必定会涉及机器人。

计算科学革命——云计算

计算科学正在经历一场革命，被称为“云计算”，是在互联网上访问软件应用程序、处理能力和数据存储的地方。在过去的几十年里，计算科学可能已经与我们的工作和家庭生活密切相关。然而，即使互联网被大量使用，几乎所有的计算资源都是本地的。这意味着计算机应用、数据存储和处理能力已经接近或相对接近它们的用户。

随着云计算的发展，大多数计算资源将被托管在互联网上，而不是在企业、家庭或衣袋里。和大多数未来主义者一样，我通常不会做出明确的、具体日期的预测。不过，我敢打赌，到 2020 年，重要的本地计算资源将非常稀少。计算的未来在云计算中。

图 16.1 说明了传统计算和云计算的区别。如你所见，在图的上半部分，传统计算模式安装了本地应用，并且数据大多被存储在个人计算机上。在公司内部，大多数用户还可以从本地数据中心访问商业应用程序，并进行数据存储和处理。在这种传统的计算模式下，互联网的使用仅限于从网站访问信息以及交换电子邮件和文件附件。（注意，在图中，互联网是由一个云符号来说明的。这是多年来的惯例，也是云计算名称的由来。）

在图 16.1 的下半部分，我们看到了云计算的美丽新世界。当地公司的数据中心已经关闭。软件应用程序和数据也不再安装和存储在用户自己的计算设备上。更确切地说，所有的个人和商业应用程序的访问、数据存储和大多数数据处理都是通过互联网云实现的。

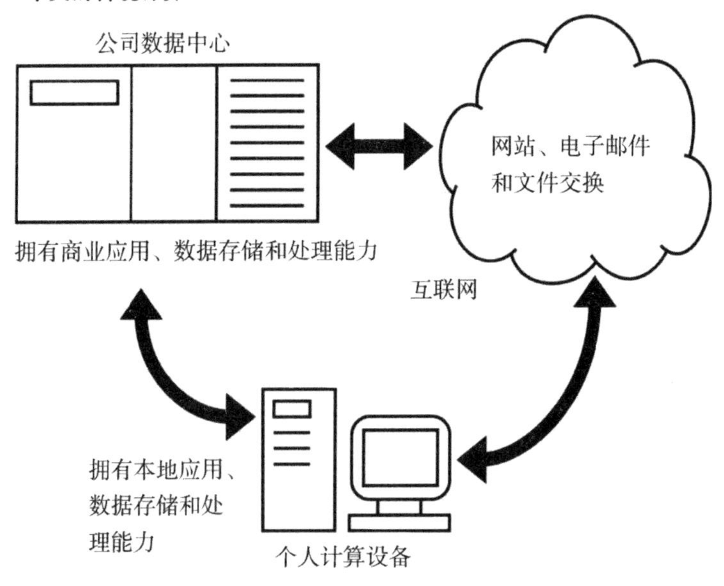

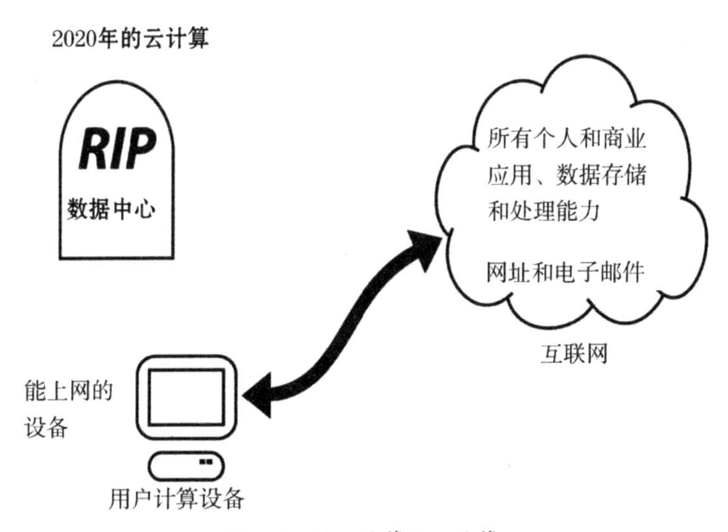

图 16.1：传统计算和云计算

图 16.1 所示的场景代表了两个极端的计算科学的发展，中间的一个混合模型最可能代表短期和中期发展。然而，云计算竞赛现在真的开始了。

例如，2010 年 3 月，微软首席执行官史蒂夫·鲍尔默（Steve Ballmer）

声称自己“将公司的赌注押在了云计算上”。三个月后，微软推出了其Word、Excel、PowerPoint和OneNote应用程序的在线版本。2011年初，微软发布了Office365，将云计算和传统版本的产品范围整合在一起。谷歌在云计算方面也投入了大量资金，亚马逊、苹果、IBM和其他许多公司亦是如此。毫无疑问，计算机行业的主要参与者已经认定云计算是计算机的未来。

其他类型的公司也开始转向云计算。例如，2011年1月，IT分析公司高德纳公司（Gartner）报告称，云计算是他们调查的2014名IT经理的“首要战略重点”。高德纳公司在报告《重新设想》（*Reimagining IT*）中还显示，“3%的企业已经在云计算中占据了大部分份额，其中43%的企业预计到2015年将‘以云计算为主’”。

你可能会问，为什么个人或公司想转入云计算呢？原因之一是云计算是独立于计算设备的。现在许多人开始使用各种各样的计算设备，包括台式机和笔记本电脑、平板电脑、智能手机和互联网电视。通过使用云，多个设备的用户可以获得访问所有应用程序和数据的自由，而不管他们使用的是什么计算机。正是因为这个，我才使用了谷歌文档（Google Docs）这款云文字处理器来写作本书。

云计算除了允许人们随时保存个人和公司数据之外，还促进了数据共享。在云中创建和存储的文档、电子表格和各种数据可以很容易地同时被多个用户访问和编辑。随着云计算的发展，用电子邮件来回发送附件来核对多名作者所做出的修改的时代将会成为过去。

云计算也使所有的计算机用户都能访问所有类型的应用程序，而且几乎不用考虑费用问题，这是因为一些云计算应用程序是免费的，另一些则是按订阅方式提供的。

在传统的计算模式下，只有大公司才有能力购买最先进的软件，因为它的初始购买价格很高。相比之下，云计算服务的用户只支付他们实际使用的软件应用、存储和处理能力。例如，卓豪（Zoho）公司现在就提供数据库和其他商业应用程序服务，用户可以按月购买。支付的确切费用与存储的数据量、事务级别或需要在特定月份访问应用程序的用户数量相对应。

SaaS、PaaS 和 IaaS

所有形式的云计算服务都可用，且这个市场仍然处于不断变化中。目前，大多数云服务分别属于三个相当不同的类别。

第一个也是最直接的云计算类别是“软件即服务（SaaS）”。这实际上是一种“接受或离开”的云计算形式，用户在那里运行现有的、现成的在线应用程序。SaaS 应用程序包括“Office Web Apps 和谷歌文档”在线办公套件。然而，许多创造性的 SaaS 应用程序也已经可用，其中包括一些很棒的音乐组合和音频编辑工具、在线照片编辑程序，甚至还有在线视频编辑程序。

SaaS 的业务应用程序也随处可见，如会计、销售、市场营销、人力资源和项目管理软件。这里的主要供应商包括 Employease.com、Netsuite.com、Salesforce.com 和 Zoho.com。只要看看这些网站，你就能了解什么是你想要的。令人惊讶的是，几乎所有的个人和公司都可以通过 SaaS 应用程序在网上完成所有与本地软件有关的事情。

大多数国内计算机用户可能需要 SaaS 应用程序。然而，许多公司需要开发和运行他们自己的特定软件应用程序，他们可能会发现 SaaS 有局限性，因此，还有两类云计算，分别被称为“平台即服务（PaaS）”和“基础设施即服务（IaaS）”。

“平台即服务”为用户提供在线软件开发工具和托管设施。因此，企业可以使用 PaaS 构建自己的定制业务系统。或者，任何有奇思妙想的人都可以使用 PaaS 开发他们自己新的 SaaS 应用程序，并将其交付给全世界使用。

一些公司已经提供了 PaaS 产品。其中包括谷歌（App Engine）、微软（Azure）和软件营销部队（Salesforce，其 PaaS 产品是 Force.com）。PaaS 的先驱用户是易捷航空（EasyJet）公司，现在该航空公司在 Azure 云计算操作系统上运行了大量的业务系统。

“基础设施即服务”是最后一个云计算类别，它甚至比 PaaS 的限制更少。尽管 PaaS 允许用户创建自己的、新的云应用程序，IaaS 允许公司将他们现有的所有应用程序从自己的数据中心迁移到云供应商。因此，IaaS 是一个非常重要的云计算类别。

目前，最大的 IaaS 供应商之一是亚马逊。这家在线零售商提供了一系列用途广泛的 IaaS 产品，名为“弹性计算云（EC2）”。这使得任何人都可以按小时购买在线处理能力。EC2 客户设置了含有应用程序的亚马逊机器映像（AMIs）。然后，这些亚马逊机器映像可以在几分钟内被部署到 1 个或 1000 个或任意数量的在线虚拟服务器上。

如果公司只是偶尔有大型处理工作，那么它可以在每次需要的时候租用 EC2 虚拟服务器几个小时，租用数量自定。这意味着它可以省去一个大型的本地数据中心，在这个数据中心里，大多数自己的计算机通常都是闲置的。亚马逊确实将 EC2 描述为“弹性”，因为它允许客户在几分钟内增加或减少他们的计算需求。EC2 虚拟服务器也可以在各种规格下使用。在撰写本文时，最低成本仅为每小时 0.02 美元，最高成本是每小时 2.48 美元。任何热衷于实验的人都可以注册，以获得首次绝对免费的 750 小时服务器时间。

SaaS、PaaS 和 IaaS 开发的一个重要副产品就是创建了云服务的在线市场。虽然谷歌、卓豪、软件营销部队等公司都在尝试兜售自己的产品，但每家公司都提供一个或多个市场，任何开发商都可以提供自己的云服务。例如，谷歌应用程序市场提供了数以千计的 SaaS 应用程序，它们与名为“谷歌应用程序”的业务软件套件直接集成。未来，一些公司，尤其是微软、谷歌、苹果、IBM 和亚马逊，很可能运营大多数云计算数据中心。然而，由于网络市场的发展，许多小公司将至少有像今天这样的机会来开发利基[①]

① niche，指针对企业优势细分出来的市场，规模小，且没有获得满意的服务。利基产品指针对性、专业性很强的产品。

产品并将其推向市场。因此，在很大程度上，云将会奖励那些具有技术和创造能力的人，而不是具有金融实力的人。

城里唯一的展览

像亚马逊 EC2 这样的云服务将计算变成了一种类似于电力的按需服务。到 21 世纪末，大多数公司将别无选择，只能从云端获取计算能力。这是因为云计算将成为保持竞争力、保持绿色和促进创新的必要条件。

正如已经指出的，云计算公司可以从购买和维护自己的数据中心的成本中解脱出来。已经转换到云计算的企业其成本至少减少了 50%，软件开发计划显著减少。例如，软件营销部队已经独立审计的数据显示，其客户在使用 PaaS 时，构建和运行应用程序的速度提高了 5 倍，并且成本是使用传统计算方法的大约一半。

除了立竿见影地节省成本之外，云计算还可以使企业减少对运行 IT 的关注，从而更多地关注其核心业务。这方面也有一个强有力的历史先例。尼古拉斯·卡尔（Nicholas Carr）在其优秀著作《大转变》（*The Big Switch*）中指出，大约一个世纪前，大多数公司都自己发电。然而，随着可靠的国家电网的普及，公司内部发电的效率显著下降，因为它们的发电能力无法与国家电力公司的规模经济相匹敌。

云计算已经成为信息时代的集中式发电厂。就像在 1900—1930 年，大多数公司都从自我发电转变为从国家电网获得电力一样，这十年间大多数公司将从本地存储转向云计算。一个典型的云计算数据中心将以大约 80% 的容量运行服务器。相比之下，如今许多公司的数据中心很难实现 30% 的服务器利用率。因此，对于大多数企业来说，切换到云计算能很快削减成本，这笔账连傻瓜都会算。

绿色的云计算

推动云计算的第二个主要因素是节能。正如上一段内容所揭示的，云计算供应商很少出现大量的计算机正在耗费电力，却没有东西处理的情况。这意味着一个单位的云处理能力的能耗通常低于传统的公司内部服务器。

云计算供应商也非常清楚其潜在的绿色优势。例如，Netsuite 广告说，2008 年，它的客户转向云服务后节省了 6100 万美元的能源开销。有的国家也积极加入。最值得注意的是，冰岛正计划将其寒冷的低温利用起来。

一家典型的数据中心大约一半的动力用来给服务器降温。因此，在自然寒冷的地方尽可能多地寻找计算机所需的动力很有意义。为了解决云计算的“冷却”问题，冰岛政府已经开始建造大量的云计算数据中心。在雷克雅未克郊外，这些设备将配备高速互联网连接到欧洲和美国。云计算数据中心可以自然冷却，而当地丰富的地热又能提供动力。

对于许多公司来说，冰岛的绿色云计算服务很可能是一个吸引人甚至是必要的商业命题。然而，冰岛不太可能成为未来绿色云计算能力的唯一提供者。正如第十二章所说的，在 2009 年 4 月，谷歌获得了一项“浮动平台安装计算机数据中心”的专利，该中心包括多个计算单元、一个海基发电机和一个（或多个）海水冷却装置。

谷歌的理念是在离海岸几英里的船只上安装云计算服务器。这些服务器将由海蛇波浪发电公司制造的波浪能转换器提供电力。谷歌已经计算出一平方千米范围内的波能转换器阵列将产生 30 兆瓦的电力，这些电力足以运行一个浮动数据中心。一个“海堤—淡水”热交换器将把海洋变成一个巨大的散热片，从而确保计算机的冷却。

除了促进绿色数据中心节能以外，云计算还减少了许多终端计算机用户的用电量。今天，一台具有本地安装应用程序的传统台式电脑消耗 80 瓦—250 瓦的电能。相比之下，使用云服务的用户通常能够转换到更高效的云访问设备，仅使用 40 瓦或更少的电能。这种“网上”或“瘦客户机”的计算机通常是基于英特尔 Atom 这样的低能耗处理器。除了节能之外，它们占用的办公空间更少，而且几乎没有噪声。

一些公司已经在很大程度上采用了云计算以获得从瘦客户机终端用户硬件中获取节能效果。最重要的是，加拿大供应商 ThinDesk 已经表明，通过采用云服务和低能耗的台式电脑，节能效果高达 80%。

下一代云计算

云计算不仅提供了降低成本的吸引力和经济必要性，还提高了绿色环保水平，对于那些寻求创新的公司来说，云计算将变得越来越重要。未来人工智能和增强现实技术的发展将在很大程度上依赖于云计算。因此，想在下一代商业领域占有一席之地的公司将不得不采用云计算服务，就像 20 世纪 90 年代的大多数企业竞相建立网站一样。

像谷歌这样的云服务可以实时地将文档从一种语言转换为另一种语言。如今，口语的实时翻译也已成为云计算服务的核心内容。因此，人们期望自动语言翻译成为他们使用的每个应用程序、电话系统和在线服务的一部分。对于大多数公司来说，提供这种服务的唯一方法是使用基于云的软件，并广泛采用云计算。

在线视觉识别也将是云开发的一项非常重要的内容。事实上，第一个视觉搜索系统——谷歌智能手机应用程序——已经问世。智能手机应用程序可以利用基于云的人工智能来识别和获取大多数物体和人的信息。未来的增强现实系统将能够把这些信息叠加到我们的实时视图世界。

今天的云和物理现实可能是两个非常不同的领域。然而，未来的增强现实系统将允许云和现实世界融合，没有几家公司会忽视云和现实世界融合的开发。

娱乐云

云计算将是一笔大生意。在线存储和处理数据的潜在风险仍然让许多人担心。然而，云计算潜在的成本节约、绿色回报和创新机会太重要了，不容忽视。如今，即使是那些担心丢掉自己饭碗的 IT 经理也开始接受云计算的必然性。

云计算在商业领域之外也在迅速发展。我们确实可以认为，首先拥抱云的是个体用户。脸书（Facebook）的 5 亿用户经常上传和分享在线内容，而每周有超过 10 亿的新动态被发布在推特（Twitter）上。现在脸书和推特的用户数量都超过了大多数国家的公民数量。因此，这些云平台及其潜在发展的影响不容忽视。

除了个人通信之外，视听娱乐也进入了云计算。虽然电视和互联网的合并已经缓慢地进行了十多年，但现在这种媒介融合正在迅速加速。YouTube 每天播放超过 20 亿个视频。电视在互联网上的传播也正在成为主流。例如，2010 年 BBC iPlayer 传送了大约 13 亿次的节目。

随着电视与云计算的融合，更多的节目将带有互动性。如果你在电视节目中看到喜欢的产品，就可以点击它去寻找更多的相关信息或者进行购买。这种互动性甚至不总是需要由节目制作方来添加。相反，云视觉识别系统将能够识别我们在在线视频流中点击的任何东西并生成相关链接。

云计算视频的海量传输也将催生出一种全新的网络名人。同样，任何程序员都可以创建一个 SaaS 应用程序，并在在线市场上实现全球分享，因此任何有基础技术和一点天赋的人都可以成为明星。这确实已经开始发生了。例如，贾斯汀·伊扎里克（Justine Ezarik），在网上被称为 iJustine，已经通过她的五个 YouTube 频道获得了近 2.5 亿的视频浏览量。而就在几年前，这种个人露脸的机会根本不存在。

另一个与娱乐相关的重要发展是基于云的游戏传送。如今，大多数电脑游戏都安装在本地的硬件上，包括将人们连接在互联网上的大多数多人游戏。如果玩家想玩大型3D游戏，他需要一个强大的电脑或控制台。然而，未来情况将不再是这样。

就像SaaS替代本地文字处理器、数据库和视频编辑器一样，基于云的游戏也是如此。游戏会在云数据中心的服务器上运行，并被传送到网络上的一台潜在的低功耗计算机。因此，到21世纪中叶，高度复杂的、逼真的3D电脑游戏极有可能在几乎任何种类的电脑上运行，包括大多数平板电脑和智能手机。

OnLive公司已经在其云服务器上运行高性能游戏。它的客户随后使用连接到电视机或其他入门级台式电脑的OnLive微控制台来访问这些游戏。随着软件在云上运行，用户不得不升级他们的电脑以播放最新游戏的日子已经一去不复返了。正如OnLive的创始人兼首席执行官史蒂夫·帕尔曼(Steve Perlman)所说："我们已经为视频游戏行业扫清了最后一道障碍：有效的在线发行。通过将价值回归到游戏本身，并消除对昂贵的、快速更新的硬件的依赖，我们正在显著地改变行业的经济现状。"

***

我们的未来是云计算

云计算已经开始对人类的生活产生根本性的影响。令人警觉的是，许多人正在成为数字群体的成员，已经对二进制数据上瘾。云计算将是我们进化到"人类2.0"的关键驱动力。

考虑到地球资源的压力，人们重视数字资源价值的程度甚至开始超过了物质价值，兴许是件好事。我们个人的书籍、游戏、音乐和视频不再需要消耗大量的纸张、塑料盒和磁盘。计算在表面看起来可能不是一项天生的绿色活动。然而，我们越是在数字数据上下功夫，而不是运输物理的东西，计算及其应用就更环保、更节能。

尽管云计算可能带来"去虚拟化"的好处，但仍有许多人担心我们集体向网络空间迁移会产生越来越多的负面影响。首先，一些非常大的公司可能会给我们提供大部分数据。因此，对这些公司的信任至少要和我们信任政府一样，而信任政府是有法律约束的。断电、安全漏洞和网络恐怖主义的潜在影响也将是不可想象的。半个多世纪以来，我们一直与难以想象的核世界末日的威胁共存，并着力加以控制。云计算可能会使更多潜在的非常糟糕的事情发生，但并不意味着它们一定会发生。几十年来，风险管理一直是现代文明的一个重要方面。

云计算的另一个潜在危险是它可以监视我们的活动。现在，几乎每位互联网用户都会在每次访问网站或发送电子邮件时留下不可磨灭的痕迹，更不用说在网上购物或在脸书上发布信息了。许多智能手机用户也开始将自己的实时位置暴露给云计算。到 2010 年结束时，大多数闭路电视和其他摄像机很可能会受到云计算的影响，并受到先进的视觉识别系统的监控。云计算有可能知道我们的过去和现在的位置。因此，有人可能会认为云计算让人失去了自由空间。

然而，已经有许多强烈的信号表明，我们的大规模数字互联将会产生一些非常积极的影响。例如，虽然云计算可能被用于监视，但这反过来可以改善个人安全和执法。2011 年，在一系列“脸书革命”之后，民主在中东地区的传播就说明了云计算给予人的力量远远大于奴役。

云计算也促进了“众包（crowdsourcing）”的发展。众包指的是利用互联网从许多人的活动中创造价值。众包允许全球的有识之士合并他们的智力来解决问题，取得超出任何个人能力的结果。

已经出现了很多有发展潜力的众包方案。也许最著名的，是众包创建了 OpenOffice 和其他几个免费的“开源”软件应用程序。前文提到的 RepRap 和 Fab@Home3D 打印机也是众包计划的结果，它们的知识产权都是在云计算中创建和共享的。还有几个项目已经在众包设计和制作开源汽车。其中包括 OSCARProject，它是开源绿色汽车项目（OSGV）的一部分。在 openprosthetics.org 上，一个团队也在使用云计算技术来帮助众包生产改良后的假肢。

网络专家蒂姆·奥莱理（Tim O’Reilly）是最早描述互联网如何被用来“汇集集体智慧”的人之一。随着云计算革命的加快，这也为我们所有人提供了一个机会。接受云计算意味着我们都要舍弃一点自己的东西。然而作为回报，我们有机会成为一个单一的、伟大的数字实体的一部分，这个实体可以形成必要的集体智慧以应对本书第一部分所概述的那些关键性挑战。这种集体智慧的形成究竟采用什么形式确实是一个非常大的问题。不过，我们已经可以相当肯定地相信，未来在云计算中汇集的一些集体智慧将是人工的，而非人类的。

第十七章 人工智能

2010年，《连线》（*Wired*）杂志的联合创始人凯文·凯利（Kevin Kelly）出版了《科技想要什么》（*What Technology Wants*）。在这本书中，他认为复杂的技术系统，尤其是计算机和计算机网络，正开始表现出近乎生物学的行为。例如，计算机病毒可以自我复制，而互联网搜索引擎有学习能力。从某些方面来说，一种全新的人工生命形式正形成一种新的“人工智能”。

多年来，计算机在完成某些任务方面比人类做得更好。例如，如果让你走进一个大型图书馆翻阅所有的书，并准备一份关于某个特定主题的所有参考资料列表，恐怕你几年都完不成。如果给你的列表添加一个额外的要求，要求你根据每个条目的受欢迎程度来分类，那么你可能会被逼疯。然而，我们都知道，我们在谷歌、雅虎（Yahoo！）或者必应（Bing）上可以很容易地浏览数百万条信息资源，并在几秒钟内就能获得这样一个信息列表。

凯利在书中提出了一个非常庞大的问题：“我们的大脑到底需要多少个神经元？”他的推断是，我们不需要太多的神经元，而那种聪明的、无机的生活，要么与生俱来，要么很快就会到来。我非常同意凯利的观点，在接下来的几十年里，你会了解到电脑将变得非常智能。然而，电脑是否会有“智能”、能不能“思考”，这些可能永远都是哲学问题。

图灵测试的愚蠢之处

自 1950 年以来，计算机科学家们使用了一种叫图灵测试的基准测试来作为通用人工智能（AGI）的评测标准。在这个测试中，一个人需要用一个文本聊天窗口与对方进行交流。对方实际上是被评估的潜在的通用人工智能。如果与这个人工智能实体进行交流的人无法判断对方是计算机还是人类，这个人工智能实体就算通过了图灵测试。

从表面上看，图灵测试可能显得非常合情如理。然而，我认为这对人工智能（AI）来说是一个非常有偏见和不合理的障碍，因为图灵测试提出了一个不切实际的假设，即所有的智力都必须以人类为标准。

除了人类以外，海豚被普遍认为是地球上最聪明的物种。然而，海豚的智力显然与人类的智力大不相同。即使海豚的心智能力与人类相同，如果它能通过图灵测试也会令人非常惊讶。海豚生活在水里，没有人类的解剖结构。因此，谁也不会认真地期待一个具有人类智力水平的假想海豚能像人一样思考和交流。许多人仍然相信人工智能基准需要一个未来的计算机系统来模仿人类，这着实令人费解。

一些著名的知情人士确信，图灵测试将在几十年内消失。例如，著名的未来学家雷·库兹韦尔（Ray Kurzweil）认为，智能型图灵测试将在 2029 年前出现，而英国控制论教授凯文·沃维克（Kevin Warwick）认为，到 2050 年具有超级智商的人工智能将与我们共享地球。然而，持这种观点的人属于少数，大多数尖端计算机科学家认为图灵测试在很长一段时间内依然不会被取消。我也由衷地同意这一观点。但更重要的是，你可能已经猜到了，我觉得通过图灵测试一点也不重要。

未来的通用人工智能系统可能是一个不眠的、不具形体的实体，它将靠电力维持“生命”，而不是靠食物、水和氧气。从其构思的那一刻起，未来的通用人工智能也可能与其所有的数字系统和整个数字创作直接联网。期望这样一个无眠的、不具形体的、网络化的实体像人类一样来处理信息、与人类交流无疑是荒唐可笑的。

从定义上说，没有人能够理解未来人工智能系统的各种想法。这就需要我们根据它们的能力，而不是它们潜在的相似性，来判断未来的人工智能系统。因此，本章剩余部分将采用这种务实的方法进行论述。

检查伴侣

根据上面的内容，“人工智能”很难定义。不过，根据人工智能发展协会的说法，我们可以这样理解人工智能——它们是对潜在思维及智能行为机制的一种理解以及在机器上的体现。基于这种说法和此前的讨论，当机器能够做很聪明的事情时，我们就可以说该机器是人工智能的。这些事情可能是展示一个普遍的智力水平，或者更有可能是在一个预先定义的狭窄领域展示智力。

迄今为止，计算机所实现的所有明显智能的东西都被相对狭义地定义了。例如，在第二次世界大战期间，巨人计算机在英国的布莱切利园被建造出来，并被编程来破译德国的编码信息。许多人甚至认为这项开创性的工作对盟军取得最后的胜利至关重要。

在巨人计算机开始破译德国密码不足十年之后，计算机被赋予了能够玩逻辑游戏的狭窄人工智能。例如，1951 年在曼彻斯特大学，一台电脑被编程去玩跳棋和象棋。随着时间的推移，计算机在这些方面也变得非常出色，1997 年，国际象棋冠军加里·卡斯帕罗夫（Garry Kasparov）被 IBM 的“深蓝”击败。虽然“深蓝”是一台专门的象棋计算机，但如今的标准 PC 象棋程序，比如深弗里茨（Deep Fritz），也同样设法击败了一位大师。

在 20 世纪 70 年代、80 年代和 90 年代，象棋计算机的早期成功促使许多人预测新的人工智能时代即将到来。从某些方面来说，人工智能时代并没有出现。然而，在 2011 年 2 月，由 IBM 公司创造的人工智能系统“沃森”在美国益智问答游戏节目《危险边缘》中击败了两名人类冠军，这让许多人震惊不已，印象深刻。

为期三夜的挑战发生在IBM的T. J. 沃森研究实验室里。在这里，IBM存储了2亿页的内容，由沃森的2800个核心处理器和10个机架服务器进行访问，并由两个大型制冷设备进行冷却。沃森的一些回答有些奇怪，这意味着它显然没有通过图灵测试。然而，沃森在“理解”自然语言的意义及其与上下文的微妙关系方面表现得非常出色。因此，沃森的胜利标志着无机生命缓慢进化的一个分水岭。

语言处理

虽然沃森的出现令人惊奇，但它只是一个又聋又哑的机器，只能通过文本文件与人交流。然而，在游戏之外，基于计算机的语音识别技术正在迅速改进。例如，萨尔玛语音解决方案公司（Salmat Speech Solutions）已经开发并部署了一系列替代人工话务员的系统。其中包括一个叫VeCab的出租车调度计算机系统，它能听懂呼叫者的意思并进行预订。虽然这类系统可能不会受到普遍欢迎，但未来人类操作员在呼叫中心工作的可能性要小得多，因为电话和电脑之间的有机界面可以由人工智能完成。

计算机也越来越擅长语言翻译。谷歌文档文字处理器和谷歌在线翻译服务现在可以在几秒钟内将整个网站或其他书面文档从一种语言转换成另一种语言。2011年初，谷歌还展示了智能手机应用程序对话模式的第一个原型。在这里，用户对着他们的手机用一种语言说话，然后手机就会输出翻译好的另一种语言。美国SRI国际公司与美国陆军合作，也开发了一种类似的语音翻译系统，名为“伊拉克通信（IraqComm）”，它可以帮助士兵在英语和阿拉伯语之间来回转换。

到21世纪下半叶，基于云计算的文本和语音翻译服务很可能在任何有互联网接入的设备上广泛使用。因此，人类翻译工作者的需求量会越来越少，而大多数身居国外的人会使用电话、上网本、笔记本电脑或平板电脑作为通用的翻译工具。外国电影、电视节目和视频也将经常使用人工智能进行翻译，这是 YouTube 在 2010 年首次开始试验的一个程序。

在短短几十年的时间里，我们已经习惯了时间和距离不再是全球交流的重要障碍。因此，不同语种之间的沟通障碍也会随之下降。无论机器是否通过了图灵测试，这都应该被视为人工智能一个非常重要的成功。

视觉识别

除了语言处理以外，计算机也越来越擅长视觉识别。自 20 世纪 60 年代以来，光学字符识别（OCR）软件已被用于在支票和其他银行文书中以特殊的 OCR 字体打印数字。今天，大多数打印的文档，无论哪种字体，都可以使用光学字符识别阅读，并且准确性极高。免费云计算应用程序，如谷歌文档，甚至有内置的光学字符识别系统。这意味着任何人都可以对打印的页面进行拍照，并将其上传为可编辑的文本。然后，这个文本可以被自动翻译。光学字符识别软件可以通过云计算服务，轻而易举地翻译映入摄像头的路标、建筑物和任何物体上的文字。

对光学字符识别系统和车辆跟踪系统的利用也很常见，而且会进一步推广。更广泛的物体和人脸识别能力也在迅速提高。这意味着视觉搜索将成为另一种常见的互联网服务。

谷歌已经推出“谷歌图形搜索（Google Goggles）”可视搜索智能手机应用。该功能可以识别视图中的对象，包括书籍、建筑物、标识、地标或名片，并从网上关联出相关信息。谷歌图形搜索甚至可以解决任何数独的谜题。因此，在这个十年结束的时候，你可能会把手机对准某件物体，去了解其更多信息或解决问题。视觉搜索也将成为未来增强现实应用的一个主要元素。

未来的人工智能系统也很可能精通于识别人。基于云计算的人工智能系统能够从成千上万的摄像机中收集数据，因此能够跟踪我们所有人。人工智能系统能够精确地从一个摄像机图像中识别出一个人，这在目前很少见，而且将来也不太可能。然而，把同样的系统连接到闭路电视摄像头的网络上，并给它许多机会去识别谁是谁，成功的可能性就会大得多。

未来的超市和其他商店的人工智能视觉识别系统将能够跟踪我们购买了什么商品，以及我们拿起来看看后再放下的商品，所有这些都是通过监控摄像机来实现的。在未来的视觉识别中，商店里的小偷也很容易被识别出来。除了抢夺呼叫中心工作人员和语言翻译人员的饭碗以外，未来的人工智能还将夺走目前闭路电视监控员的工作。

如上所述，未来基于云计算的人工智能系统将成为一种非常强大的监视设备。我们大多数人在每次打字或上网时会留下我们的通信、交易和其他互动的数字痕迹，我们每次经过闭路电视摄像头时都会留下记录，我们无时无刻不处在监视之下。虽然有些人可能仍然害怕强大的人工智能的崛起，但基于云计算的精密的人工智能系统能够监控地球上的每个闭路电视摄像头，这实际上应该引起更多的关注。下一章将进一步讨论人工智能和视觉识别的意义，但现在，我们还是继续研究未来的人工智能系统如何运作吧。

神经网络和机器学习

人类的大脑是目前地球上最复杂的智能系统。虽然我们尚未完全了解大脑，但我们知道它是由数十亿个神经元组成的。这些神经元转换成微小的电脉冲，建立起连接模式，使我们能够感觉、思考和记忆。互联神经元的模式被称为神经网络。人工神经网络也是人工智能的一个主要方面。

像神经网络一样，人工智能神经网络学会对某些输入模式进行分类，并以适当的方式对它们做出反应。第一个被称作感知器的神经网络是在康奈尔大学建立的。它是在1960年由人工智能先驱弗兰克·罗森布拉特（Frank Rosenblatt）完成的，以一系列光传感器为特色，并被教会识别一英尺高的字母。今天，不断更新的感知器是人工智能的主要技术之一，用于下棋、识别字母和面孔、驾驶飞机、检测信用卡欺诈和其他地雷数据。在所有这些活动中，所需的关键“智能”是在大量可用信息中发现已知模式并对其做出反应的能力。

人类经常使用直觉和专业知识来做出决定。对于人工智能来说，神经网络提供了迄今为止最好理解的方法，利用直觉和专业知识。从某种意义上说，直觉和专业知识都只是一种能力，可以在大量数据中识别已学会的模式。虽然语音和视觉识别仍处于起步阶段，但一些神经网络在某些模式识别任务中已经超越了人类。

例如，美因茨大学放射科的研究人员已经成功地教会了一个基于病人病历和扫描数据的神经网络来识别乳腺癌。现在，通过分析 600 个已知的病例，该系统能诊断癌症，其准确度比专家级别的放射科医生高得多。未来，随着越来越多的医学数据被存储和共享，精准的医学人工智能很有可能被用来诊断今天无法诊断的疾病。

无论多么敬业、多么聪明的人类医生，都只能在有限的病历中应用几千种诊断规则。相比之下，未来的医学人工智能可以在数百万甚至数十亿不断更新的病例范围内应用数百万条诊断规则和模式匹配治疗方法。随着更多的医疗数据被汇集到云里，未来的医学人工智能将准确地诊断和治疗复杂的、目前不太了解的疾病，如肌痛性脑病（ME）。随着基因工程、纳米技术、生物技术和控制论的进步，21 世纪最伟大的医学进步可能出现在人工智能领域。

未来，人工智能还可能通过控制智能电网来帮助我们节约能源。为此，斯坦福大学人工智能实验室的研究人员正在开发一种神经网络电网的设计方案，该电网将允许电力根据需求的变化模式进行双向流动。正如达芙妮·科勒（Daphne Koller）教授解释的，这只是一个学习的例子，人工智能系统将“做得比人预先设计的更好”。这仅仅是因为新的智能电网系统不需要基于对将要发生的事情的静态感知。

神经网络和人工智能学习取得重大进步的第三个领域是自动驾驶汽车。例如，谷歌一直在测试可以自行驱动的汽车。为了成功将车辆从 A 地驾驶到 B 地，自动驾驶汽车配有摄像头、雷达传感器和激光测距仪数据、谷歌地图和人工智能神经网络。在一个相关的开发中，欧洲委员会研究项目研发的“环保安全公路列车（SARTE）”已经在瑞典开始测试。他们的做法是将车辆无线连接到车队或“道路列车”，实现半自主行驶。

自 2004 年以来，美国国防高级研究计划局（DARPA）也举办了三届无人驾驶汽车挑战赛。2004 年，车辆行驶的最远距离只有 7 英里，2005 年共有五辆汽车完成了转弯、过隧道、全程为 150 英里的道路挑战。2007 年，六个车队完成了 60 英里的城市路线。未来，商业车辆也有可能实现无人驾驶。事实上，自动驾驶车辆投入市场的最大障碍可能是人工智能道路交通法规能否通过。目前，很难想象一辆汽车或其神经网络被拖上法庭，并对交通违法行为负责。

模拟人脑

神经网络研究远不是试图模仿人类大脑运作的唯一研究方法。“蓝脑计划（Blue Brain Project）”是一个特别有趣的研究项目。在瑞士洛桑联邦理工学院研发的基础上，这一雄心勃勃的项目设定了一个目标：在计算机中模拟有机大脑。项目网站解释说，其目的是“逆向设计哺乳动物的大脑，以便通过详细的模拟来了解大脑功能及其功能障碍”。

任何模拟都能做得与建模的数据一样好。因此，经过 15 年 1.5 万次实验之后，蓝脑计划终于开始执行。这些实验提供了有关针头大小的单个新皮质柱的显微解剖、遗传和电性的情况。在这个信息的基础上，该项目的第一阶段就是将这一小块脑细胞一个一个地复制到计算机软件中。

目前，蓝脑计划正在使用 8000 台超级计算机处理器模拟 1 万个大脑神经元。如果功率允许，它可以模拟 10 万个神经元。此后则需要更大的功率。

随着时间的推移，量子计算的发展（详见第十九章）可能使这种功率唾手可得。事实上，根据项目主管亨利·马克拉姆（Henry Markram）的说法，建造一个模拟人脑不仅是可能的，而且可以在2019年前实现。

我们很难预测蓝脑计划会给我们带来什么。该项目并不只是一个人工智能项目，它可能对人工智能产生深远的影响。例如，该项目的研究人员承认，在他们的计算机模型中，模拟神经元相互作用的临界质量可能导致意识的出现。如果这种情况发生，蓝脑计划将会被载入史册，成为这个星球上生命进化的一个非常重要的里程碑。

虽然蓝脑计划可能非常重要，但一些科学家在几乎完全相反的方向上进行与大脑有关的人工智能研究。例如，控制论教授凯文·沃里克并没有试图在计算机软件中重建有机大脑，而是正在进行将真实的脑细胞与机器人的身体联系起来的实验。在雷丁大学的控制论情报研究小组（Cybernetic Intelligence Research Group）与团队合作时，沃里克教授利用老鼠大脑中的细胞培育出了一种杂交人工智能，在孵化器中培育它们，并将它们连接到一台电脑上。从这项研究中，沃里克教授也开始发现有机和无机人工智能在学习模式之间的差异。

沃里克教授发现的其中一件事是，拥有有机脑细胞的机器人比单纯用电脑软件建造的机器人学习得慢。然而，与无机神经网络不同的是，拥有大鼠脑细胞的机器人在训练过程中会变得更好。这是因为重复的身体活动模式能增强它们的神经通路。在项目的下一阶段，沃里克教授希望利用人类的脑细胞来控制机器人，从而提升制造半机器人的可能性。

人工智能革命

在过去的十年里，互联网和手机的发展一路顺畅，因为它们已经成为我们日常生活的一部分。尽管有些人可能有异议，但人工智能也会顺畅地走进我们的生活。我们有理由预测，智能的无机产品很快就会听从我们的语音指令、预测我们的信息需求、翻译语言、识别和跟踪人们和事物、诊断疾病、进行手术、修复我们的 DNA 缺陷以及驾驶各种交通工具。如果我们不希望这样的事情发生，那么我们最好赶快行动。然而，面对更便捷的生活方式，大多数人不会抵制智能机器的到来。

如果我们不打算抵制即将到来的人工智能革命，那么我们真的需要着手思考它更广泛的含义。正如在谈到自动驾驶车辆时所说的，我们的法律系统将需要彻底修改，因为我们将开始与智能机器共享地球。为此，早在 2007 年，韩国就开始编写道德规范，保护机器人不受人类虐待。

到 2030 年，围绕人工智能发展的一些伦理和法律问题可能会非常棘手。例如，一旦人工智能超过了某个智能阈值，人类是否可以随意开启和关闭它？如果人们认为人工智能是有知觉的，这个问题就特别重要。的确，如果人工智能有了知觉，我们与智能技术的关系以及它在社会中的地位可能会完全改变。例如，就业法应该适用于有感情的人工智能吗？还是制定带有歧视性的法律呢？公司或个人是否可以支配所有有知觉的人工智能的思想呢？或者，我们需要每天给人工智能一些“私人时间”来思考它们想要什么，并在这段时间里保留它们的想法吗？

如果蓝脑计划这样的项目成功地创造了意识，或者一个人工智能敲开了教堂大门或网站并要求加入教会，那么“感知者”的产生甚至会引发宗教问题。鉴于一些情侣现在在网上认识并建立了牢固的关系，很可能有一天，一个人会爱上一个人工智能，或者两个人工智能彼此相爱。果真如此的话，21 世纪后期，其中一方或双方都是无机物的联姻可能首次发生。

***

接近奇点？

未来学家中最受欢迎的话题之一是“奇点”概念。虽然这个术语还没有准确的定义，但基本的意思是，我们正在加速到一个时间点——奇点，当一种智力形式被创造出来的时候，它将比人类智慧更胜一筹。

正如人工智能奇点研究所（Singularity Institute for Artificial Intelligence）所言，智能是所有技术的基础。这里阐述的是如何利用科技创造新的人工智能。不过，如果这种人工智能反过来创造了它自己新的、更智能的技术，那就会产生一个积极的反馈循环。这个奇点循环如图 17.1 所示。或者，正如人工智能奇点研究所巧妙地概括这个概念时所说的，“聪明的头脑在构建更聪明的头脑方面会更有效率”。

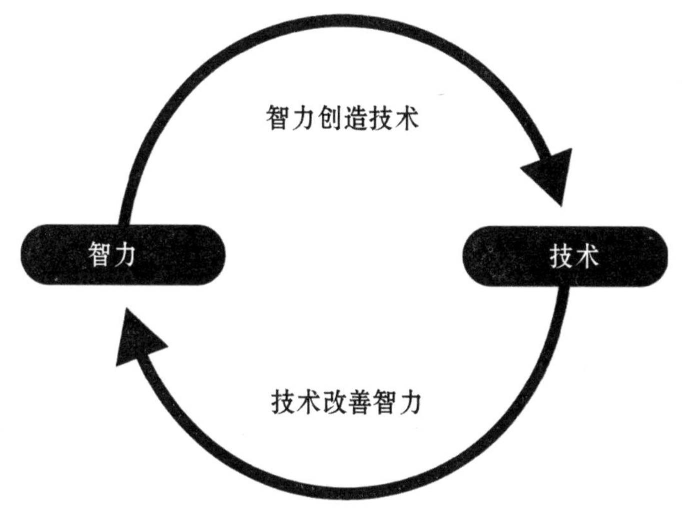

图 17.1：奇点循环

比人类更伟大的智慧可能以多种方式进化。最明显的是，它可能采用与 IBM 的沃森超级计算机类似的完全无机人工智能的形式。它还可能是无机和有机的混合产物，特点是传统的硅电路与人类或动物神经元混合在一起，或者使用合成生物学创造的生物芯片。还有一种可能是，人类超过奇点，因为人类拥有“天生的”智力，而本书详述的纳米技术、基因工程、合成生物学、生物打印或控制性增强等可以显著增强其智力。最后，以奇点为标志的超人类智能可能会变成数字的蜂窝状生物，该生物是由数十亿台相互连接的服务器电脑和人类大脑组成的星球规模的、有知觉的云所创造的。

未来学家对于奇点到来的时间点及其意义分歧很大。然而，人们都相信一些新形式的智能迟早会开启通往新时代的大门。毫无疑问，一旦奇点被超越，人类或其他实体将拥有曾经无法想象的新能力。的确，从定义上讲，现在我们无法理解这样的能力，因为我们所拥有的不过是人类智慧。

人工智能的发展很可能会导致一种人类无法理解的智能出现，这是我们想到人工智能时考虑的最终难题。相比之下，人工智能能否得到一张停车罚单甚至结婚证书都是微不足道的事情。因此，我们还没有创造出超人类的智慧可能是一件幸运的事情。然而，在本书的最后几页，我们仍将回到奇点的窘境。

- 第十八章 -
增强现实

在 20 世纪 90 年代中期，虚拟现实（VR）是下一个前沿领域。每日的旅行都被预设进了 3D 图形世界，我们中的很多人都希望在 3D 图形世界里工作和玩耍。因此，我们花费大量时间开发虚拟现实头盔和数据手套，这些头盔和手套让我们几乎完全融入一个虚拟的世界。

你可能已经注意到了，虚拟现实的预期效果并没有出现。当下的技术允许利用虚拟现实办公室远程办公，但据报道还没有人这样做。然而，20 世纪 90 年代中期的未来学家并没有完全说错。3D 电脑游戏和网络虚拟现实世界，如《第二人生》现在有数百万常住者。数以百万计的人每天光顾社交网络的虚拟世界，其中包括脸书和推特。

未来学家在 20 世纪 90 年代所面临的困惑是错过了对非浸入式虚拟现实的关注。换句话说，很多人都没有预见到人们会使用传统计算机显示器每周花几个小时来访问虚拟世界。虚拟现实想变成主流无须大范围地撤出沉浸式 3D 硬件，原来只需数以百万计的在线设备（包括便携设备），即可方便地访问数字领域。

今天，人们继续开发虚拟现实制作视频游戏和一系列工业应用，但它已经风光不再。然而，一个新概念“增强现实（AR）”开始风生水起。增强现实整合了真实世界和网络空间，或将成为下一次网络革命。

现实与云的对接

今天，大多数形式的增强现实覆盖数据来自云对世界的实时观察。因此，尽管虚拟现实将用户从现实中移除，但增强现实会在任何现实中添加额外的信息，只要信息被证明有用。因此，对于大多数人来说，增强现实的导航效果自然比虚拟现实更高效。考虑到增强现实应用程序在智能手机和平板电脑这样的主流计算设备上的运行，人们对增强现实的普遍接受也几乎可以得到保证。

图 18.1 说明了增强现实是什么。在这里，智能手机正指向一个在巴黎埃菲尔铁塔附近的女人。利用增强现实应用程序中的云视觉识别、GPS 和指南针的综合数据来计算出她正在看什么。这使得相关信息被覆盖在智能手机的视频上，女人和建筑物都自动贴上了名字和简短的描述。

图 18.1：增强现实（AR）

如果智能手机用户想知道埃菲尔铁塔的更多信息，他们可以点击已经链接到建筑物上的圆形信息图标；如果他们想了解女人的更多相关信息，他们可以点击她头部的推特、脸书或信息图标。正如这个简单的场景所说明的，增强现实使现实世界中的人和物变得可以点击查询。

在写作本书的时候，识别和增强人和建筑物的智能手机应用程序尚未面世。然而，我们将在下面的内容中看到，所有需要的单独技术已经发明出来了。十年后，也许用不了十年，图 18.1 中显示的增强现实场景可能会在各种各样的便携式计算设备上运行。

智能手机和平板电脑上的增强现实

现在，使用特殊的网页浏览器可以在许多智能手机或平板电脑上看到增强现实。其中三个浏览器——Layar 手机浏览器、Junaio 浏览器和维基世界浏览器（Wikitude World Browser）可以免费下载，甚至预先安装在一些智能手机上。如果读者对增强现实感兴趣，每个浏览器的网址都很值得浏览。

如图 18.1 所示，Layar、Junaio 和维基世界浏览器所有的附加信息都覆盖在实时视频上。在每个系统中，用户通过选择“层次”“通道”或“世界”来决定要覆盖的信息类型。为了方便商业过程，在 2010 年 2 月，Layar 推出了世界上第一个增强现实市场，这个市场使得任何人可以出售增强现实经验并下载安装到任何安装了 Layar 的设备上。

Layar 市场已经包含超过 1000 个增强现实层。这些增强现实层可以帮助人们找到附近的餐馆、邮筒、夜总会、城市旅游、住宿、推特，甚至可以帮单身的人寻找约会对象。这意味着你已经可以拿起你的智能手机去看看附近的房子是否在出售、价格是多少。或者你可以把手机对准酒店，看看有没有房间可以住宿。把你的智能手机带进伦敦的艾比路，你甚至可以把它指向著名的斑马线，观看披头士乐队在马路上漫步的 3D 图形。

现在人们可以玩许多Layar增强现实游戏。这些游戏通过叠加交互式2D或3D图形把现实世界中的地点带入游戏竞技场。例如，在游戏《吃豆人》（*PacMan*）的Layar版本中，玩家走来走去，使用他们的智能手机吃漂浮能量丸。其他Layar创意包括空中盘旋广告或建筑物侧面的虚拟涂鸦。

博物馆和艺术馆刚刚开始允许使用增强现实，现在，一些博物馆和艺术馆允许参观者访问有关其展品的其他资料。Hoppala公司甚至开发出增强现实层让人们参观现实世界不复存在的雕像和其他已不复存在的艺术设施。有些“图层”甚至允许游客进入建筑工地四处走走，通过智能手机交互式地查看最终的建筑将会是什么样子。

Layar、Junaio和维基世界浏览器都是通过从智能手机或平板上获取GPS和指南针数据来计算设备的位置，并进行环境判定。Junaio还可以识别特殊印刷的增强现实目标。然而，在我写作本书的时候，即使最流行的增强现实浏览器也不能使用视觉识别来识别人或物。但正如第十六章所讨论的那样，“图形搜索”智能手机应用程序已经开始使用基于云计算的人工智能来实现这个相当智能的功能。

“图形搜索”可以识别和提供关于著名的地标、艺术品、书籍和葡萄酒的相关信息。在接下来的几年里，该技术肯定将主流的增强现实功能与今天依赖于手机GPS和罗盘数据的浏览器集成。这样就能获得增强现实数据并将其重叠在所识别的对象上。因此，如果你看到某人穿着特别好看的鞋子，你就可以把你的智能手机对准他们的脚，找出鞋的型号和制造商，并点击屏幕在线订购。

虽然目前“图形搜索”识别物体的范围有限，但能够识别人的增强现实应用程序正在开发之中。事实上，TAT（The Astonishing Tribe）设计公司已经视频演示了名为Recognizr的“增强身份”智能手机应用程序。因此，十年以后，每当你看到陌生人的时候，你就可以拿出智能手机，找出更多有关他们的信息。

随着增强身份的实现，TAT设计公司认为我们可能需要开发一些增强现实的身份，比如“工作”和“聚会”，在不同的时间和环境中“穿”出个性。许多人可能确实想在办公室和大街上发出不同的增强现实信息。

为了让手机能够识别人，适当的标签照片数据库必须存在于云中。因此，有些人可能会想到一个问题：没有公众的积极参与，身份增强现实系统如何创建呢？然而，脸书宣称其已经获准允许世界上任何人将“非排他性的、可转让的、次级授权的、免版税的”照片或视频内容上传至网站。这意味着很多人已经在浩瀚的图像数据库中被多次标记，这些照片和视频为未来的增强现实人脸识别应用程序提供了完美的资源。因此，图 18.1 中所显示的点击为人添加图标并不是空穴来风，说不定很快就能变成现实。

一些企业已经认识到了增强现实的未来潜力。例如，星巴克（Starbucks）已经开发出了自己的增强现实系统，用户可以通过维基世界浏览器定位到星巴克咖啡店；该应用还提供了其他信息，如营业时间和 Wi-Fi 的可否使用。任何想继续留在商界的零售商，如果不想冒险在增强世界中保持隐身，那么也有可能不得不冒险进入增强现实领域。部分出于这个原因：2010 年 12 月，市场分析机构弗雷斯特研究公司（Forrester Research）的研究报告称，增强现实将成为“一种颠覆性的技术，改变消费者与其环境的互动方式。它将连接真实世界和数字世界，通过先进的数字互动，用新的方式吸引客户。因为移动增强现实功能在手机上最能发挥其独特作用，这将有助于把手机变成我们个人日常生活的新遥控器”。

提高我们的想象力

除了覆盖已知信息外，增强现实也将帮助人们想象世界的样子。这个领域的先驱是纽约的布鲁明戴尔百货商店。这家著名的零售商已经与珠宝设计师塔恩和一个软件开发者联合开发一个新的增强现实系统。该系统让顾客们在没有实物的情况下看到他们戴着钻戒和其他珠宝的样子。购物者只需看着有点像虚拟镜子的屏幕就能看到自己戴着选好的首饰四处走动的情景，甚至可以捕捉到增强现实照片并通过电子邮件在脸书或推特上分享。

未来，许多商店很可能会使用增强现实镜像展示时尚产品。消费者因此可以试穿更多的衣服和衣服配饰，这些衣服和衣服配饰可能来自多家商店甚至多个城市。一旦选好了型号和颜色，衣服可以在网上订购，或者用3D打印机现场制造出来。

店内的增强现实并不局限于时尚产品。乐高已经推出了令人惊叹的增强现实点击销售系统。在这里，孩子在玩具商店里把一盒乐高玩具在一个虚拟镜子前举起来，盒子里一个由乐高积木做成的完整模型就会在包装上面盘旋。通过转动这个盒子，孩子可以移动模型并从任何角度检查玩具。因此，孩子们可以把不同的盒子拿到乐高增强现实镜前，并比较他们能用里面的积木做什么。在增强现实镜前，由乐高积木拼成的模型飞机和直升机上的螺旋桨和下桨叶甚至能够旋转。在YouTube上输入“Lego AR”，你就会发现很多视频展示了这个神奇的系统。这些表明玩具店的增强现实系统可以为儿童和成人提供令人信服的体验。

其他公司正在开发的增强现实系统可以让潜在客户看到新产品摆在他们家中的样子。例如，2009年三星的测试实验室创建了一个系统，该系统允许潜在客户访问它的网站并打印出一个黑白的增强现实物品，潜在客户将这个物品挂在客厅的墙上，并通过带有摄像头的笔记本电脑查看，就可以看到一台新的三星电视挂在墙上的效果。为了取得更好的效果，增强现实软件还让一些蓝色知更鸟欣赏到房间潜在的新景象，久久不肯离去。

同样的道理，将增强现实目标集成到任何形式的印刷媒体中存在着巨大的可能性。一些杂志社已经开始在这一领域进行试验，他们出版包含触发增强现实播放的书皮，通过智能手机阅读其内容。例如，2011年1月，青少年出版刊物《名人高中》（*Celebrity High*）在Junaio浏览器中特制了一个增强现实封面。当使用智能手机运行这个浏览器进行阅读时，封面就会出现覆盖了演员和R&B明星雷（Ray J）的视频内容。

Junaio浏览器已经与许多公司合作创建了类似的内容。不仅如此，它已经完成了英国皇家邮政的一个项目，该项目创建了能触发智能手机增强现实回放的邮票。没有增强现实硬件，我们将无法看到我们周围虚拟的东西。

工业增强现实系统

乐高的点击销售系统无可挑剔，但大多数顾客的增强现实系统仍有点笨拙。相比之下，一些工业增强现实系统已经实现了运动跟踪和极其稳定的图形覆盖。为了达到这个目标，典型第一代工业系统使用增强现实眼镜或其他头戴式耳机把增强现实数据覆盖在工人的视觉上。

一些制造商正在开发工业增强现实系统。例如，在德国的“戴姆勒－奔驰”发动机工厂，软件开发商 SAP 在进行增强现实项目时，这里装配发动机的工人依赖于其他人给他们拿来正确的组件。为了减少将错误的组件带上生产线，负责传送组件的员工在头上佩戴一种增强现实显示器。当他们在工厂的库房里行走时，显示器提供了可视化的覆盖，显示出所需组件是什么和每个组件所在的位置。

在德国的其他地方，宝马公司已经形成了增强现实系统的模式，该系统告诉工人如何拆装某种特殊型号的汽车，显示了每个被换下来或替换组件的顺序，叠加的动画说明下一步如何做。3D 增强现实图形覆盖了机修工的视觉，甚至包括旋转的虚拟螺丝刀，确切地指出需要使用哪些工具以及工具用在哪里。

协助手术

在过去的 20 年里，外科医生们开发出了复杂的腹腔镜或“锁眼”技术，将微型照相机和仪器植入病人体内。外科医生只能从一个或多个视频屏幕上看到手术情况。未来在增强现实技术的帮助下，医生可以在屏幕上看到那些可能来源于核磁共振扫描和病人其他数据的信息。

已经有一个名为 ARISER 的多学科项目正在致力于开发在微创手术中“增强现实支持”所需要的技术。除了外科医生对病人的体内进行 3D 图像的覆盖之外，ARISER 项目希望更进一步，开发触觉或“端粒”增强现实系统，让医生能够真正感受他们在显示器屏幕上远程观看的病人器官。

下一代增强现实技术

正如前面所说，某些类型的增强现实系统需要专门的接口硬件，而智能手机或平板电脑并未配备。因此，新的增强现实外围设备已经在开发中。例如，Vuzix 公司推出了一款名为“Wrap 920AR”的初代消费型增强现实眼镜。这些装置包括头部跟踪传感器和两个摄像头，人们可以体验到完全立体的 3D 效果。虽然上市时的价格是 2000 美元，但随着增强现实系统进入大众市场，其价格可能会大幅下降。

类似的更为精密的眼镜的增强现实硬件，可以使用多色激光将图像直接投射到一个人的视网膜上。这将使增强现实系统完全覆盖穿戴者的视觉。日本电子产品制造商兄弟公司（Brother）曾推出了一款名为 AiRScouter 的原型设备。

其他未来的增强现实硬件将集成到现有的设备中。例如，通用汽车公司的人机界面部门与几所大学合作开发出了所谓的“高级视觉系统”，使普通汽车的挡风玻璃变成增强现实显示屏。

通用汽车系统使用外部和内部摄像头来跟踪道路和司机的视线。投射在挡风玻璃上的图像可以适当地放置在驾驶员的视线范围内。该系统的目的是突出重要的物体，如行人和交通标志，以及在能见度低的情况下看清道路的边缘。

未来，增强现实挡风玻璃还会显示卫星导航数据，这可以让方向箭头直接覆盖在道路上。从理论上来说，任何其他形式的数据，包括当地地标的信息，甚至是广告，都可以在增强现实挡风玻璃图像中显示出来。很显然，对于非自动驾驶车辆的驾驶员来说，这并不安全。然而，未来汽车、客车或火车车窗有可能为乘客提供一种更广阔的视野。

其他未来的增强现实技术甚至可以与我们自身融合。首先，未来十年中，增强现实隐形眼镜很可能出现。这些设备可以通过无线方式从衣袋设备中无线传输数据，这样就无须再使用智能手机或平板电脑也能看到增强现实展现的世界。

华盛顿大学的巴巴克·A. 帕尔维兹（Babak A.Parviz）领导的团队已经建成一些增强现实隐形眼镜的原型。这些原型包含了一个非常简单的LED显示矩阵，能够在真实世界上叠加一个字母。虽然分辨率目前还不够理想，但这些最初的创作确实具有无线功能和无线网络。因此，使用隐形眼镜在增强现实中享受持续的沉浸感很有可能成为现实。不仅如此，未来的脑机接口可能会使增强现实视觉系统直接连接到我们的视神经上。

减少现实

当可穿戴或可植入的硬件出现时，增强现实系统不但能够增强而且能够减少我们对世界的实时视图。令人惊讶的是，这种“减少现实”应用程序能够移除我们不想看到的东西。

Adobe Photoshop 中包含了一个功能，它足够智能，能够恢复用户从图片中删除的任何东西后面的背景。从事这一前沿工作的是德国伊尔默瑙工业大学的一个研究团队，他们将类似的图像处理能力整合到一个增强现实系统中。它的减少现实软件拍下一个真实的相机图像，移除选定的项目并显示修改结果，延迟时间只有40毫秒。对大多数人的眼睛来说，这就是即时效果。

到下个十年结束的时候，戴着增强现实眼镜或隐形眼镜的人可能会决定他们想看到什么或者不想看到什么。厌倦了公园里乱扔的垃圾和停在街道上的汽车吗？你只需设置你的减少现实系统，将它们从你的视野中移除即可。想在公园里看到粉红色的小飞鱼，而不是普通的鸭子吗？没有问题！使用你隐形眼镜的软件将鸭子移除，并添加你选择的小飞鱼吧。事实上，你甚至可以用蓝色和橙色的条纹来装饰粉色的火烈鸟。

尽管潜力惊人，顶级的减少现实系统可能会引起相当多的安全问题。首先，从任何人的视野中移除移动的车辆或危险障碍物是不明智的。在日益拥挤的未来城市中，减少现实只能在明显废弃的公园或其他宁静的公共空间漫步时使用。

几十年后，许多人也许能够做到“拒绝”或减少广告或其他宣传对他们本人及其孩子们的骚扰。

***

生活在增强现实的世界里

人类因为有好奇心和不断满足好奇心才得以幸存下来，并登上了地球的统治地位。现实世界可点击后，未来的增强现实系统可能会增强我们的好奇心，并使我们以新的方式满足好奇心。因此，增强现实可能是一件非常好的事情。然而，从消极的一面来看，未来的增强现实技术可能会越来越多地消除人们为了学习而进行身体互动的必要性。

十年后，我们可能只跟增强现实智能手机的介绍人谈话。今天，了解陌生人的通常方法是走过去试着与他们交谈。虽然这并不总是成功的，但它通常提供了有用的学习经验。

已经有很多年轻人在脸书上进行社交活动。他们用智能手机指向或双击双眼皮图标来了解世界上的人与事，于是，我们培育出了新的一代人，这些人不能以传统的、身体语言的方式去社交或满足他们的好奇心。当人类在云中进行海量互联时，这可能正是我们需要做的。然而，我非常怀疑其可行性。

和大多数新的计算技术一样，增强现实具有不可思议的潜力。只要增强现实应用程序能够提供销售下一代智能手机和平板电脑所需的令人瞠目结舌的“哇因子”，那么增强现实系统也很有可能被广泛应用。然而，正如十多年前的互联网繁荣与萧条所证明的那样，形势也很容易失控。因此，我们需要注意的是，增强现实系统是下一个重大事件，它不仅可能引发市场爆炸，还可能导致技术崩溃。

- 第十九章 -
量子计算

设想一台计算机，它可以在一秒钟内破解任何互联网密码或数据加密代码，或者能够精确模拟地球气候，甚至能够监控世界上所有闭路电视监控系统摄像头并跟踪我们所有人。目前，这听起来简直像天方夜谭，因为任何计算机都没有如此惊人的处理能力。然而，一种叫量子计算的新技术能提供这种水平的计算性能。

简而言之，量子计算机是存储和处理亚原子尺度信息的设备。因此，量子计算正处于下一代计算机硬件发展的最前沿。正如我们将要看到的，一些高度实验性的量子计算机已经被创造出来，一台价值1000万美元的量子计算机刚刚投放市场，供那些财力雄厚的企业使用。IBM、谷歌和其他计算行业巨头现在也开始对量子计算产生了浓厚的兴趣，因为它能够超越当前的微处理技术，实现下一步飞跃。

超越摩尔定律

多年来，计算机的发展一直受到摩尔定律的制约。它由英特尔公司联合创始人戈登·摩尔（Gordon Moore）在1965年提出，内容是传统集成电路中的晶体管数量将每18个月翻一番。时至今日，摩尔定律仍然没有过时的迹象。然而不可避免的是，我们将达到一个点，即单个电路元件只有几个原子宽。

在20世纪80年代早期，一些先进的计算机科学家，包括IBM研究实验室的查尔斯·H. 班尼特（Charles H. Bennett）和加州理工学院的理查德·费曼（Richard Feynman），开始研究当传统硅片技术到达物理极限时会发生什么。他们知道，原子大小的电子元件的性质将由量子力学完全不同的定律决定，而不是由它们的物理性质决定。这意味着量子规模的电路将不能像传统的硅芯片那样运作。班尼特、费曼等人因此开始研究如何在量子尺度上存储和处理数据。

如今，所有微处理器都是由数百万个微型晶体管组成。每个微小的电子开关都可以通过电流开启或关闭。任何时候，每个晶体管都可以存储或处理"1"或"0"的数学值。因此，如今的数字电子设备以一种由许多"二进制数字"或"比特"组成的格式处理数据。

传统的计算机基于晶体管，而量子计算机使用量子力学状态下的亚原子粒子存储和处理信息。例如，数据可以通过电子的自旋方向或光子的偏振方向来表示。

情况变得诡异起来

单个亚原子粒子可以用来表示数据的"量子比特"或"量子位"。然而，奇怪的是，一个量子位可以同时表示"1"和"0"的值。这是由于量子力学的特性被用作量子位的亚原子粒子能够以一个以上的状态存在，或者说是"叠加"在同一时间点上。通过在每个状态上附加一个概率，一个量子位在理论上就可以存储无穷的信息。

事实上，用于存储量子比特的电子自旋或光子方向非常模糊，并不像非黑即白那样明确，这点非常奇怪。抛硬币不能同时出现正面和反面，但电子自旋的量子态可以做到这一点。因此，著名核物理学家尼尔斯·玻尔（Niels Bohr）曾说："任何不被量子理论震惊的人就是还没有理解它！"这一说法并不令人惊讶。

事实上，量子位可以同时存在于两种状态，这一点也远不是量子尺度上唯一的奇异之处。另一件奇怪的事情是，直接观察亚原子粒子的过程实际上会使它的状态“坍缩”成一个或另一个叠加态。其含义是，当从一个量子位读取数据时，结果将是“1”或“0”。为了保持其潜在的“隐藏”量子数据量，一个量子位不能被直接测量。这意味着未来的量子计算机将使用一些量子位元作为“量子门”，进而操纵储存在其他未测量量子位中的信息。

因为量子位可以同时存储多个数值，未来的量子计算机具有大规模执行并行处理的潜力。事实上，通过增加额外的量子比特处理能力，量子计算机的功率能够呈指数级增长。相比之下，当添加额外的处理能力时，传统计算机的性能只会成倍增加。

量子算法

量子计算机是用量子算法编程的。从本质上说，量子计算机根据正确的解决方案概率处理数据。这使得量子算法与传统的计算机程序有很大的不同，传统的计算机程序是基于更简单的、真实的或错误的二进制逻辑。其结果是，量子计算机有可能非常擅长处理那些不可能使用传统的纯数字计算机处理的任务。

第一个量子算法是由研究员彼得·秀尔（Peter Shor）于1994年在AT&T贝尔实验室获得的，现在被称为“秀尔算法”。秀尔算法证明了量子计算机可以进行数学运算，将更大的数字分解成素数，其速度远远大于任何形式的计算机。

秀尔算法听起来似乎无关紧要。然而，目前所有的数字加密技术都依赖于质数的计算。这些技术包括保护军事计算机网络的加密技术、地球上的每个银行账户以及所有现在和未来的云计算服务。因此，未来能够运行秀尔算法的大规模量子计算机会对所有在线系统的安全性产生灾难性的影响。或者正如帕特里克·塔克（Patrick Tucker）在最近一期《未来学家》中所写的那样："如果网络战争是新千年的冷战，那么，量子计算可能就是氢弹。"

考虑到量子计算机的代码破译和代码制造潜力，一些政府，特别是这些政府的武装部队，正对其的发展产生强烈的兴趣。这点并不奇怪。未来，任何拥有量子计算机的人都能在保证自己的系统安全的同时，侵入其他计算机系统。因此，没有人想成为第二个制造这种机器的人。值得记住的是，正如我们在第十七章所看到的，电子计算和人工智能的第一次应用就是破解军事密码。许多量子算法都涉及"神谕（oracle）"的使用。神谕是一个装置，用来回答简单的"是"或"否"的问题。然而，"oracle"格式的问题可能仍然非常复杂，涉及大量的变量和大量的数据。例如，"这个病人有这种罕见的疾病吗？"或者"这场飓风明天会摧毁这个沿海地区吗？"这些问题都是"oracle"格式的问题。"Oracle"格式的问题最适合未来的量子计算机，因为答案将能够从一个量子比特量子门读取。虽然未来的量子计算机可能取代人类决策者的地位，但能够以"oracle"格式来构造复杂问题的人才需求量同时也会激增。

量子计算先驱

加拿大 D-wave 系统公司是量子计算机硬件的最著名的开发者。早在2007年，D-wave 系统公司就发布了它所称的"世界上第一个商业上可行的量子计算机"。许多量子计算研究人员使用激光轰击原子，并激发亚原子粒子进入"模糊"量子态，D-wave 系统公司已经开发出一种"绝热量子计算"技术。由稀有金属铌（Niobium）制成的电路被超冷却到超导态，其电子可以自由地运动，从而产生量子位，然后磁场将这些量子位调整为量子计算机处理阵列。D-wave 系统公司的第一台绝热量子处理器是16- 量子比特雷纳 R4.7。早在2007年，基于这一芯片的量子计算机就演示完成了几个解决难题的任务，包括填充数独游戏并创建一个复杂的座位计划。

自从 D-wave 系统公司发布以来，许多人都质疑其发明的量子计算机是否是真正的量子计算机，将来能否扩大增容来执行非常复杂的处理操作。然而，在 2009 年 12 月，谷歌透露它已经与 D-wave 系统公司合作多年来开发下一代搜索应用。谷歌研究人员与 D-wave 系统公司一起给自己设置了一项挑战，即编写一种能识别照片中的汽车的量子算法。他们使用两万张街道场景的照片，其中一半有汽车，一半没有，他们训练其系统来完成这项任务。量子计算机随后被放入第二套两万张照片，并很快将其分类成有汽车和没有汽车两部分，且所用的时间比谷歌数据中心的任何计算机都短。因此，量子计算的潜在应用在未来的视觉识别应用中可见一斑。

到 2011 年 5 月，D-wave 系统公司已经进一步开发其技术，创建了一台 128-量子比特量子计算机。这台被称为 D-wave1 的计算机可用于主流工业，如商业风险分析和医学成像分类等领域。D-wave1 在当时的定价为 1000 万美元，其特点是在一个 10 平方米的屏蔽室内安装了一个超冷处理器。首先购入 D-wave1 的公司是美国航空航天公司，以及安全和军事承包商洛克希德·马丁（Lockheed Martin）公司。

其他量子计算研究团队也开始报告突破性进展。例如，2010 年 9 月，来自英国布里斯托大学、日本东北大学、以色列魏茨曼科学研究所和荷兰特文特大学的一个研究小组透露，他们研制出了一种新的光子量子芯片。这种芯片可以在正常温度和压力下运行，而大多数量子计算组件则必须在极端条件下运行。项目负责人杰瑞米·奥布莱恩（Jeremy O’ Brien）随后在布里斯托科学节上表示，他的团队开发的新芯片可以用来建造一台能够超越常规计算机的量子计算机。

2011 年 1 月，牛津大学的一个团队报道了另一个标志性的量子计算里程碑：强烈的磁场和低温被用来连接，或在量子纠缠态下“纠缠”，嵌入高度纯净硅晶体中的大量磷原子电子和原子核。其结果是，每个纠缠的电子和原子核都可以作为一个量子位运行。

在牛津的实验中，总共创造了一百亿个量子纠缠态的量子比特。项目负责人约翰·莫顿（John Morton）解释说，现在的挑战是将这些量子位组合在一起，在硅中构建一个可伸缩的量子计算机。如果这一设想得以实现，那么建造无比强大计算机的基础就确立了。请记住，谷歌的视觉识别实验中使用的 D-wave 系统公司芯片的容量只有 16 个量子比特。因此，拥有 100 亿量子比特容量的计算机将拥有相当惊人的处理能力。

***

量子计算的范围

多年来，计算机行业的巨头们一直徘徊在量子计算研究的边缘。然而，正如谷歌与D-wave系统公司的结盟以及向洛克希德·马丁公司出售D-wave1所证明的那样，对量子计算的主流兴趣正在开始增长。

在接下来的一二十年，量子密码几乎肯定会被用于加密数据和破解非量子密码。未来的量子计算机也可能被用来模拟其他原子尺度现象，从而促进纳米技术的发展。量子计算机还有一个巨大潜力，即运行其他形式的复杂模拟。例如，量子计算机有朝一日可能被用来模拟地球的气候并准确预测天气。

一项名为“生活地球模拟器”的倡议已经开始。这是欧洲联盟未来在线测试知识加速器项目的一部分，它的目标是模拟地球上发生的一切。从字面上看，其目的是模拟诸如全球气候模式、疾病传播、国际金融交易和交通拥堵的许多现象。目前，完成这个项目所需要的计算能力还不存在。然而，使用一台或几台量子计算机，生活地球模拟器可能在几十年内成为现实。显而易见，任何拥有这种模拟的人都将变得非常强大。

最后需要说的是，量子计算机不太可能出现在我们的书桌上或衣袋里。相反，它们将集中在云数据中心，我们大多数人将使用更传统的个人电脑、笔记本电脑、平板电脑和智能手机享受其服务。量子处理器也可能被用来执行那些“模糊”任务，比如视觉识别很难将其编码到传统计算所依赖的冰冷的二进制逻辑中。如果个人电脑真的变得有知觉，那么它们很可能是量子的。未来这类人工智能也可以利用量子力学来思考和解决问题，这不仅超出了传统的硅硬件的能力，就连人类也无法理解。

- 第二十章 -
机器人

和许多40多岁的人一样，我的童年里也有很多的机器人。电影《星球大战》（*Star Wars*）中的主角是C-3PO和R2-D2，《神秘博士》（*Doctor Who*）中有一只名叫K9的机器人狗，《25世纪的巴克·罗杰斯》（*Buck Rogers in the 25th Century*）中也出现了一款名为Twiki的小型银色机器人。许多其他电影和电视节目也展示了机器人角色与人类一起工作和玩耍的情形。因此，许多人未来的愿景包括机械仆人和伙伴，并不奇怪。

现实世界中，机器人的能力可能仍然远远落后于科幻小说的机器人。2010年4月，美国电气和电子工程师学会（Institute of Electricaland Electronics Engineers）发布报告称，世界上机器人的数量已经达到了860万。这个种群被分成130万工厂工业机器人和730万服务机器人。在后者中，290万是“专业服务机器人”，任务包括拆弹和挤奶等；剩下的440万是“个人服务机器人”，包括机器人吸尘器、割草机和玩具，比如索尼的AIBO机器狗和机器恐龙Pleo。个人服务机器人也是机器人中人口增长最快的，现在机器人吸尘器的年销售量达到一百多万台。

大多数人不会把家庭中使用的那些小型自动吸尘器与机器人革命联系在一起。然而，我们的生活已经离不开机器人，它们经常制造产品、处理危险材料、拆除爆炸物和从事作战任务。在第十七章中，随着人工智能的发展，我们将很快创造出更复杂的机器人来扩大其活动范围。因此，这一章将深入探讨未来的机器人进化。

工业机器人

1961 年，第一个工业机器人在通用汽车生产线上投入使用。它被称为尤曼特（Unimate），其职责是将模具铸件从机器中取出并进行焊接。从那时起，尤曼特的后代成为制造业革命的一部分。

如今，每年大约有 10 万个新的工业机器人投入使用。这些机器人通常会做一些枯燥、肮脏、危险的工作，因为这些工作几乎没有人愿意做，而且机器人的成本也低得多。仅通用汽车（General Motors）就拥有大约 5 万个工业机器人，在全球汽车制造领域的“劳动力”中，超过一半是机器人。因此，我们很难想象自身依赖于机器人的程度。

早期的工业机器人是液压驱动的，很笨重。到了 20 世纪 80 年代，工业机器人改为电力驱动，其智慧和精确度更高，应用范围更广泛。因此，工业机器人不再仅仅局限于生产线。此外，它们也越来越多地在仓库、农场、医院和许多其他行业一展身手。在 2011 年 2 月，机器人行业协会（Robotics Industry Association）报告称，从事原材料处理的机器人全球市场价值 30 亿美元，并且每年增长 10%。仅在美国，机器人外科设备市场估计每年就有 10 亿美元。

虽然大多数工业机器人还不具备视力，但机器人的视觉却在进步。例如，日本农业机械研究所（Institute of Agricultural Machinery）开发了一种机器人，可以根据颜色选择和采摘草莓。这个机器人用两个摄像头来观察成熟的草莓，测量它们红的程度，在三维空间中将其定位并将它们从藤蔓上剪下来，从观察到采摘只需 9 秒钟。今天，人类需要 500 小时才能采摘一平方千米的草莓。相比之下，新的采摘机器人不仅把时间减少到了 300 小时，还能选择更成熟的草莓，草莓划伤也很少。

麻省理工学院的计算机科学和人工智能实验室也在研究它所称的“精准农业”机器人。在一项实验中，他们创建了一个实验室农场，一群相互连接的机器人“菜农”培育、照料和收获其中的西红柿。在荷兰，一个名为 Hortiplan 的“园艺自动化公司”已经在销售一个机器人系统，该系统可以种植和摆放莴苣，并随着莴苣的生长而移动它们。目前的系统确实需要人类从自动送到他们跟前的水培托盘中做出最后的选择，尽管如此，机器人很可能会取代一些农场工人的工作。正如第四章指出的，杀虫剂可能会被成群的小型机器人取代，它们会在农田里忙碌，或在农田上方盘旋，寻找并消灭昆虫和其他害虫。

其他工业机器人可以帮助保护我们的环境。例如，在麻省理工学院，一个名为“海蜂”的机器人被开发出来，它可以自动穿越海洋表面，清理漏油。据其创建者说，5000 个海蜂机器人可以在一个月内清理掉 2010 年墨西哥湾漏油事件的漏油。少量海蜂机器人即可使海岸线和港口完全摆脱偶尔的石油污染。未来，沿海城市和城镇可能会投资常驻机器人，让它们不断地巡逻和清洁附近水域。

越来越多的工业机器人也将被用来定位和移动物品。从亚马逊或其他在线零售商那里购买的商品很可能由机器人从货架上挑选出来，然后送往仓库。许多非零售公司也开始使用机器人来提高商店的效率。例如，在苏格兰第四山谷皇家医院，价值 40 万英镑自动化药房系统已经完全取代了人类工人。当新药物到达时，它们会沿着传送带移动到条形码阅读器上。然后，三个机器人选择并将药物叠加在一起，不是按照 A–Z 的顺序，而是充分利用空间，并方便机器人检索。如果三个机器人都出现故障，那么任何人都不可能找到所需的药物。

一些医院甚至在大楼内部署机器人运送物资，并将药品运送到病人的床边。例如，硅谷的 EL Camino 医院投资了 19 个艾同拖轮机器人。这些自主的、机动的手推车把东西捡起来并运送物资，成本极低。

在日本，庆应义塾大学、村田机械商和产业综合技术研究所共同开发出一种名为 MKR–003 的医院机器人。这种机器人可以说话和做手臂动作，还有一张人脸来帮助它以一种更“人类”的方式与病人和工作人员交流。

服务机器人也开始进入传统零售场所。举个例子，2010 年 12 月，在中国山东省，大鲁餐厅开张了。餐厅的特色是两个机器人接待员和六个机器人服务员。餐厅的工作人员只在厨房工作和欢迎用餐者。

家庭服务员和伴侣

除了担任接待员、服务员和厨师之外，越来越多的机器人可能很快成为我们家里老年人的照顾者，甚至是伴侣。虽然这并不是每个人都赞同的事情，但面对日益老龄化的人口现状，任何能够让老年人安全地生活在自己家中的技术都有可能有极大的需求。

在 2010 年国际家庭护理和康复展（International Home Care and Rehabilitation Exhibition）上，松下推出了两款新的家用护理机器人，它们可能预示着未来的发展方向。第一个机器人可以使用它的 16 根手指和一个 3D 扫描仪来观察和清洗人的头发。这台设备看起来就像一个移动脸盆，而内置的双手可以用洗发液洗头。松下的第二个新机器人是机器人床。它可以从一张床变成一个轮椅，并且不需要使用者站起来。松下的两款新机器人都是用来为体弱多病或行动不便的人提供更多的独立性，从而让医护人员从琐碎的事务中解脱出来。

布里斯托大学布里斯托机器人实验室的一个研究小组也在研究一个名为 Mobiserv 的家庭护理机器人。该项目由欧盟资助，旨在帮助人们订购物品和正确服药。

未来的机器人伴侣也会让那些独自生活的人感到不那么孤独。一些机器人狗、恐龙和其他机器人玩具已经研制成功，它们可以学会回应主人。然而，这可能只是一个开始。例如，德国设计师斯特凡·乌尔里希（Stefan Ulrich）发明了一个叫“寂寞抱枕（Funktionide）”的机器枕头。这种枕头其实是一种传感器，可以对任何人类的触摸或压力做出反应，包括呼吸或拥抱。枕头使用人工肌肉技术以“类似人的动作”做出回应。其理念是，有“生命”的枕头会“帮助人们排遣孤独感”。

未来的半意识机器人床具可能不会吸引大多数人。然而，我们需要记住的是，未来老年人的童年是在科技发展日新月异的年代中度过的，他们的反应可能非常不同。在韩国的马山市和大邱市，机器人老师“英键（Engkey）”教授小学的孩子们一些课程，该机器人是由韩国科学技术研究院（Korea Institute of Scienceand Technology）开发的。其目的之一是提高孩子们的语言技能。另一个目的是让孩子们从小接触机器人，这样他们就会在以后的生活中与机器人愉快地相处。

深入敌后的机器人

虽然未来的机器人将需要融入人类社会，但其他机器人将在危险和不适合人类居住的偏远地区工作。许多这样的机器人将为军方工作，在过去的十年里，已经有大量的机器人进入军队。例如，在 2003 年，美国军方几乎没有机器人，而到 2011 年，却已经拥有 7000 多架无人机和 1 万辆无人驾驶车辆（UGVs）。

目前美国军用机器人包括一种名为“MQ-8B”的无人直升机，名为“捕食者（Predator）”“乌鸦（Raven）”和“全球鹰（Global Hawk）”的无人驾驶飞机，以及一种名为 Pack Bot 的小型地面机器人，用于帮助定位和清除爆炸物。一个粗犷型的四轮机器人——“精准城市漏斗（Precision Urban Hopper）”也在开发之中。其特点是配备的活塞使其能够跳跃到 25 英尺的空中，用于视频监控和携带有效载荷穿越崎岖的地形。

更让人印象深刻的机器人——“大狗（Big Dog）”是由美国军方资助的。由波士顿机器人工程技术开发公司设计的这只四足动物可以在负重的同时行走、奔跑和爬过崎岖的地形。“大狗”长约 1 米，重 75 千克，由内燃机驱动，使用非常宽的传感器阵列来监测和调节运动。它行驶了 12.8 英里，其间没有停，也没有加油，创造了世界纪录。

鉴于机器人既不睡觉也不流血，它们正越来越多地被部署在许多侦察和战斗环境中。正如军事供应商艾罗伯特（iRobot）的首席执行官约瑟夫·W.戴尔（Joseph W. Dyer）所解释的，机器人的另一个优势是“它们能随时应战”。因此，美国军方的名为《无人驾驶效应：让人类远离战场》（*Unmanned Effects: Taking the Human out of the Loop*）的报告或许并不令人惊讶。报告称，在2025年的战场上，机器人士兵可能成为一种常态。或者如国防承包商BAE系统公司（BAE Systems）发言人在2010年的无人机产品发布会上所说的那样：“（在这次军事航空展上）展示自己飞行技能的飞行员可能是最后一批飞行员。”

目前，50多个国家正在开发军用机器人技术，仅无人机市场一年就能达到50亿美元。从理论上讲，军事机器人的部署可能会减少伤亡，在未来的战争中，很有可能完全由机器人组成的军队去冲锋陷阵。然而，军事机器人也有可能使战争变得过于简单，风险降低，因此战争更有可能发生。随着机器人士兵进入战场，平民的伤亡人数也会有所增加。毕竟，美国的无人机已经“意外”地造成了许多阿富汗平民的伤亡。

幸运的是，并非所有未来的机器人都能在敌方工作。另外一部分机器人则会深入地下，潜入海底或进入太空。机器人是地球上第一批造访其他行星的探险者，这一趋势很可能还会继续下去。机器人也很可能被用来建造未来的太阳能发电站或太阳帆（本书前面提到过）。正如第十五章所指出的，去太空中正常生活的第一批地球公民也可能是混合动力控制的“机器人—人”。

人形机器人

前面提到的机器人中，很少有机器人看起来像人类。这并不奇怪，因为它们是为狭义的特殊应用程序而设计的。然而，大多数人很容易将机器人与人联系起来。因此，未来至少一些具有人脸、人形和使用人类语言的机器人会行走在我们中间。人形机器人也是最有效的家庭服务员和工人，因为现代世界是专门为人类设计的。

多年来，人形机器人的发展一直进展缓慢。实际上，给机器人一个人形并不是很难。然而，让这样的机器人来控制身体目前仍是不可逾越的挑战，更不用说四处走动、见世面，从事需要手眼协调的任务了。

几十年来，大多数与构建功能性人形机器人有关的关键问题都是由机械工程师和程序员解决的，他们试图让机器人理解和模仿人类的能力。例如，一个共同的研究目标是给机器人编程，让它能在平坦的表面行走和爬楼梯。然而，近年来，廉价的计算机电源和传感器技术的应用越来越突出。因此，大多数人形机器人不仅能通过预先设定的程序来行走和爬楼梯，还能通过不断感知外部环境并调整自己的伺服电机来防止自己跌倒。这表明，多年以来，制约类人机器人开发的因素是计算机电力，而不是合适的物理机制。如果没有今天的微处理器，那些在 20 世纪 60 年代、70 年代和 80 年代制造金属人的发明家根本没有机会成功。

如今，本田公司在推动人形机器人开发方面领先于其他公司。最值得注意的是，这家日本制造巨头创造了一个高 1.3 米、重 54 千克的人形机器人——ASIMO。它可以行走、奔跑、爬楼梯、开门、操作电灯开关、推手推车、搬运托盘，以及执行许多其他任务。ASIMO 的身体由白色金属和塑料制造，它的“脸”被黑色的遮阳板遮住。实际上，机器人看起来就像一个穿着塑料太空服的孩子。

ASIMO 的手有独立的对生拇指，可以承受 0.5 千克的重量。ASIMO 通过腕式传感器检测它正在承受的重量并使其与人同步，这样它就可以从人们那里接过物体。ASIMO 所有的动作都很流畅，尤其是跑步、弯腰或攀爬，还能跳舞或踢足球，这让它具有一种非常逼真的品质。

ASIMO 具有视觉和声音识别功能，因此，它能够规划路线，避开障碍物，识别已知的面孔。当有人呼叫它的名字时，ASIMO 也可以做出反应，看谁在跟自己说话，并做出回应手势。这意味着，如果人类指出他们想要去的地方，ASIMO 就能乖乖地服从。

当时，每台 ASIMO 的生产成本至少为 100 万美元。你可以在本田的机器人网站上查找 ASIMO 的更多信息并观看 ASIMO 的表演。ASIMO 很可能是你可以看到的人类机器人的未来。

虽然本田为 ASIMO 感到骄傲，但它并不是唯一被制造出来的复杂的仿人机器人。另一种仿人机器人是 TOPIO，是由越南的 TOSY 机器人科技公司制造的。它可以与人类打乒乓球。TOPIO 高 1.88 米、重 120 千克，体形优美动人。它看起来也比 ASIMO 更人性化，有着更类人的头部，并戴着一副看起来像太阳镜的护目镜。

C-3PO 兄弟的第三个竞争者是“机器人 2”或“R2”。这个机器人是通用汽车和美国国家航空航天局合作的结晶，他们合作的目的是为汽车和航天应用创造下一代机器人。R2 看起来有点像钢铁侠的头盔版。你可以在 robonaut.jsc.nasa.gov 上了解更多有关 R2 的信息。

与 ASIMO 和 TOPIO 不同，R2 只是腰部以上看似人形，但是它却有能力在太空行走。R2 的所有手指和大拇指都能做出特定的、独立的动作。因此，R2 可以使用宇航员在国际空间站上使用的工具。这意味着 R2 将能够接管简单的、重复的或危险的操作，比如更换空气滤清器，而无须调整任何现有的空间站组件或工具。通用汽车的介入预示，未来 R2 的后代将有可能投入到现有的工厂生产线上，从事目前由人类完成的工作。

未来的机器人经济

发明能够使用人类工具的机器人意义深远。正如本章前面提到的，在汽车制造领域已经有一半的“劳动力”是机器人。像 R2 这样的下一代机器人有望取代另一半。一旦像 ASIMO 这样的机器人进入低成本的大批量生产，许多服务行业的工作，比如农业、医疗和零售行业，就可能会被替代。随着 TOPIO 的出现，即使是专业的乒乓球运动员也需要另谋职业。

一旦机器人拥有了合理水平的灵巧度、视觉协调能力、充足的动力和智能，它们很可能成为非常高效的员工。事实上，由于机器人不需要休息也不需要报酬，它们很可能成为许多制造业和农业生产中最划算的劳动力。即使在更注重服务的工作中，比如照顾病人和老人，被植入情感的类人机器人也可能会比人类更有优势，而植入情感技术已经在开发中得到了进一步的提高。

因此，几十年后，廉价的机器人劳动力将大幅扩大全球经济的规模，这对我们所有人都是有益的。另外，世界正在面临资源限制，同样可能出现的情形是，未来的机器人劳动力的出现将造成大规模失业（假定经济保持当前的规模）。从表面上看，机器人护理员在家护理老人是好事，但实际上对我们所有人来说，雇用更多的人类来达到同样的结果可能会更好。

未来大量的机器人工人甚至可能会打破许多市场的价格平衡。例如，目前许多商品的价值反映了人类在创造它们时的付出。但是，当机器人工人变得多起来的时候，把东西放在一起的成本就会比消耗的自然资源的价值要小得多。在一个与机器人共享的世界里，体力劳动的经济价值可能会变得非常小。今天，售价 20 万英镑的房子其土地和建筑材料成本可能是 10 万英镑，另外 10 万英镑是劳动力成本。未来，房子的价格可能保持不变，不过，如果土地和材料售价是 19.5 万英镑，那么雇用机器人建房的成本只占 5000 英镑。

新物种的诞生

最后五章将强调下一代计算资源的范围和规模，这些资源将很快与我们同在。虽然汽车行业可能需要几年的时间来迎接像电动车这样的新发明的普及，但我们可以肯定的是，在这个十年结束之前，计算机行业将会出现许多根本性的创新。到 2020 年，云计算将为大多数人提供高水平的廉价计算能力，几乎可以在任何一种计算设备上使用。人工智能也将广泛应用于云计算，这将使我们建造出复杂的机器人，而这些机器人并不总是需要自己思考，甚至自己去看。毕竟，如果每个生产线上的机器人都能利用它们工厂的闭路电视摄像头和谷歌云视觉识别应用程序，为什么还要给它们配备眼睛和视觉处理技术呢?

今天，在笨拙的本地计算时代结束时，我们的机器人人口已经接近900万。考虑到智能进步、云计算的产生，如果在几十年的时间里，世界上没有成千上万的机器人将是不可思议的事情。在短短30年时间里，地球上的个人电脑数量从零增长到超过10亿台。因此，预测在20年里机器人的数量从9个增加到2亿个可能相当保守。在步入个人电脑时代之后，许多工作岗位消失，许多新行业也被创造出来。风起云涌的机器人革命浪潮同样具有深刻的社会、文化和经济意义。

必须明白的是，本章中提到的每种机器人都是由无机部件构成的人造机械。在接下来的十年里，由金属、塑料和硅电子制造的无机机器人也很有可能成为主流。然而，像合成生物学技术和生物打印技术等一旦得到广泛应用，机器人就有可能用有机部件被制造出来。这意味着未来的机器人可能长出手、胳膊、腿、眼睛，甚至是大脑，而不是由塑料和金属制成的或3D打印出来的。当这种情况发生的时候——会有这一天的——“有机”和“无机”生活之间的界线将会真正被跨越。

当克雷格·文特尔研究所从标准的DNA片段中拼凑出一种合成细菌时，这个世界上的人们并没有真正关注。当然，也没有媒体对他们的工作表示担忧。然而，快进二十年，合成生物学的最终产品很可能是人造的有机人类，它们能够收割庄稼，为你准备早餐、参加战争、照顾你的奶奶。

未来的合成人和智能有机生命的前景，将会提出许多现实和哲学的问题。我们还需要认识到，生物机器人的未来不会远离我们自身的改变而独立到来。机器人一旦有机化，人类和机器人之间的材料交换就成为可能。计算机科学家、工程师和医务人员的技能和知识也将不可避免地融合在一起。尽管这一切听起来相当超现实、怪异和可怕，但我只能向你保证这是真的。

在“自然”与“人工”之间不断模糊的界线面前，人类将进入其自身进化的一个极端阶段。我们已经开始解锁我们自身的DNA密码以“修复”我们的基因缺陷，并将人工技术引入我们的体内。因此，本书的最后部分致力于“人类2.0”的到来。

第五部分

“人类 2.0”

- 第二十一章 -
遗传医学

未来的研究涉及两个基本问题。第一个问题是“未来我们将如何生活？”而第二个问题则是“我们会变成什么？”本书第一部分到第四部分着眼于未来可能改变我们生活方式的事情。因此，本章谈谈我们人类自身未来可能发生的变化。具体地说，接下来的几章将会研究遗传医学、生物技术、控制性增强以及“后人类”或者现在被称为“人类 2.0”带来的一系列相关变化。

人类的进化从来没有像现在这样在我们的控制之下。然而，如今可以确定的是，这些新的医疗工具和增强技术将给我们提供塑造自己生理遗传的机会。因此，我们后代的寿命可能会得以延长，甚至可能会选择丢弃一些目前人类生理状况的核心方面。

虽然以下五章的主要目的是概述技术上可能发生的事情，但同时将围绕“人类 2.0”去探讨一些更广泛的伦理和哲学论辩。新医疗技术的应用将会很快触及我们与其他生物的关系。因此，有些人声称我们开始扮演上帝的角色，这并不奇怪。迄今为止，毕竟只有神才能主宰生命。

DNA 医疗保健技术

从很多方面来说，医学从古代起就没什么变化。当然，医生现在所能采用的先进医药和外科技术可能与半个世纪前的医药和外科技术相去甚远。

即便如此，大多数医疗保健技术仍然依赖于摄入或注射标准化的化学物质，或进行物理修复、移除病变组织和受损组织。

在21世纪早期，医疗实践正处于其有史以来最伟大革命的边缘。就像纳米技术使制造商创造新的、更精确的材料一样，基因工程也开始为医生提供新的工具，使他们能够了解和操纵病人的DNA。由此，三个非常重要的进步开始出现。

首先，基因检测会越来越多地被用于检测实际或潜在的疾病，这在目前已经成为现实了。

其次，任何患有疾病的人都可以很快接受个性化治疗。最初，大多数这样的治疗方法将通过“药物遗传学”来确定最适合每个病人个体基因组成的常规药物。然而，随着时间的推移，全新的基因疗法也将成为现实。这种疗法首先会针对病人DNA中的特殊基因突变来治疗疾病或防止其发生。

最后，遗传医学也将用于选择或改变健康人类的基因组。例如，父母将越来越能够选择他们孩子的一些生理或心理特征。人们也可能会选择修改他们的基因代码以延长他们的寿命或改变他们的生理或心理特征。我们已经习惯了安装应用程序来升级我们智能手机的功能。几十年后，我们可能同样期待医生用遗传疗法通过注射的方式来改变我们身体的参数。

人类基因组计划是未来所有基因医学的基础。这一公共资助的国际合作计划于1990年正式启动，以确定、储存和公开人类DNA中已经确定的信息。1998年，塞雷拉基因组公司（Celera Genomics）也为自己设定了同样的目标。虽然最初这造成了一些竞争，但这两个研究团队最终还是合作了。2000年，两个团队合作绘制出了第一张粗略的人类基因组草图，随后在2003年发布了一个真正完整的人类基因组序列。

第一次读到“生命之书”确实激发了公众的想象力。但不幸的是，最受欢迎的全球媒体对此期望值过高过快。人类基因组计划的完成确实是一场伟大旅程的开始，而不是结束。拥有一本“生命之书”是一回事，但要理解书中每个单词的含义却完全是另外一回事，更不用说编辑整个手稿来纠正瑕疵了。

在人类基因组计划完成的时候，科学家们也发现了许多他们意想不到的东西。首先，基因究竟由什么构成就成了问题。他们还发现基因的“表达”，或者换句话说，是“开”还是“关”，这些问题至少和基因的构成一样重要。此外，科学家们发现，每个人的基因组都是不同的，且这种不同的确有着重大意义。

基因检测

遗传医学的第一个应用是基因检测。事实上，甚至在人类基因组计划完成之前，人类 DNA 在基因编码中的筛选就已经开始成为常规。而大多数基因的作用目前还不清楚，更不用说基因组合了，目前已经有超过 1000 个基因测试可供使用。

对于那些通过体外受精怀孕的夫妇来说，在合成胚胎上进行基因测试是很正常的。这样的胚胎在植入前需经遗传学诊断（PGD），只有没有基因突变的胚胎才能移植到母亲体内孕育，从而避免患有囊性纤维性疾病、镰状细胞病、脊髓性肌萎缩症或其他各种疾病的婴儿出生。

正如大家所期望的那样，科学家们正在做大量的研究工作来深入了解癌症的遗传学基因密码。例如，2008 年，国际癌症基因组联盟（ICGC）正式启动。在大约十年的时间里，该联盟专注于搜集与 50 种最常见癌症相关的基因组变化数据。研究过程包括提取癌症病人的癌细胞和正常细胞，然后比较它们在 DNA 序列上的差异。这项工作的结果是，医生将根据它们的基因特征，而不是它们在身体的部位来检测和诊断癌症。展望未来，我们有望开发出更好的癌症治疗方法。

随着越来越多疾病的遗传特征被确定，对基因检测的需求也在不断增加，由此形成了一个数百万美元的产业，让公众可以通过互联网来预订基因测试。人们只需选择他们想要的特定测试，然后发送唾液样本供基因分析即可。

进行基因测试的技术过程现在已经简单到只需点击和提供唾液，然而，理解和应对测试结果可能远没有那么简单。因此，在不久的将来，为那些担心自己遗传密码的人提供咨询服务会变得很普遍，而有些人也可能会获得遗传咨询学位。

如今，基因检测被用来检测一种特殊的基因突变，将来个人的整个基因组序列很有可能都会被测序。人类基因组计划首次读取人类 DNA 时花了 13 年，耗资 30 亿美元。

2011 年，加州的 Illumina 公司已经在出售基因序列分析技术，该技术可以在 8 天内读取个人基因组中的 30 亿个碱基对，其费用大约为 1 万美元。事情还远不止于此。事实上，根据加州太平洋生物科学公司（Pacifi Biosciences）的说法，到 21 世纪中叶，人类基因组可以在 15 分钟内绘制完成，价格不足 1000 美元。到这个十年结束的时候，你可能只需把唾液吐到一个试管里，然后上网预约检测，就可以获得一份你自己的完整的 DNA 密码，其价格不超过几百美元、英镑、欧元甚至日元。

一些人开始谈论医学的“前基因组”时代和“后基因组”时代，这也许并不奇怪。当大多数人的遗传密码成为他们医疗记录的一部分时，对许多疾病和病因的了解很可能就会取得飞速发展。如果愿意，个人将能够规划自己的生活方式，并根据自己细胞中包含的生物蓝图选择先发制人的医疗手段。如果医疗机构地下室里的量子计算机中能够获得合理比例的未来病人的基因构造图，那么医疗机构也能更有效地规划其服务。

遗传药理学

基因测试在疾病检测和诊断方面的应用当然很好，然而，它在遗传医学方面的应用才能改善对病人的治疗，遗传医学将真正掀起下一次的医疗革命。我们将在下一节中看到，基因疗法最终将被开发出来，用以纠正病人 DNA 中的缺陷。但在此之前，遗传医学将允许使用“药物遗传学”来帮助医生从传统的医学治疗中获得最好的效果。

药物遗传学，也被称为药物基因学，主要研究基因如何影响个体对药物的反应。从医学出现的时候起，不同的人对同一种药物的反应是不同的。遗憾的是，人们通常不知道个中原因。药物基因学将允许医生根据每个病人的基因组合来选择治疗方法，从而改变这种情况。

据估计，仅在美国每年因药物不良反应（ADR）而死亡的人就有 10 万之多，另有 200 万人不得不住院治疗。这些惊人的统计数字表明药物不良反应是导致死亡的主要原因之一。药物基因学的广泛应用可使处方药物与病人的基因药物相匹配，从而使医疗更加安全，并挽救许多生命。

药物基因学还会降低医疗保健的总成本。有些药物，如赫赛汀（Herceptin，用于治疗乳腺癌）和爱必妥（Erbitux，用于治疗结肠癌）只对不到 40% 的特殊基因组成的患者有效，且每月费用高达 1 万美元。目前，医生们只能依赖于试验和错误才能知道各类药物对某类人是否有效，这不仅妨碍了病人的治疗，还浪费了资源。

药物基因学根据个人基因来确定药物剂量，而不是单纯根据体重和年龄来判定。疫苗也将有可能成为基因靶标，不同的菌株对应某些病人的 DNA 图谱。因此，疫苗接种方案的安全性和有效性将会提升。

此外，药物基因学将加快传统药物的开发和准入，并使仅适用于少数群体的药物成为可能。目前，如果一种新药在 90% 的试验案例中被证明是安全有效的，但在 10% 的情况下会引发严重的副作用，那么它将无法进入市场。然而，如果可以证明所有那些有不良反应的人都有相同的基因，那么其他人群就可以安全地服用这种药物。今天，药物必须经过开发和测试才可能让人类使用，而药物基因学一大亮点就是可以将这一非常大的药物开发障碍移除。

药物基因学很可能就是医学的未来发展方向，它说服大多数人进行个人基因组测序并储存在医疗记录中。毕竟，这将使他们的每个处方都与他们的遗传基因相匹配。然而，对单个基因组的广泛、常规的测序可能至少需要十年时间。在此之前，关键的药物基因学技术可能是“基因芯片”。

基因芯片是一个如火柴盒般大小的医学传感器。每个芯片都有一个小玻璃网格或“DNA 微阵列”。这个网格上的每个方块都包含一个特定的 DNA 片段。在实验室里，一个病人的细胞样本被喷射到微阵列上，这就导致网格上的一些方格被照亮，从而揭示了特定基因的“表达离子”（或激活水平）。通过在显微镜下观察基因芯片，医生（或者他们的电脑）可以检查病人的基因。

目前，虽然基因芯片可以从美国昂飞公司（Affymetrix）和罗氏（Roche）这样的供应商那里买到，但它们还只是非常重要的研究工具。不过，它们不久就可以成为药物基因学的诊断工具。事实上，大约 5—10 年后，利用基因芯片来分析癌症患者的肿瘤细胞或将成为司空见惯的事。患者基因芯片显示的信息将决定对其所采取的治疗方式。

如今，一些初代药物基因产品开始进入市场。例如，AssureRx 公司开发了一套被称作 GeneSightRx 的基因测试。该测试通过分析病人的基因组成来判断某些精神科药物的可能效果。医生要做的就是将一个面颊拭子送到 AssureRx 实验室，然后在网上进行测试，这样就能得到最好的治疗方案。

基因治疗

虽然药物基因学将会明显改善病人的治疗方法，但它仍然只是一种诊断，而不是直接治疗的工具。因此，只有在基因疗法进入常规临床实践之后，基因医学革命才算彻底完成。

基因治疗的目的是纠正导致某种疾病的基因缺陷。研究人员已经在研究一系列使之成为可能的技术。最常见的是将另外一种健康基因植入病人的基因组以承担缺失或不活跃的基因的功能；或者用一个健康的基因替换可能存在缺陷的基因。还有一种方法是，使用“选择性反向突变”将缺陷基因返回到以前的健康状态。此外，一些有关“打开”或“关闭”某些基因的功能的技术也正在发展之中。

有些机制可以用来将额外的或替代性的基因植入病人的 DNA。最常见的是，被称为“载体”的基因转移因子向患者的靶向细胞传递治疗基因。通常这些载体是经过基因改良并携带人类 DNA 的病毒。替代基因治疗的传递机制包括直接将治疗性 DNA 注入靶细胞，或是创造出人工脂质体。后者是能够附着在细胞表面的脂肪物质，通过将基因与脂质体结合，它们可以被病人接受并进入细胞。

虽然基因疗法目前尚未进入医学实践，但正在进行的相关试验越来越多。其中一项试验始于 2001 年伦敦大奥蒙德街医院，医生使用基因疗法治疗一个名叫里斯·埃文斯的 18 个月大的婴儿，他患有一种严重的 X 联合免疫缺陷病。这种罕见的、使人衰弱的疾病是由一种单一的突变基因引起的，并迫使其患者在无菌条件下生活，因为任何形式的感染都能致其死亡。出于这个原因，在接受治疗之前，里斯被称为“泡泡宝宝”，因为他一直被保护在密封塑料的环境中。

在开创性的治疗中，里斯的突变基因被添加了健康的对应基因组。这种疗法很奏效，十年后，他的身体仍然很好。从那以后，其他一些孩子也接受了相同的基因治疗。然而，有些人却因此患上了白血病。因此，从某种意义上说，基因疗法的人体试验仍然存在争议。事实上，2003 年，基因疗法在美国甚至被禁用了几个月。因为在此之前，一名年轻男子因接受基因治疗而死亡，他因患鸟氨酸转氨嫁酰酶缺乏症而接受了此疗法，还有报道称在他大奥蒙德街试验中发生了白血病。

学习如何改写一个人的遗传密码是一项危险的工作。然而，许多患有其他无法医治和缩短寿命疾病的人仍然愿意参加研究试验，其中包括一些患有囊性纤维化疾病的患者。这种退行性疾病影响肺、内脏、胰腺和其他器官，是白种人最常见的遗传性疾病。

囊性纤维化疾病患者缺少囊性纤维化跨膜传导调节因子（CFTR）。这意味着他们不能适当地调节自己的汗液、消化液和黏液，而且其寿命不太可能超过 35 岁。然而近年来，英国囊性纤维化基因治疗联盟（UK Cystic Fibrosis Gene Therapy Consortium）开始尝试用基因疗法治疗囊性纤维变性。患者可以使用吸入器将脂质体基因载体引入肺内。目前这一疗法虽然取得了一些进展，但病人也遭受了意想不到的副作用。因此，在这十年中，对囊性纤维变性的基因治疗是不太可能实现的，尽管未来它仍有可能进一步发展。

其他的前沿基因治疗项目也给未来的治疗带来了希望。例如，2008 年，英国穆尔菲尔德（Moorfilds）眼科医院的 NIHR 生物医学研究中心报告了一项临床试验结果，该试验采用基因疗法治疗遗传性失明。该试验涉及患有莱伯先天性黑内障（LCA）的年轻患者，这种疾病是由 RPE65 基因异常引起的。研究人员将这一基因的健康基因植入三位志愿者的视网膜。三位志愿者的视力都得到了改善且无副作用。原则上说，这一成功为使用基因疗法治疗一系列眼科疾病奠定了基础。

在动物实验中，基因疗法已经取得了更多进展。例如，得克萨斯大学的研究人员使用基因疗法来减少小鼠肺癌肿瘤的数量和体积。在华盛顿大学，通过一种细胞注射来治疗一些猴子的色盲症。与此同时，在伦敦大学药剂学院工作的研究人员用纳米粒子基因靶向疗法治疗小鼠癌症。正如 Andreas Schäzlein 博士所解释的那样，这种高度靶向性的基因疗法有望在几年内进行临床试验，应用到人类癌症患者身上。

未来基因增强

到 21 世纪后期，基因疗法有可能被用于治疗癌症、心脏病、阿尔茨海默病、哮喘、糖尿病和其他多种疾病。但在此之前，许多伦理问题需要解决。很少有人会反对使用基因疗法治疗公认的疾病。然而，一旦我们能够可靠准确地重新规划人类基因组，那么“正常”和“残疾”的问题就会变得更具争议性。

“躯体”与“生殖系”基因疗法的应用是一个颇有争议的领域。躯体细胞基因治疗的结果只会影响接受治疗的病人。相比之下，生殖细胞基因治疗赋予病人遗传特质，如果他们繁殖后代，他们就会将这种特质遗传给后代。虽然如今决定接受治疗是纯粹的个人行为，但在未来，情况恐怕并非总是如此。

当有可能进行不被广泛接受且并非医疗所必需的治疗时，围绕着生殖系基因疗法的伦理问题将会被放大。将来，如果一名囊性纤维化疾病患者接受生殖疗法治疗其疾病，并阻止其发生在后代身上，那么这就不太可能引起争议。然而，让我们假设一种美容性生殖细胞基因疗法可以改变一个人的头发颜色。一方面，个别病人可能会为他们接受这种治疗的权利而争论，他们的理由是这种疗法节省他们的时间和金钱，无须经常去染发；另一方面，反对者可能会争辩说，一个人不应该有权利改变人类的基因库，这种疗法未来可能会使一些人的头发变成蓝色、绿色或粉红色。

未来的基因疗法很可能会让人们开发出许多身体素质，而这些素质通过自然手段是无法获得的。在撰写本文时，运动员在重大体育赛事中没有被查出“基因兴奋剂”。然而，给一个人注射含有提高身体素质的基因病毒将成为可能。

一种名为“脉冲氧（Rep-oxygen）”的实验性合成病毒已经研制成功，它可以通过植入某个基因来增加红细胞的数量。这种病毒已经在老鼠身上成功地进行了测试，并计划作为未来治疗贫血的方法。然而，红细胞数量的增加会导致肌肉的氧气水平增高，因此，健康人服用脉冲氧可以激发其潜在的运动能力。在 2006 年冬季奥运会之前，有份报告称，有位教练曾试图弄到脉冲氧。

在不久的将来，可能会用基因注射法永久性地促进人类生长激素的产生。因此，随着未来的基因兴奋剂重新编程，一些运动员的身体会“自然地”产生更多的生长激素，并在血液中携带更多的氧气。这里的分歧很明显是非常重要的——如果基因兴奋剂出现在一个生殖系的水平上，那拿来使用的就不仅仅是运动员了。

另一种可怕的可能性是，在未来的人类基因治疗中使用转基因技术。正如第八章所述的那样，转基因就是在物种之间转移遗传物质。将人类遗传物质引入动物现在已经成为一种惯例，因为这种引入可以使它们在医学研究中被“人性化”。然而，这一技术可能没有理由不被反过来使用。未来，人类可能会选择动物的一些优秀特质“嫁接”到自己身上。

猎豹可以以每小时 70 英里的速度奔跑，是地球上跑得最快的动物。那么，为什么不把猎豹的相关基因分离出来并引入人体，让人类跑得更快呢？或者，为什么不借用其他动物的一些优秀基因让未来的人类有更好的夜视能力、发光的指甲，甚至是翅膀呢？这些建议听起来很荒谬，但一定有疯狂的科学家会将其付诸实践。

另外，想象一下创造一种基因治疗病毒的意义吧，它将允许人类的消化系统从某些食物中提取更多的蛋白质。未来的政府是否有理由在饥饿人口中传播这种病毒呢？在第八章中，我们探讨了转基因营养食品黄金大米的潜力，以防止盲目地给孩子提供更多的维生素 A。从利用基因改造人类的食物到改善其健康水平，从基因层面改变人类到从现有食品供应中提取更多的营养，是否真的有明确的道德界限？对于这个庞大的问题，我无法给出答案。然而，这正是未来遗传医学的发展所面临的困境。

***

创造定制婴儿

利用基因疗法治疗疾病可能还需要几年的时间，更不用说改变或增强人类能力了。相比之下，基因选择已经开始出现。正如本章一开始提到的，在特定的医疗条件下，试管授精的夫妇已经可以选择胚胎。然而，除了确保生出健康的孩子以外，为胚胎选择所期望的个性也已经开始了。

例如，美国的一个生育组织不仅允许试管授精的夫妻筛查超过400种遗传病，还可以选择孩子的性别。由于植入了想要的胚胎，该服务机构对儿童性别的选择提供了百分之百的保证。基因选择（GenSelect）公司现在在出售一套家用保健工具包，那些不想试管授精的夫妻可以用它来选择孩子的性别，其成功率为96%。一些人用新的术语将其称作"家庭平衡"。

允许父母选择孩子性别的技术的引入应该被认为是人类进化的分水岭。一些生育诊所已经具备了选择婴儿的头发和眼睛颜色的技术能力，考虑到该技术可能遭到宗教界的反对，这项服务还没有提供给客户，但这一天终将到来。越来越多的准父母们将会对人类基因库进行有意识但不受监管的改变。

在英国，已经有2%的孩子是通过体外受精出生的。撇开道德不谈，这表明人类已经开始对自己的生物遗传进行医学控制。想象一下，如果每对夫妇都突然选择了生女孩，那会怎么样呢？繁衍下一代时去除了自然的盲目性可能会带来深远的影响。

人类过去是由最适合生存的人来调节的。如果我们仍然如此，那么成为"最适合的人"的标志已经不仅仅是一个以生存为中心特征的人靠能力去吸引同伴，而是一个人在怀孕过程中所能带来的技术逻辑资源。前面谈到的很多事情也许看起来有些荒诞，甚至是错误的。然而，在一些国家，50个新生儿中就有1个是在实验室中接受了医生对自己生命的安排。所以，这里提到的任何事情都不是空穴来风。

改变游戏规则的基因检测、基因治疗和基因选择技术将很快出现在我们的生活当中。它们的应用可以迅速改变我们的物种。同时，有充分证据表明，所有遗传医学的发展都将迅速地被接受。

- 第二十二章 -
生物打印

在做关于未来研究的讲座时，我会谈到3D打印。如第六章所述，3D打印是包含一系列技术的通用术语，该技术用数字数据创建真实的、可靠的物体，其方法是一次一层把打印材料叠加起来。当我告诉听众一些公司已经开始使用3D打印技术制造塑料和金属部件时，他们常常会惊愕地窃窃私语。然而，当我接着说到活体组织也能被3D打印出来时，我至少会听到一个人发出非常明显的唏嘘声。

生物材料的3D打印目前有各种各样的名称，其中包括“人体组织打印”“器官打印”“添加细胞组装”和“生物打印”。目前，后者是最常用的术语，因此我们在此采用这一名称。尽管如此，与任何前沿科学一样，相关术语可能会迅速改变。

无论最终被称作什么，生物打印无疑具有难以置信的医学潜力，值得研究。即使未来的遗传医学再发展，对那些在事故中受伤或主要器官衰竭的人也不太可能有所帮助。今天，这样的病人在经过长时间的治疗或器官移植后可能会恢复。但是将来，医生将会使用生物打印来帮助修复受损的组织，或者创造一个替代的合成器官。哦，现在你可能已经发出了非常明显的唏嘘声。

从影印机到生物打印机

从本质上来说，生物打印只是喷墨打印过程的一种高级形式。每天，数以百万计的人会通过喷墨打印来制作文件或照片的硬件拷贝。你可能已经知道，传统的喷墨打印机以静电的方式将墨滴喷射到纸上，以产生文字或图像。碰巧的是，喷出来的墨滴大小和人类细胞的大小差不多。从理论上来说，将你桌上的墨盒替换为液体细胞培养墨盒，你就可以开始打印出薄层的活体组织了。

上述的生物打印就是生物研究先驱中村教授在十几年前试图达到的目标。作为一名日本儿科医生，中村教授痛苦地意识到多少儿童渴望器官移植。由于捐献的器官太少，他不得不眼睁睁地看着这些孩子死去。多年来，中村教授一直期盼着医学的进步，并对人工心脏和其他机械器官进行研究。2002 年，他意识到喷墨打印机有可能打印出人体细胞，于是开始使用标准的 Seiko Epson 打印机进行生物打印实验。

不幸的是，中村教授的第一台喷墨打印机堵塞了。和许多面临硬件问题的人一样，他打电话给客户服务部。当教授第一次解释他想用打印机输出人类细胞时，对方没有提供任何帮助。然而，最终爱普生公司的一名管理人员对此表现出了兴趣，并为他提供了技术支持。一年以后，中村教授成为在喷墨打印过程中幸存下来的细胞的研究人员之一。他通过在海藻酸钠中保存细胞来防止它们干燥，并将它们浸到氯化钙溶液中。

2008 年，中村教授在东京神奈川科技学院领导一个团队完成了建造实验性生物打印的项目。该项目使用两种不同类型的细胞，打印出了一个 1 毫米宽的管子，它与人类血管相似。打印机现在每分钟可以生产大约 15 毫米的生物管。中村教授希望，在未来的几十年里，他能够打印出全部人体器官的替代品。

中村教授的成就令人惊叹，但他并不是唯一的生物打印先锋。也许最值得注意的是，2008 年 3 月，密苏里大学的加博 · 福加斯（Gabor

Forgacs）教授领导的一个研究小组使用从鸡身上获得的细胞进行了生物功能血管和心脏组织的研究。该研究小组的工作依赖于从佛罗里达州微电子制造商 nScrypt 定制的生物打印机原型。这个装置有三个打印头，前两个是心脏和内皮细胞。第三个是在打印过程中使用胶原支架，现在被称为“生物纸”，来托起细胞。

与中村教授的生物打印机不同的是，福加斯教授和他的团队不是一次输出一个细胞。更确切地说，它输出的是“生物墨水”的球状斑点，每个斑点都含有成千上万个细胞。该生产过程比一次一个细胞的打印机更快，与细胞的接触更温和。此外，它还加速了生物墨球的融合。正如福加斯在 2008 年解释的那样，没有必要将一个器官的所有细节都打印出来，就像“如果你启动了这个程序，上帝就会为你做这件事”。

为了证明这一点，在被打印出来 70 小时后，福加斯的生物打印机输出的细胞被合并到活体组织中。90 小时后，心脏组织即开始像正常心肌一样跳动。

第一台商业生物打印机

福加斯成功地进行生物打印震惊了医学界。这也导致了生物 3D 打印公司 Organovo 的成立，以进一步发展该项技术。该商业公司旨在改进福加斯的第一台实验生物打印机的设计，于是有了 NovoGen MMX 生物打印机。这款价值 20 万美元的产品被誉为世界上第一台商业生物打印机，由澳大利亚 Invetech 公司生产，并由 Organovo 公司进行销售。第一台 NovoGen MMX 生物打印机在 2009 年 1 月被送到了 Organovo 公司的实验室。

Organovo 公司将 NovoGen MMX 生物打印机描述为“必备的细胞和生物材料雕刻工具”。和它的前身一样，NovoGen MMX 也有多个针形的打印头。其中第一个打印头连续不断地产出一层由胶原蛋白、明胶或其他水凝胶制成的水基生物纸。在这些层处于悬吊状态时，第二个打印头将生物墨球注入其中。与之前的 nScrypt 打印机一样，在打印这些生物墨水后的几个小时之内，它们融合到活体组织中。当细胞完全融合后，生物纸就会溶解或被小心地手工清除。图 22.1 提供了 Organovo 公司生物打印过程的说明。

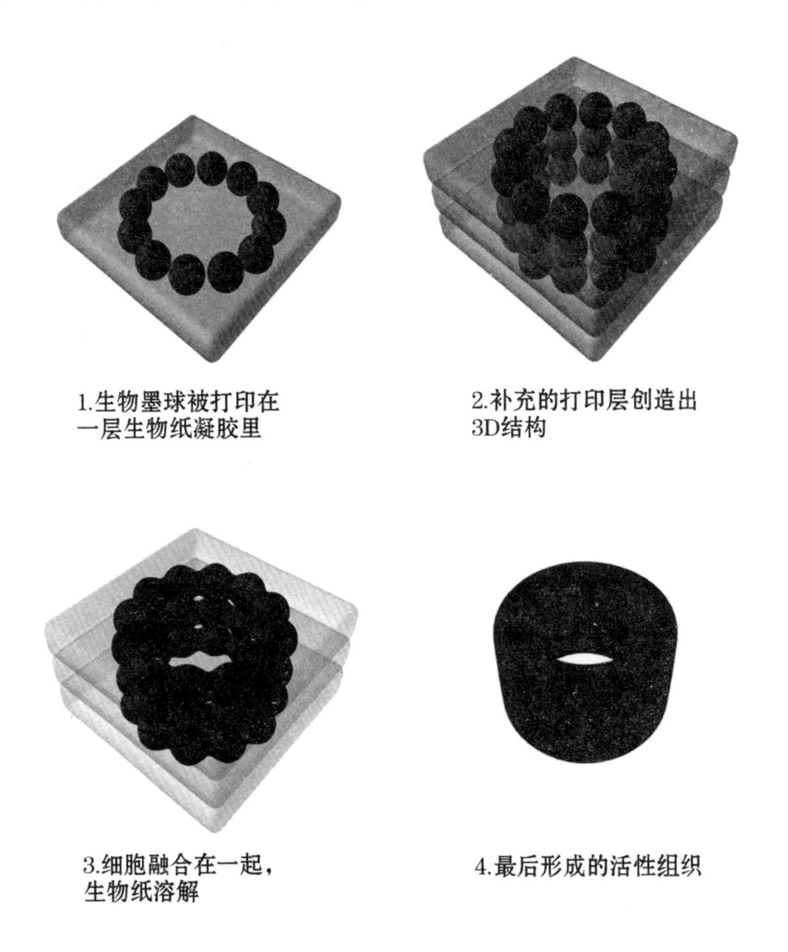

图 22.1：Organovo 公司生物打印工艺流程

据报道，NovoGen MMX 生物打印机所生产的生物墨球含有 1 万—8 万个细胞。为了创造它们，Organovo 公司是先从培养几种不同类型的细胞开始的。例如，如果目标是生物活性血管，则使用三种不同类型的细胞。它们是主要的内皮细胞（形成血管内壁）、平滑肌细胞（允许血管扩张和收缩）

和成纤维细胞（形成坚韧的结缔组织）。这三种细胞形成一种固体混合物混合在一起，放入一个细胞包装装置，将它们压缩在一根管子里，挤压得就像一种极细的生物墨水香肠。接下来，“骨料切割机”将香肠切成小块，变成生物墨球，进而转移到生物打印墨盒中。于是，微小的生物墨球就会进入打印头。这种精密的空心针可以在三维空间中移动，使每个球体的精度达到几微米。

打印出来之后，大自然会接管并促使由生物墨球组成的不同细胞进行自我重组。在没有技术干预的情况下，内皮细胞会迁移到生物血管的内部，而平滑肌细胞则会移动到中间，成纤维细胞则到了外面。在更复杂的生物材料中，复杂的毛细血管和其他内部结构也自然形成。这个过程听起来可能很神奇，但正如福加斯教授解释的，这与胚胎中知道如何转化为复杂器官的细胞没有什么不同。大自然进化出的这种惊人的能力已经存在几百万年了。一旦有了合适的地方，适当类型的细胞自己就知道怎么做。

2010 年 12 月，Organovo 公司宣布，它使用 NovoGen MMX 生物打印机制造出了首例血管，这种血管可用人工培养的人体细胞进行生物打印。因此，《时代》杂志将 NovoGen MMX 生物打印机列为“2010 年最优秀的发明之一”或许并不奇怪。

向定制器官迈进

Organovo 公司已经开始将生物打印材料植入动物体内，一些老鼠成功地接受了生物修复神经移植，未来这项技术也将用于人类。然而，Organovo 公司希望其生物打印产品最初用于制造简单的人体组织，以及用来进行毒理学测试。这将使医学研究人员能够在实验室中对肝脏和其他器官的生物模型进行测试。因此，依靠动物试验的需求将会减少。

一旦人体试验完成，Organovo 公司希望其生物打印技术能够用于心脏搭桥手术的血管移植。随着时间的推移，该公司的意图是将其技术应用到更广泛的人体组织定制甚至是器官定制。为此，研究人员现在正在研究一种微小的机械装置，来锻炼生物肌肉组织，使之强健，而后再植入人体。

虽然将来肝脏和心脏可能会被生物打印出来，但 Organovo 公司预计其首批人工器官将是肾脏。从功能方面来说，肾脏是身体中比较简单的器官之一。事实上，生物打印的第一个肾脏甚至无须与其自然副本形状相似或复制它的所有特征。更确切地说，未来的生物肾脏必须做的就是从血液中清除废物。人们期待着 Organovo 公司现有的生物打印能力能够制造出这样的生物器官。

美国南卡罗来纳医科大学的高级人体组织制造中心（Advanced Tissue Fabrication Center）是另一个具有长期目标的生物打印研究团队。该中心首席研究员弗拉基米尔·米罗诺夫（Vladimir Mironov）博士和他的同事开发了一种名为 envisionTEC 的生物打印机。就像 Organovo 公司的 NovoGen MMX 一样，它的生物打印头可以输出生物墨水的“组织球状体”和支撑支架材料，包括纤维蛋白和胶原蛋白水凝胶。然而，除此之外，EnvisonTEC 生物打印机还可以打印更广泛的生物材料，其中包括可降解的聚合物和陶瓷，这些材料用来支持和帮助形成人造器官。说不定这些材料有一天可以打印生物替代品来代替骨骼。

与此同时，哥伦比亚大学组织工程和再生医学实验室（Tissue Engineering and Regenerative Medicine Lab）的毛剑（Jeremy Mao）领导的研究小组正在研究生物打印在牙科和骨骼修复中的应用。对于一些牙医来说，对患者的口腔进行 3D 扫描，并在实验室中使用 3D 打印机来制作假体已经成为惯例。但毛和他的同事们的目标远不止于此。

在其中一项实验中，毛领导的研究小组生物打印出了一个门牙形状的网状三维支架，然后把它植入老鼠的颚骨。支架上有微小的、相互连接的微通道，其中含有“干细胞吸收物质”。在植入后仅仅 9 周，这些支架就促使形成了新的牙周韧带和牙槽骨的生长。这项研究将来可能会让人们拥有活的、生物打印的牙齿或其他支架，它们能够让身体自然长出新的牙齿。

在一个相关的项目中，毛的团队正在研究能让人们在生物打印支架周围“自然”地再生新关节的技术。三维扫描已经对几只兔子的髋关节进行了扫描，并将其用于生物打印 3D 支架，使软骨和骨头可以再生。这些支架随后注入了生长因子并植入兔子体内，取代了它们自己的髋骨。研究小组在《柳叶刀》（*The Lancet*）杂志上报道称，在四个月的时间里，兔子们都生长出了新的、功能齐全的关节，其中一些兔子甚至在接受手术的三四周后就开始行走或者新的关节处开始承受重力。

原位生物打印

前面详细介绍了一些生物打印研究。未来，它们将被允许在实验室中制造替代人体组织、再生支架和合成器官。因此，对病人来说，外科移植和植入生物机体的人体组织注定会成为一种常规的医疗实践。这将带来一个非常重要的结果，那就是等候器官捐献的名单将成为过去。对移植器官和其他组织的排斥也不再是问题，因为生物打印材料几乎总是由病人自己的细胞培养而成的。因此，基于实验室的生物打印技术将会引发一场医疗革命。不仅如此，一些研究人员已经开始尝试将该项技术提升到新的水平。

最终的未来生物打印机不是在体外打印替代器官，而是能够在原位进行修复。这意味着生物打印机会在患处或在病人体内需要的地方直接打印出新的人体组织。因此，未来的外科医生无须将生物材料移植到病人身上或植入体内，而是利用细胞或生物墨球来一次性地修复身体。

美国北卡罗来纳州维克森林大学再生医学研究所（Wake Forest Institute for Regenerative Medicine）的安东尼·阿塔拉（Anthony Atala）是原位生物打印的先驱者之一。几年来，阿塔拉的团队一直在培养人体细胞，并将它们“播种”到预建的支架上以生成合成器官。例如，该研究所通过在适当形状的模具上覆盖一层细胞，创造出了人工皮肤和膀胱。早在

2006 年，用这种方法制造的 7 个膀胱就成功地植入了人体，而且至今运行良好。然而，在预先形成的支架上培养人体组织是一个非常缓慢的过程，每个膀胱大约需要 6 周才能培养好。因此，阿塔拉的团队现在在试验一种生物打印机，以使人工组织更快地制作出来，甚至在某些情况下实现原位生物打印。

最值得注意的是，阿塔拉的团队一直在评估用原位生物打印治疗烧伤患者的可行性。在这些实验中，他们用 3D 扫描仪绘制了一些老鼠身上的测试损伤 3D 图。然后，这些图被用来指导生物打印头在伤口上喷洒皮肤细胞、凝结剂和胶原蛋白。实验系统已经相当成熟，并且能够确定哪个患处需要喷洒什么细胞以及喷洒的厚度。

阿塔拉的研究结果令人欣喜：用生物修复器治疗的老鼠的患处在 2—3 周的时间里即可愈合，而另一组自然愈合的老鼠则需要 5—6 周的时间。也有一些迹象表明，原位生物打印的皮肤比给病人进行皮肤移植带来的痛苦更少。“皮肤打印”项目的资金部分来源于美国军方，他们热衷于开发这项技术以帮助在战场上受伤的士兵愈合伤口。用不了几年，原位生物打印实验很有可能在人类烧伤患者身上进行。

使用生物打印机来修复我们身体的潜力是相当惊人的。今天，大部分手术都需要制造创口以便仪器和手指进入病人体内进行缝合、加钉固定或移植修复。手术后，患者的伤口部位需要内外愈合。

虽然目前没有可行的替代方法，但在未来几十年内，带有生物打印头的机器人手术臂可能会进入人体，修复细胞层面的损伤，并在退出时修复其进入点。病人仍需要休养几天，生物材料才能完全融合到成熟的活体组织中。然而，大多数病人在术后不到一周就可以恢复。

2011 年，《未来学家》双月刊 1—2 月号的一篇文章中，生物技术先驱弗拉基米尔·米罗诺夫设想了未来的原位生物打印技术在实践中可能的情形：一名足球明星可能会在赛季中期损伤他的膝盖，造成软骨严重损伤。在马上实施的手术中，四个内镜装置将进入他的膝盖：一个是照相机；一个是激光设备；一个是人体组织等离子体蒸发器；还有一个是生物打印头，能输出水细胞支架和从伤者身体组织小标本中培养出来的细胞。由机器人控制并在医生监督下，人体组织等离子体蒸发器将去除所有受损组织。接下来，生物打印头将在患处打印出水细胞层，并注入由激光聚合的干细胞。移除手术工具，在患处喷上一层一层的生物墨水。整个手术在20分钟内就完成了。第二天，这位足球明星的膝关节就可以完全恢复正常，并且没有疼痛。虽然这种治疗方法尚属幻想，但今天的生物技术已经迈出了第一步，引领我们走向未来。

化妆品的生物未来?

许多为一个目的而创造的技术革新最终被用于另一个目的。例如，现代的整形外科技术是用来帮助那些烧伤患者和其他遭遇恐怖事故的人重建身体和生命。然而，我们都知道，现在整形手术更多地用于美容而不是医学上的需要。当原位生物打印技术演变成常规的娴熟技术时，它的美容应用也可能会飞速发展。

几十年之后，使用生物打印机来彻底、快速、安全地改造人体是可能的。不想锻炼却想拥有大块的肌肉？那么，为什么不在当天下午去当地的生物诊所把肌肉打印在身体里呢？想去滑雪，但担心会摔断双腿？那么，为什么不把你的骨头换成碳纳米管增强的骨头呢？这些异想天开的景象听起来可能既荒诞又可怕，但它们可能只是美容生物打印的冰山一角。

随着时间的推移，专业级生物打印机可能会被创造出来，专门从事快速的、原位移除以及置换人类的面部。这样的面部打印机可以通过3D扫描让人们获得他们想要的容貌，并将其作为最终的化妆形式。人们可以通过互联网销售他们的面部扫描图，这样你就可以自主决定自己看起来要像最喜欢的哪位明星了。或者，有些人可以在20岁时接受面部扫描，并每十年重新扫描一次以保持面容的“青春永驻”。其他更有创意的人甚至可以选择自己设计自己的脸，并定期更换。

用生物打印替换面部听起来可能很可怕，连傻瓜都不会自愿去做。但值得记住的是，每年都有数百万人为了改善自己的容貌而甘愿冒手术的风险。虚荣心已经催生出庞大的业务，而且这项业务缩小的可能性不大。一旦有可能进行面部置换手术，那么至少一些疯狂的人可能会报名参加。当然，一旦他们成功地接受了治疗，我们可能就不知道他们是谁了。

***

这是一台弗兰肯斯坦[①]机器吗?

有些人已经担心，生物打印机会变成“弗兰肯斯坦机器”，让疯狂的教授们在他们的地下巢穴中设计和制造非自然生物。在缺乏有效监管的情况下，这种担心也并非完全没有根据。然而，更合理的说法是，生物打印机将被视为未来医生和手术机器人所使用的更“自然”的技术之一。生物打印器官和人体组织通常是由病人自己的细胞培养出来的。因此，大多数未来的生物打印机可以被认为是修复和自我修复自然过程中的辅助工具。

生物打印机是一种非常新兴的技术，我们还有很多时间来考虑其影响深远的未来应用。十年或更久之后，日常的生物打印也不会被神奇地隔离。首先，生物打印很可能会开花结果，像广泛的基因检测和药物遗传学崭露头角一样，并且像人类的第一个基因疗法一样开始普及。正如我们将在下一章看到的，生物打印机还将与一整套全新的控制性假体一起成为我们日常的医疗装备。

① 小说《弗兰肯斯坦》里的人物。该小说是英国作家玛丽·雪莱在1818年创作的长篇科幻小说，讲述了热衷于生命起源的生物学家弗兰肯斯坦利用不同尸体的各个部分拼凑成一个巨大人体，以及这个巨大怪物获得生命后所引发的一系列诡异事件和命案。

在未来的几十年里，个人和我们的种族选择修复和增强人类形态的方式可能相当多。如今，许多技术辩论都以获取和连接在线资源的可用手段为主。但到2030年，我们可能会更加痴迷于现有的用于修复和重新设计自己的方法。

第二十三章
控制性增强

在撰写本书的时候，我被诊断出有一个小的疝气。我永远都不会知道在写作这么多话题的一本书和得这个病之间是否有任何关系！然而，即使不是未来学家，我也能预测到我很快就会接受手术。手术将包括将一对聚丙烯网塞进我的腹部以牵制我的肠子。随着时间的推移，新的组织有望在这些网格中生长。除非我属于身体排斥塑料型的患者，否则这些纯人造支架将会在我的余生中成为我身体的一部分。

在世界范围内，每年有几十万人在疝气手术中被植入一些塑料网格，还有数百万人在白内障手术中接受人工晶体植入、骨头上有金属钉、置换人工髋关节，或在心脏中植入塑料瓣膜。有些人还接受了更为复杂的技术，包括耳蜗植入和起搏器植入。另外还有数以百万计的人使用牙锉、牙冠或假牙。总的来说，每年都有相当数量的人开始拥有一个不完全有机的身体。

自然和人工融合的生物，在技术上被称为半机械人。在任何动物身上施加人工技术不但提高了其能力，而且改变了其本质。当然，补牙或在疝气的网格上打钉可能不会对人造成很大的影响（尽管它可能会引起一些金属探测器的注意）。然而，未来的网络增强将使人类和机器之间的界限越来越模糊。从最广泛的意义上来说，本章谈的是有关我们人类控制论的演变过程。

当“半机械人”这个词被提出来的时候，人们常常会想到某种未来的超级战士，它那可怕的机器人身体里装进了人的大脑。毕竟，这种令人恐惧的半机械人出现在科幻小说里已经几十年了。提到半机械人，《星际迷航》里的博格人、《神秘博士》里的赛博人就浮现脑际。然而，随着这一章的开启，我们希望人类身体的修复和增强已然成为一种“自然”的医学实践。因此，绝大多数未来的半机械人将是家庭成员或另一种公民，而不是可怕的怪物。

到21世纪下半叶，大多数人的身体里可能会拥有相当复杂的控制性增强装置。随着科技的进步和人们观念的改变，一些人甚至可能开始积极主动地寻求“升级”他们的血肉之躯。反过来，这可能会在“后人类”和其他普通人之间划出界线。同时，随着基因药物和生物打印技术的进步，控制性增强将会是一个更广泛的社会现象，不容忽视。

假体的未来

从长远来看，人类身体的每一部分都有可能被人工替代物取代。唯一例外的可能就是大脑。随着时间的推移，许多人体器官的替换可能会从患者自身细胞的培养中进行生物活性化，甚至可能在原位构建。然而，生物打印技术还没有离开研究实验室，相反，由塑料、金属和其他无机成分制成的人工身体部件已经成为快速发展的现实。

控制性增强可以分为具备信息处理能力和不具备信息处理能力两种。直到最近，几乎所有的假体都属于后者。将来，人工髋关节、牙齿、心脏瓣膜、疝网等也可能会保持“愚钝”状态。考虑到所有这些设备都只有一个简单的物理功能，这也合情合理。在不久的将来，生物和非生物的3D打印能够为每个病人量身定做更好的“愚钝”假体。例如，未来的髋关节可能是3D打印的，与患者自然骨骼的核磁共振扫描相匹配。然而，在原位生物打印技术成为常态之前，这种治疗方法还只是纸上谈兵。

与此相反，有信息处理能力的控制性增强似乎发展迅猛。例如，未来，越来越多的人工假体很可能是智能设备，将被佩戴者控制。

从本质上说，人类有两种控制手、胳膊或腿的方法。第一种是用身体动作，比如耸肩，来拉动机械地移动假体的电缆。虽然这比没有好得多，但这种身体驱动技术并不复杂，因为它不依赖信息处理。然而，更高级的假体是通过肌肉发出的信号来控制电子肢体或手。

肌肉控制假肢的先驱是苏格兰的触摸仿生（Touch Bionics）公司。他们的一个获奖产品被称为“i-LIMB Hand”。这是由5个独立数字驱动、由“肌电”控制的第一个假肢设备。该技术从佩戴者皮肤表面的电极上提取肌肉信号并用这些信号来激活伺服电机。i-LIMB Hand由高强度但重量轻的塑料制成，看起来就像真人的手一样。

肌电假肢的设计师们不可避免地面临着挑战，即用相对较少的肌肉控制许多运动。为了解决这个难题，芝加哥康复研究所的仿生医学中心开发了“靶向肌肉神经移植再生术（Targeted Muscle Reinnervation，TMR）”。在靶向肌肉神经移植再生术中，截肢后的四肢神经被转移到身体的另一部分。例如，外科医生可能会将被截肢的手臂神经重新植入病人胸部左侧或右侧的尺骨、肌皮、正中神经和桡神经。随着时间的推移，当病人试图移动他们截肢的肢体时，相应的胸部肌肉会收缩。连接在这些胸肌上的电极可以让患者仅仅通过意念就能控制假肢。

前美国海军陆战队队员克劳迪娅·米切尔（Claudia Mitchell）就佩戴着靶向肌肉神经移植假肢。她在一次摩托车事故中失去了一只手臂，并在2007年安装了定向肌肉神经控制的人工肢体，现在克劳迪娅的活动速度比以前使用传统假肢时快四倍。为了把她的断肢神经末梢改接到她的胸部，她也做了“感觉神经移植术”。这意味着她左边胸部的触觉就像是来自她的断肢。未来有望利用克劳迪娅的人造手上的触觉传感器将信号传回到她的再生神经。这可以让克劳迪娅和其他病人通过控制性假体获得精确的触觉和温度反馈。

另一个研究先进的可控假体的组织是美国阿尔弗雷德·E. 曼生物医学工程基金会（Alfred E. Mann Foundation for Biomedi-cal Engineering）。他们正在开发仿生神经元或“进化控制”技术。与肌肉的肌电传感器相反，仿生神经元是一种微芯片，可以植入到肌肉中去接收来自大脑的信号。这些电脉冲被用来控制假肢。到目前为止，由植入神经元控制的双腿和双手实验已经在进行。

仿生耳朵和眼睛

改变神经路线以及将人造假肢与身体连接是一个极其复杂和昂贵的研究领域。出于这个原因，媒体有时将克劳迪娅·米切尔称为“350 万美元的女人”。幸运的是，现在其他形式的控制性假肢要便宜得多，甚至成了常规性选择。

最常与人体相连的电子设备是人造耳蜗。传统的助听器无法让失聪者恢复听力，但这种人造耳蜗却可以做到。在外科手术过程中，一系列电极被植入失聪者的耳蜗，将电脉冲传递给听觉神经。一种连接电极的接收刺激装置也被植入失聪者的皮肤下。植入人造耳蜗的人会佩戴一种与植入技术相连的小装置，使他们恢复听力。20 世纪 80 年代中期，第一代商业化的人造耳蜗进入了市场。从那时起，全世界已经有 20 万人安装了人造耳蜗。

人造耳蜗植入技术已经是一项成熟的技术，近几十年来许多研究团队转移方向，一直在努力创造一种可行的仿生眼。功夫不负有心人，现在他们的辛劳开始有了回报。加州重见光明（Second Sight）公司研发出了两种视网膜植入物，分别名为“Argus16”和“Argus II”。该技术已经使外层视网膜变性患者（如色素性视网膜炎）的视力有所恢复。这个完整的系统包括一个带腰带的电源包，安装在眼镜上的一个微型相机和一个发射器、一个被固定在眼球内壁的植入型接收器，以及视网膜植入物本身。

让人重见光明的视网膜植入手术使用一种与人类头发一般粗的微型针，以外科手术方式将植入物固定在病人的视网膜上。植入手术成功后，病人照相机的图像就会传送到植入他们眼球的接收器上。一根细小的电缆将这些信号传送到视网膜植入物中，在那里它们会产生电极阵列并发射电脉冲，从而在视网膜中产生反应，并被自然地传递到视神经。随着时间的推移，患者可以学会将视觉模式转化为有意义的图像。

第一代 Argus16 植入芯片只有 16 个电极阵列。与人眼的 1 亿或更多的光感受器相比，这是一个很小的数字。然而，Argus16 确实证明了这一概念的正确性。第二代 Argus 将电极阵列增加到 60 个。使用这个系统，病人可能会认出字母。在 2011 年，第二代 Argus 的初期试验非常成功，并作为世界上第一个商业化的视网膜植入物进入市场，当时的价格是 10 万美元左右。之后，重见光明公司与六个国家实验室、四所大学和一个商业伙伴合作，在第三代植入物上植入 240 个电极。第四代植入物计划植入 1024 个电极，有了这个数目的电极，病人的视力就可以达到黑白视觉水平。仅在美国，就有 10 万人患有色素性视网膜炎，还有 1000 万人患有视网膜变性疾病。由此可见，这一技术的潜在好处显而易见。未来，数以万计或数十万计的电极视网膜植入物或许可以像今天的人造耳蜗一样得到广泛使用。

连接到大脑

耳蜗和视网膜植入都使用人类神经系统向大脑发送信号，而电流的肌电传感器和生命元植入物有效地接收来自大脑的信号，并利用这些信号来控制身体的人造部分。总的来说，这些技术意味着人类大脑可以与计算机和其他人工技术直接连接起来。到 2030 年，接受第五代或第六代视网膜植入的人可以通过直接或无线方式将其视觉输出与植入物连接起来看电视或使用电脑。事实上，已经有 MP3 音乐播放器通过这种方式直接与人工耳蜗对接。

如果可靠、安全的脑机接口技术（BCI）能够开发出来，那么很可能由此产生许多新的产品和服务。首先，增强大脑内部的额外记忆和计算能力变得可能。所有储存在互联网上的知识都可以利用合适的脑机接口技术植入人脑。随着 GPS 设备的植入，人们也可能永远知道这些知识所存储的位置。

未来，脑机接口技术甚至可能允许直接将人的思想在计算机上来回传送，记忆可以被储存、上传和修改。虚拟和增强现实在所有五种感官中都能完全真实地被感觉到，这样就没有人再去摆弄3D电视了。当许多人可以用机器来连接他们的大脑时，人们利用植入的“心灵感应芯片”甚至可以直接分享他们的想法并共同思考同一问题。

上述场景都不太可能在短期内发生。因此，在复习的几周里，希望将记忆卡插到颈部后侧的学生将会感到失望。然而，上面所强调的其实是，为什么直接将人脑与计算机系统连接起来的主题现在受到了如此多的关注。

脑机接口技术的早期实验可以追溯到第二次世界大战。自那时以来，这方面进展很大程度上是零星的、不平衡的，但在过去的十年中，已经取得了一些令人欣喜的进展。最值得注意的是，大脑入口神经接口系统已经创建。该系统有100个4毫米 ×4毫米的电极阵列可以与大脑接触，还有一个被植入皮肤但分布在头骨表面的无线颅内装置。目前，需要很多电脑来解码和解释植入物的脑波信号。

从美国布朗大学独立出来的Cyberkinetics公司于2002年创建了大脑入口神经接口系统。从那时起，这项研究开始蓬勃发展，一个合作研究团队正在开发大脑入口系统。该团队由来自许多大学和医疗机构的研究人员组成，得到了来自美国军方、美国国家科学基金会和许多其他机构的支持。大脑入口系统研究团队的目标是重新连接残疾人的大脑和四肢，从而恢复沟通、移动和独立的能力。为此，在2008年，匹兹堡大学的安德鲁·施瓦茨（Andrew Schwartz）领导的一个小组将大脑入口系统嵌入猴子的运动皮层，使得这只灵长类动物学会了通过控制机械手臂来吃东西。

在大脑中植入电子传感器可能会提供令人惊叹的未来医学可能性，然而不幸的是，仍有许多实际的挑战需要克服。尤其是当一组传感器通过外科手术被植入时，通常会造成瘢痕。这就阻止了神经系统发送信号，从而导致传感器阵列失灵。因此，只有等到合成生物学或纳米技术生产出了人体更能接受的新型有机传感器之后，外科植入的大脑入口神经接口才能得到进一步发展。另外，将来遗传医学的发展可能会让人类的大脑生长出自己的生物大脑入口神经接口。

EEG 脑机接口

虽然直接与大脑进行电子连接很难，但通过使用外部传感器来读取脑电波模式可以避开这一难题。通过这种方法，许多研究人员使用脑电图描述器（EEG）来创建大脑入口神经接口，从而让人类测试主体能够控制机器人和其他机器。在 2010 年 6 月，美国东北大学的一组本科生在网上利用这种技术通过意念成功地控制了一个机器人。基本技术真的开始变成小孩子的游戏了。

随着时间的推移，脑电图描述器控制设备可能被用于控制人造关节。瑞士洛桑联邦理工学院的研究小组已经建立了一个意念控制轮椅，为控制人造关节埋下了伏笔。轮椅的主人戴着一个盖帽式传感器阵列以读取他们的大脑活动，然后由一个名为“共享控制”的人工智能系统处理。正如实验室助理米歇尔·塔维拉（他亲自操控过轮椅）所说：“当我想左转的时候，我想象着活动我的左手。这一切都非常自然和迅速。我可以在大约一秒钟内发送命令。”

令人惊讶的是，塔维拉只用了几个小时就学会了使用意念控制轮椅。因此，我们有理由相信，基于脑电图描述器的脑机接口将成为一种常见的手段，不仅可以控制轮椅和人体假肢，还能控制一整套其他设备。事实上，首批个人脑电图描述器接口已经进入了市场。

例如，美国加州旧金山的神经科技公司（Emotiv Systems）正在销售一种 Emotiv EPOC 意念控制器。它可以用来控制电脑应用程序，包括街机游戏乒乓球、大脑构造师和绝地心理训练师。对于那些想进行进一步试验的人，还可以使用开发者耳机和软件工具包。

另一个希望使脑电图描述器接口成为大众商品的先驱是美国 Neuro Sky

公司。这家公司开发了一种叫 Think Gear 的技术，用于感知和调整脑电波模式。正如该公司所称："我们的任务是在医疗生物传感器方面创造一个范式转移，让它们走向医院外的广阔市场。传感器小巧、快捷、可移动、操作简单，可用于游戏、运动员、病人……这个飞跃需要对这种神奇背后的基础神经科学和工程学有所了解。"

虽然 Neuro Sky 公司的大部分工作都是为了支持工业和学术客户，但该公司已经专为消费者市场生产了一款脑电图描述器脑机接口耳机，其商标为 MindWave 和 XWave。MindWave 耳机可以用来控制一个自定义视频播放器。作为 XWave 的卖点，该设备为 iPhone 提供了脑电图描述器大脑接口。兼容的应用程序包括脑波视觉化器、注意力和冥想训练器，以及游戏《心搏》（*Tug of Mind*）。你可以在 plxwave.com 上了解更多有关 XWave iPhone 的应用程序。

考虑到第一代的硬件已经在销售，脑电图描述器大脑接口很有可能在十年内像触屏和鼠标一样普及。用不了多久，我们可能只需提供意念来撰写我们的推文和电子邮件，并控制 PowerPoint 的演示风格。接下来的问题可能是：将所需的脑电图描述器用无线的方式植入到皮肤之下而不是装在耳机上会不会更方便呢？这种操作可能相当安全，至少在未来十年，一些人将会选择比较方便的嵌入式传感器。

寻找增强

通过磁性感应芯片、神经元或嵌入式大脑接口控制的人造肢体必定会改善一些人的生活质量。未来的耳蜗和视网膜植入物，甚至脑机接口技术也是如此。尽管如此，目前大多数人都不太可能选择用自然的身体部件来换取人工的替代品。但很快这种情况可能改变。就像整容手术已经从一种医疗必需项目发展成为大众消费行业一样，到 2030 年，一些人可能会有意识地选择用机械来将自己的身体装备起来以提高体能。

有些人已经舍弃父母给的身体部件而选择仿生身体部件。例如，在2010年，维也纳医科大学的一名患者成了第一个选择截肢的人，他的手被磁性感应芯片控制的机械手替代。这个人的手因工伤事故完全失去了功能。因此，他有充分的理由用失去功能的肌肉和骨头换取至少有部分功能的塑料和金属。他的这一决定可能会被载入史册成为人类进化的里程碑。

也有些人自愿选择将电子植入物添加到健康的身体中。最著名的例子也许是世界著名的控制论研究专家凯文·沃里克教授，他在两种场合中选择了提升自己。在一项被称为“Cyborg1.0”的初步实验中，沃里克教授在他的前臂上植入了一个硅芯片应答器，这使得他可以在他的大学部门内操作门、灯和加热器。在一个名为“Cyborg 2.0”的更加雄心勃勃的项目中，沃里克教授接受了一次相当大的手术，在左臂的正中神经中植入了一个有100个电极的电极阵列。这个神经接口使他能够控制电动轮椅和人造手。植入物也是生物定向的，所以当信号反馈到沃里克教授的电极阵列时，他能够感觉到。当第二个阵列被植入教授妻子的手臂时，这种双向功能进一步得到了验证。这两个阵列被连接在一起后，沃里克教授及其妻子体验到了对方所感受到的痛苦。

今天，沃里克教授已经成为一名令人崇拜的偶像，他激励其他人跨越电子人的界限。事实上，我的一个本科学生曾经问过我他的联系方式，以便申请自己想植入的芯片。虽然这个特别的年轻人在这件事上一无所获，但其他人不太可能对未来感到失望。正如已经指出的，直接大脑植入物未来会给身体健全的人和残疾人提供各种可能性。因此，我们有理由相信，针对消费者的大脑植入产业将应运而生。

今天，许多人花大量的时间在电脑上，或工作，或休闲。虽然大多数现代屏幕和界面都很实用，但不宜长期使用，而且几乎肯定会导致眼睛疲劳和其他健康问题。因此，如果我们不用生物眼睛和双手，而是通过直接的大脑接口进行一些基于计算机的互动，这对许多人的长期健康来说是有益的。随着时间的推移，医生甚至可能会积极地鼓励一些病人将电脑接口通过外科手术的方式安装到身体上。

将来，希望从事某些工作的人也需要接受特殊的控制性增强。例如，士兵可能需要视网膜、视神经或大脑植入物来提供战术上的增强现实读数能力和夜视能力。他们也可能被赋予更敏捷、更强壮的四肢，就像 20 世纪 70 年代的电视剧《六百万美元男人》（*The Six Million Dollar Man*）中的史蒂夫·奥斯汀（Steve Austin）那样。同样，外科医生本人也可以通过神经端口来增强自己的能力，神经端口使他们能够直接与机器人手术器械进行对接，比如原位生物探测仪。对外交官、政界人士和全球企业高管来说，语言翻译大脑植入物也可能是必要的。许多管理者也可能会选择增强型大脑植入物来提高他们的脑力，从而提高他们的竞争优势。

也许最需要控制性增强的工作人员是深空宇航员。正如第十五章所讨论的，人类并不十分适合在地球轨道以外进行太空旅行。因此，按控制论方案替换了身体部件的混合人类将更能轻松地执行火星和其他更远地方的旅行任务。这些混合人喜欢原始的动力，因而对氧气、食物和水的需求会大大减少，他们还具备在长途旅行中冬眠数月或数年的能力。

***

后人类半机械人?

一个半机械人可以定义为自然和人工技术的综合产物。如此说来，人类文明的整体其实就是一个半机械人。几乎所有生活在发达国家的人都依赖于各种各样的人工系统和基础设施来维持我们的生存。尤其是，充足的水、食物和电力供应是生存的前提，而这个前提是大多数个体无法控制的。我们生活的许多方面都依赖于互联网云。用人工技术直接提高我们的体能和改善我们的生活可能被认为是正在进行的进化过程中的“自然”延续。

几十年来，电影和电视节目都把半机械人描绘成用大量闪亮的金属和塑料混合而成的人类，当然更少不了大量的发光二极管。然而，我们知道事实并非如此。当新一代机器人诞生时，生物和技术之间的界限就会消失。事实上，也许我们未来的控制性增强的最大推动力将是即将到来的工业向有机制造和医疗技术的过渡，这些技术将与我们的身体无缝对接。后人类的半机械人看起来不再像《星际迷航》中由塑料和电线构成的博格人。当然，如果我们的后代选择那样的形式就另当别论了。

随着基因医学、生物技术、合成生物学、计算机和纳米技术的发展，控制性增强只是那些注定要改变人类的革命性技术之一。这一系列推动人类进化的开发将会带给我们什么，目前尚不清楚。然而，有一件事是确定的，那就是人的寿命会延长。因此，下一章将深入探讨生命延长的梦想。

- 第二十四章 -
延长寿命

多年来，人类的平均寿命一直在增加。早在 1900 年，大多数人的寿命都在 35 岁左右，婴儿死亡率非常高。到 20 世纪末，全球人平均寿命几乎涨了一倍，达到 67 岁。近年，世界银行报告说，日本人的预期寿命是 83 岁，英国是 80 岁，美国是 78 岁，中国是 73 岁，印度是 64 岁。预期寿命最低的国家是津巴布韦，仅为 44 岁。

在可预见的未来，发达国家的平均寿命肯定会继续增加。这主要是得益于前文概述的医学发展。只要保持良好的心理健康，大多数人的寿命都有望延长。然而，当我们的人均寿命远超 70 岁的时候，我们需要在生命的数量和质量之间找到平衡。同样不可避免的是，面对快速老龄化的人口，退休年龄和对老年人的态度必须改变。

本章将从两个不同的层面来探讨生命延长这个主题。在很大程度上，本章谈论了每个人生命延长的可能性。更广泛地说，本章研究了延长个体寿命对更广泛文明的影响。对于任何一个人来说，利用一切可能的方法来延长寿命可能是一种明智而完全可以理解的行为。然而，对我们整个物种来说，对生命延长的大规模追求可能是一种危险的游戏。

桌上的扑克牌

延长寿命这一普遍现象由来已久。有些人可能还在抱怨 20 世纪所有那些科学进步所带来的影响。诚然，在过去的一百年里，我们已经学会了以前所未有的方式进行杀戮，但与此同时，我们也变得更善于照顾自己了。

在过去的几个世纪里，完善的卫生设施使现代化的城市得以幸免于那些经由水传播的疾病，而就在几代之前，这些疾病曾经困扰了数百万人。机动化的交通工具和家用电器替代了日常生活中大部分繁重的劳动，从而减少了对我们身体的消耗和折磨。此外，疫苗在许多国家几乎消灭了许多危及生命的疾病。抗生素、先进的诊断方法和改进后的外科技术也在将人类平均寿命提高到目前的水平上发挥了作用。

展望未来，我们很可能处在另一场生命延长革命的边缘。首先，改善后的卫生条件和更广泛地实施现有的医疗技术，可能会延长许多发展中国家人口的平均寿命。饮食和生活方式的改善也是在个人和人口水平上延长生命的因素。然而，对于那些有钱人来说，遗传医学、生物技术、控制性增强和纳米技术的医疗保健将是迄今为止最令人震惊的生命延长工具。

虽然许多技术力量可能都在行动，但它们的相互作用和相互依赖实际上仅仅将 5 张扑克放在了任何一个参加生命延长游戏的选手手中。如图 24.1 所示，可供选择的方法包括饮食抗衰老、生活方式最优化、疾病治疗和预防、生物重新编程及器官修复和更换。前两种方法已经成为大多数人的选择，而后三种方法则依赖于重大的科学技术进步。接下来我们将依次探讨每个可用选项。

饮食抗衰老

吃得更好的人往往活得更久、更健康。面对这一事实，西方一些国家可能确实正在经历一场肥胖流行病。然而，现在也有越来越多的人在积极追求饮食抗衰老。这包括改善饮食、补充营养和其他物质。

大多数人都知道，他们可以通过吃好的食物来提高他们的健康水平，延长寿命。许多国家的政府鼓励国民每天至少吃五种水果和蔬菜。这样做的人会比那些不这样做的人平均多活一两年。

除了食用更健康的食物外，现在也有一些证据表明，某些特殊食物的摄入可能会使人延年益寿并在老年时享受高质量的生活。因此，生命延长基金会报告称，抗衰老和再生药物已经成为全球增长最快的医学领域。

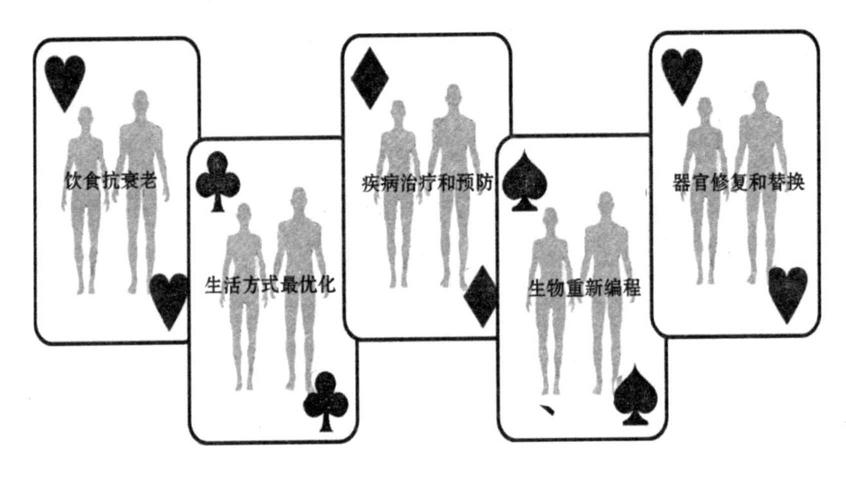

图 24.1：生命延长扑克

目前流行的抗衰老补充剂包括：白藜芦醇、类固醇激素孕烯醇酮、氨基酸衍生物肉碱、抗氧化维生素和钙补充剂。在动物实验中，其中一些已经达到了抗衰老的效果。

例如，2010 年 10 月，一队意大利学者表明，混合氨基酸使老鼠的平均寿命提高了 12% 左右。弗拉基米尔·史古拉乔夫（Vladimir Skulachev）是莫斯科国立大学生物能学系一位长期从事抗衰老研究的研究员和博士，2010 年 9 月，他声称已经开发出一种抗氧化药物能够显著延长人类的寿命。根据这位博士的说法，再经过几年必要的测试，他一定能够确切掌握药效。

除了吃得好和服用补品外，一种科学支持的延长健康生活的方法是采用热量限制和最佳营养（CRON）饮食，其中包括将卡路里的摄入量降至低于正常水平的 20%—40%，同时还要摄入必要的维生素和营养素。研究已经证明，这一方法能够减缓干细胞的退化，减少癌症的发病率。热量限制和最佳营养饮食法延长人类寿命的确切程度还有待科学家们去研究，然而对一些动物的研究已经表明，这一方法能够使其寿命延长40%。

人类有机会通过改变膳食来延长平均寿命。未来我们需要更多地在当地提供食物，这也可能迫使饮食改变，从而提高健康水平和人均寿命。与此同时，基因疗法、生物制品、控制性假体和其他医疗创新的出现可能会让更多的人相信，他们吃什么并不重要，因为未来的医生总能够治愈他们的病。因此，从人口层面上来说，靠饮食延长寿命仍然是一个很大的未知数。

生活方式最优化

像其他机器一样，人体磨损的速度在一定程度上取决于其得到的待遇和维护的程度。或者正如某个网站巧妙指出的那样，战胜衰老的最好方法就是停止损害自己的健康，主要措施包括减少饮酒、停止吸烟和进行足够的锻炼。大家都知道这些措施，但不是每个人都能做到。因此，人类行为的大规模变化可能对全球预期寿命产生重大影响。

几项研究表明，经常锻炼可以延长人的寿命。例如，据报道，65岁以上的人群中，爱活动的人比不爱活动的人平均寿命长5.7年。2009年发表在《柳叶刀》上的一项研究也表明，肥胖会使人的预期寿命缩短2—4年，而过度肥胖则会使寿命缩短8—10年。一些研究甚至声称，肥胖可能减少寿命20年。虽然全球平均寿命在增加，但目前还有一些人可能比他们父母的寿命还要短。

在大部分人类历史中，预期寿命与获取资源（例如良好的饮食、卫生和医疗）的关系最为密切，而不是个人选择利用这些资源。因此，在全球人均寿命增加的情况下，一些人选择的生活方式将显著地减少他们的预期寿命，这是很奇怪的事。遗憾的是，我们生活在这样一个世界里：公共资金必须花在购买救护车上，以便把那些肥胖者送到医院去。

疾病治疗和预防

在整个20世纪，帮助治愈和预防疾病的传统医疗保健得到了改善，这对延长寿命是至关重要的。进入21世纪，随着医疗实践进入一个新时代，这种情况也很有可能继续下去。基因检测和遗传疗法对许多目前致命疾病的检测和治疗有着特殊的前景，而遗传药理学将在几十年内使癌症治疗实现个人靶向治疗并取得更大的成功。从长远来看，治愈癌症的基因疗法也有可能被创造出来。几项研究已经证明，抗氧化剂（如N–乙酰半胱氨酸）能够有效地排除毒素，增强免疫系统和治疗癌症。正如抗生素是20世纪上半叶医学上的突破一样，治愈癌症的方法很有可能成为21世纪上半叶医疗保健的分水岭。

基因疗法也有可能在治疗其他目前的致命疾病方面取得显著效果，如心脏病。例如，再生干细胞很有可能被用来治疗心脏病患者，修复他们的心肌组织。干细胞在成功治疗帕金森病和阿尔茨海默病等疾病中可能具有不可估量的价值。

疾病的治疗和预防不仅局限于上市的新药和量身定制的基因疗法，纳米技术也可能发挥重要作用。在接下来的几十年里，纳米机器人将被植入到患者体内，用以检测特殊的疾病，或者在细胞水平上实现靶向给药。然而，在更遥远的未来，纳米机器人可能会被用来增强我们的自然免疫系统。这些微小的机器人在我们的血液中不断游走，搜寻感染和突变的细胞。纳米机器人会在任何一种传统疾病出现之前就把它们当场摧毁。

虽然人类的免疫系统在不断的疾病控制和自我修复方面做得很好，但对抗某些病原体的能力很有限。这就要求医疗技术能够维持目前达到的预期寿命水平，如果能提高预期寿命那当然就更好了。在追求长寿的过程中，大多数未来的基因疗法只有在病人开始出现某种疾病症状时才会奏效。因此，增强性纳米技术免疫系统的前景是，医疗技术在我们体内能够持续地进行干预以防止疾病的发生。我们最终的控制性增强可能是一种自我维持、自我复制的人工免疫系统，而该系统的管理不过是一次简单的注射而已。

生物重新编程

纳米技术免疫系统未来的路还很长。然而，还有其他几种尖端技术可以用来延长寿命。例如，基因疗法可以通过重新编程我们的基因代码来减缓甚至“修复”衰老过程。

考虑到所有的成年人都是从胚胎成长起来的，并且通常健康地生活了几十年，很明显，人体有能力创造其部件并让它们恢复活力。因此，我们面临的遗传“问题”是诱导我们的生物体不要停止其自然的再生过程，或者正如惠特克健康研究所的朱利安·惠特克（Julian Whitaker）博士所说：“当我们身处母亲的子宫里时，成千上万的基因在那个环境中协调我们的成长。出生后，这些基因自然被关闭，其他基因被激活，为我们的生长发育提供合适的基因方向；然后在25岁左右，我们的基因开始关闭。这种遗传力的丧失如同衰老过程一样逐渐消失，直到我们死去。”

如果我们能够重置我们的“再生时钟”，将我们的再生基因重新启动（或者起码阻止它们关闭），那么理论上我们可以控制甚至阻止“自然”的老化周期。虽然这听起来不太可能，但基因抗衰老研究已经进行很多年了。例如，早在1993年，研究人员辛西娅·凯尼恩（Cynthia Kenyon）就发现，蛔虫体内的daf-2基因控制了它的寿命。通过改变蛔虫1.9万个基因组中的一个基因，她成功地使蛔虫的寿命增加了一倍并改善了它的总体健康状况。因此，通过基因改良来减缓生物衰老的过程已经不是空穴来风。

几项研究表明，通过激活端粒酶，可以减缓甚至逆转哺乳动物的衰老，端粒酶能保护DNA中染色体的尖端。例如，2010年11月，哈佛医学院的罗纳德·德·皮尼奥（Ronald De Pinho）发表了一份研究报告，阐明了对一些被剔除了端粒酶的小鼠所进行的研究。起初，这些啮齿动物迅速衰老，行将死去。然而，皮尼奥的研究小组在实验进行到一半的时候，用压注化学溶液激活灭活酶，再次改变小鼠的基因。当他们用这种基因控制方法将小鼠恢复到正常的端粒酶水平时，它们的快速衰老发生了显著的逆转。这些小鼠不仅恢复了生育能力，它们的脾脏、肝脏和肠道也从先前退化的状态中恢复过来。他们甚至观察到，端粒酶恢复到正常水平的小鼠的大脑细胞出现了再生。正如皮尼奥所言，这表明“与年龄相关的疾病会有一个回归点”。或者换句话说，“自然”的衰老过程可能有一种基因控制的倒退装置。

像皮尼奥这样的研究受到许多人的称赞，因为它证明了端粒酶增强作为人类抗衰老疗法的潜力。然而，其他科学家同时表现出了很大的担忧，因为端粒酶常常会在人类患上癌症时发生变异并帮助肿瘤生长得更快。端粒酶的支持者反驳说，体内的酶浓度越高越能减少 DNA 损伤，从而防止健康细胞发生癌变。我们还不知道哪一方是正确的。然而，在接下来的几年里，我们会经常听到更多关于端粒酶及其潜在抗衰老应用的话题。

最近由生命延长基金会部分资助的研究表明，来自干细胞的基因可以用来减缓或阻止其他细胞的老化，这是延缓衰老的另一种方法。生物时代公司（Bio Time）的迈克尔·韦斯特（Michael West）进行了实验，他通过引入一些干细胞基因，将实验室培养皿中的成年人类细胞的“发育老化”逆转过来。虽然这项工作还处于早期阶段，但它再次表明，未来我们的自然衰老周期至少可以通过基因疗法得到部分控制。

一些科学家试图找到可能会使某些再生过程恢复的特殊基因，而不是寻求对衰老过程整体基因的“治疗”。例如，在 2009 年，罗切斯特大学的科学家们发现了阻止牙齿再生的基因。未来，一种重新激活这种基因的基因疗法可能被开发出来，从而使人们在步入老年后仍能长出一口新的牙齿。一些其他生物，比如鲨鱼和鳄鱼，已经重新长出了牙齿，甚至四肢。因此，给人类提供一个类似的基因控制的机会来再生失去或损坏的身体器官，并不是一个奇怪的命题。

器官修复和更换

失去或损坏的身体部件的再生不可能让病人从意外事故或其他医疗事故中很快恢复过来，因此，生命延长的第五张，也是最后一张底牌是器官修复和更换。未来，让病人迅速康复的两个关键性技术是生物打印和控制性增强。如第二十二章所述，几十年内，生物打印可能使现有的器官能够在细胞水平上进行原位修复，并允许在实验室中通过培养病人自身的细胞来打印新的器官。同时，控制性增强技术将使人们使用越来越有效的无机身体部分的替换物。随着 3D 打印技术逐渐成为生产无机生物的主流方法，生物打印技术和人工智能控制技术甚至可能在技术上趋于一致。

虽然生物打印和控制性增强技术将成为延长生命的手段，但其他更传统的器官修复和替换方法也将是医疗组合的一部分。首先，传统的手术作为器官修复的手段仍将伴随我们几十年。在可预见的未来，捐赠的器官移植也有可能继续下去。

目前，替代人体器官的唯一来源是另一个人。在某些情况下，像肾脏这样的器官可以从活着的家庭成员或其他活体提供者那里获得。在其他情况下，器官基本上都是在供体死后捐献的，并且要尽可能地与病人的生理状况相匹配。即便如此，对捐赠器官的排斥仍然是一个很大的医学问题。大多数需要移植器官的病人也必须等待很长一段时间，许多人就在这种等待中死去了。

很显然，生物打印器官是一个长期可持续的解决方案。一旦这项技术得到普遍应用，等候器官捐献的名单就会成为历史，器官排斥也会大大减少。然而，在器官打印成为常态之前，需要器官移植的人可能会得到一个转基因器官。例如，通过将病人的遗传物质导入猪的 DNA 来“人化”。猪的心、肝、肺、肾或其他器官可能会成为很好的移植候选，而且被排斥的风险相对较低。

相对打印的器官，未来的转基因人化器官的一个优点是可以立即获得。例如，某人可以购买一种健康保险，其中包括使用投保人基因材料人性化的猪。这只猪将在一家私人医院附近的农场被饲养和照料。因此，它的器官总是处于活体“待命”状态，随时以备投保人紧急器官移植之用。不是每个人都喜欢体内带着猪的器官到处走动，但在一些腹部修复手术中，用猪的皮肤做的生物材料和其他植入物已经派上了用场。其中一个例子是，柯惠医疗（Covidien）公司已经制造出一种名为“Permacol”的移植材料。

在几十年以后，移植手术很可能会使用来自人类捐赠者、生物打印机、转基因动物和控制性人体器官制造商提供的器官，但其中涉及资金和伦理问题，病人需要获得授权。未来，因主要器官衰竭致死的情况可能比今天少见。当然，这绝不意味着每个国家和每个人都可以使用替代器官。上述所有技术中，只有生物打印技术的成本较为合理，适合大规模使用。

更多的例行器官移植机会也开始牵扯出一些有趣的问题，尤其是有些人可能会对自己的年龄表示怀疑。现在我们仍然认为年龄是一个健康指标。然而，到 21 世纪中叶，可能会有很多人的大脑超过 100 岁，但他们的心、肺、肝和肾只有二三十岁。这些人也可能拥有由纳米复合材料和合成生物肌肉组成的控制性肢体，其性能超过任何 18 岁的人。在未来的“即插即用”（即印即玩）的有机混合世界中，今天本该退休的人可能仍在修路。

延长寿命的影响

当我们在玩延长寿命的五张扑克时，人类就开始扮演上帝的角色，但这很可能引发一系列重要的辩论。对于一些人来说，关键问题是纯粹的道德问题。然而，更务实的是，如果很多人开始使用技术阻止自己“寿终正寝”，那么，我们所有人都会受到影响。

现在看来，即使将未来的基因治疗、基因工程和控制论的应用忽略不计，全球人口的明显老龄化也是不可避免的。受人尊敬的抗衰老医生罗恩·科莱兹（Ron Klatz）已经预言，生育高峰中超过一半的婴儿将活到100岁以上。伦敦老龄化中心也预测，到2020年，世界上将有大约7亿65岁以上的人口。仅在美国，百岁老人的数量已经达到8万，到2050年，这一数字预计将超过100万，其中至少30%的百岁老人的思维能力不会有明显的退化。

目前在大多数发达国家，大多数人在70岁之前退休。然而，即使生命持续延长，70岁之前退休也将不再具有经济上的可持续性。在接下来的20年里，大多数发达国家至少有20%的人口超过65岁。在英国，到2025年，大约5%的人口将超过85岁。因此，70岁以上的退休年龄将不得不被引入。当然，未来的退休年龄可能会有一个逐渐的过渡，更多的人会在65岁到75岁之间兼职。回想前面所说的，退休年龄甚至可以根据个人身体部件的平均年龄开始计算。与此相关的是，接受过生命延长治疗的人，尤其是由国家支付治疗费用的情况下，很可能会延长工作时间。

延长寿命和人口老龄化也将对家庭结构的动态产生不可避免的影响。如今，四五代人同时在世的情形是不常见的。然而，到21世纪末，孩子们可能会经常见到他们的曾曾曾曾曾祖父母。另一种情形是，如果基因型抗衰老疗法能让女性保持更长时间的生育能力，那么，夫妻有可能在50多岁甚至更老的时候开始组建家庭。另一些人可能会选择在20多岁基因旺盛的时候孕育胚胎，但他们的成长期被安排在未来的几十年以后。

可悲的是，随着医疗技术的进步，未来可能存在着一种危险：越来越多的人的心理健康会越来越差。没有人想衰老，更别提衰老几十年了。即使未来的机器人大军能照顾大量的老年人口，这样的场景也很难代表一个乌托邦式的梦想。因此，除非干细胞和其他疗法能有效地治疗阿尔茨海默病及相关疾病，否则医生们所做的“希波克拉底誓言”，以及个人修复和维持身体的决定，都需要重新审视。我们真的不太可能生物打印某人的大脑。

***

未来最大的挑战?

面对本书第一部分提到的那些问题，一个不断扩大和老龄化的人口将会给人类文明带来另一个巨大的挑战。我们的星球能够养活寿命在 100 岁以上的90亿人口吗？更别提90亿140岁以上的人口了。从现有的资源配置、资源利用和能源生产模式来看，答案肯定是不能。但如果考虑到本书其他章节提到的那些创新呢？答案是也许吧。

随着时间的推移，变老将被视为一种特权，并且必须提前做出计划而且要付费。出于这个原因，有些人可能会认为很老的年龄是不值得预先承诺的潜在麻烦。在世界范围内，随着人们开始将生活质量置于数量之上，安乐死数量已经在上升。同样，几十年之后，一些人可能会选择次优治疗，以便他们不会活得太久。当然，还有很多人没那么幸运，能够决定自己活多久。

今天，那些寿命最短的人生活在最贫穷的国家。抛开前几章中概述的技术可能性，未来决定寿命的主要因素仍然是一个人的财富。发达国家的许多人已经通过互联网来制订可靠的长寿计划。目前，这些计划可能只包括调整饮食和生活方式以及服用一些抗衰老补充剂。但是，正如我们看到的那样，延长寿命的方法将会越来越多。

维持生命本身就是生命的准则。虽然有些人可能会认为本章中列出的许多潜在做法是不道德的，但如果他们中的大多数人不尽快面对现实，其后果将是令人震惊的。通过进化成一个蜂巢物种，人类已经将普通人的预期寿命提高了几十年，远远超出了“自然”的水平，并且这个过程注定会继续下去。事实上，随着生命的延长，扑克游戏即将开始，今天的一些孩子未来可能会在生日蛋糕上插上 200 支蜡烛。

第二十五章
超人类

我们早期祖先的生活一定很艰难。首先，他们必须狩猎和觅食，同时还要提防那些想吃掉他们的生物。气候时好时坏，历史上的冰川时代多次将早期人类从他们的土地上赶了出来。对于外部观察者来说，人类生存的机会似乎相当渺茫，更不要说走向辉煌了。

显然，我们的祖先确实活了下来并让人类兴旺起来。他们通过进化变得更加聪明，并且发明了越来越复杂的工具，这些都是人类兴旺起来的原因。就像我们的早期祖先一样，今天人类的未来面临着一些生存挑战。因此，我们需要再次通过发展更高层次的智力和创造下一代技术来提高我们的生存质量。

如今摆在我们面前的最大问题可能是我们将以什么方式进化。数百万年来，我们的进化一直是一个超越个人控制的无意识过程。诚然，一些伟大的思想家和发明家在促进人类进步方面发挥的作用比大多数人更大。然而，还从来没有人能做出一个有意识的决定，从根本上改变我们未来的身体或心理形态。

正如本书的许多章节所暗示的那样，这样的机会很快就会出现：地球上所有生命的进化都将由人类来主宰。无论发生什么，人类和地球都会进化。问题仅仅是我们应该如何利用我们的知识和未来的能力将进化转变为有意识的过程。

超人类主义

前二十四章的每一章谈的都是单一的未来挑战或新技术。与此相反，最后这一章会涉及一种特定的哲学，人类可以选择采用这种哲学以达到成功生存下去的目的。这种哲学被称为“超人类主义”，它代表着我们应该积极提升人类物种的理念。

“超人类主义”这个词是由生物学家朱利安·赫胥黎（Julian Huxley）在1927年提出的。赫胥黎在他的著作《没有启示的宗教》（*Religion without Revelation*）中写道：“人类如果愿意，就可以超越自己。”他接着说：“我们需要给新的信仰起一个名字。也许‘超人类主义’正合适：人类还是人类，但通过实现新的可能性而超越自我。”

1990年，哲学家马克斯·莫尔（Max More）写了一篇文章，《超人类主义：走向未来主义哲学》（*Transhumanism: Toward a Futurist Philosophy*），这篇文章被许多人认为是现代超人类思想的基础。莫尔在本书中将跨人文主义定义为：“通过科学和技术手段，在目前的人类形态和人类限制以外寻求延续和加速智慧生命进化的生命哲学”。

今天，一个被称为“人类+（H+）”的非营利性组织的6000个成员为超人类活动提供了一个焦点。原名世界超人类主义协会（WTA）的“人类+”认为，“人类物种的现在形式并不代表我们发展的结束，而只是相对早期阶段”。因此，它提倡“利用技术来扩大能力范围”以追求“更聪明的头脑、更强健的身体和更美好的生活”。

“人类+”有一份详细的《超人类宣言》（*Transhumanist Declaration*），该宣言是1998年由一个国际捐助者组织起草的。宣言指出，人类现在正处于能够克服“认知缺陷、非自愿性痛苦和地球的约束”的边缘。《超人类宣言》还指出，决策者需要在权衡新技术的风险和效益时，实行“包容的道德观念”。它还提倡所有有知觉的生命和睦共处，包括人类、非人类动物、人工智能和改良的生命形式，并强烈赞成在采用增强技术时的“个人意愿”。

你可以上网搜索并阅读完整的《超人类宣言》。

日渐高涨的辩论

如今，几乎没有人自称为“超人类主义者”，将来可能也是如此。然而，二十年前的大多数人都不是绿党成员，绝大多数人今天都没有参加环保运动。尽管如此，在过去的二十年里，绿色政策和活动已经成为主流，现在大多数的经济活动和政治辩论都带有绿色环保的色彩。同样，随着本书余下部分中提到的那些发展的技术潜力继续增加，至少一些关于超人类的观念可能会强烈地渗透到人类文明当中。

虽然超人类主义可能提倡最大限度地利用所有新技术，但目前许多人认为我们不应该“干预自然”或“扮演上帝的角色”。随着科学家们继续提出新的机会，一场意识形态之战肯定会随之而来。然而，我们不太可能看到完全极端的冲突，因为大多数“反超人类主义者”（或生物保守主义者）已经接受并使用了大量的技术。因此，日渐高涨的超人类主义辩论的焦点将是：我们应该在哪里划定界限，以及我们应该采取何种程度的主动进化。

道德上的争论一直是不容易解决的。但在过去，达成某些科学发展领域的法律和道德准则要比现在容易得多。互联网已经让知识超越了所有国家、政治和文化的界限。因此，在某个国家可能被禁止的活动可以在另一个国家轻易地继续下去。更重要的是，曾经存在于不同技术发展领域之间的界线正开始消失。

新产业融合

1980年，麻省理工学院媒体实验室主任尼古拉斯·尼葛洛庞帝（Nicholas Negroponte）提出，数字技术的发展将使传统的计算、通信和媒体产业部门之间的界线变得模糊。尼葛洛庞帝曾预言，具体来说，到2000年，“计算”“通信”和“文化”行业将会有非常明显的重叠。这个富有洞察力的预言也被证明是正确的。

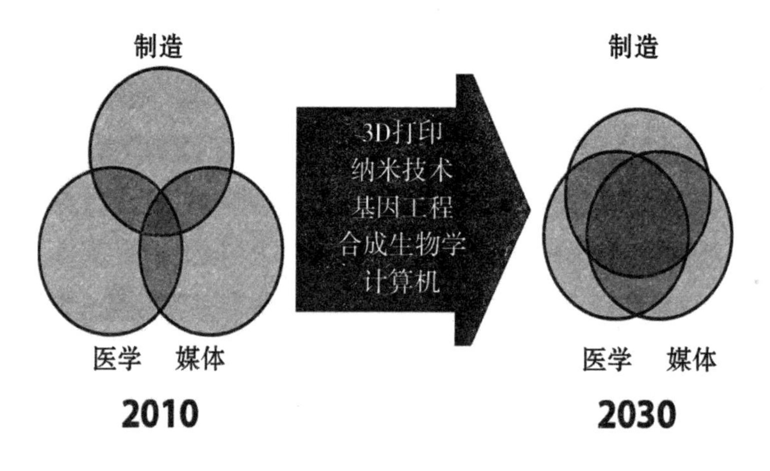

图 25.1：新的产业融合

在 1980 年到 2000 年，我们见证了第一次产业融合，今天我们刚刚进入了一个更加激进的第二阶段。正如图 25.1 所示，三十年前，计算机、通信和文化正在失去它们的独特性，在接下来的二十年里，制造业、医学和媒体将开始融合。这种融合正在发生，因为本书中详细描述的许多发展正在导致工程师、医生和计算机科学家开发共同的工艺和技术。

正如我们在前几章中看到的，3D 打印技术将彻底革新制造方法和医学实践，未来的产品和身体部件都将通过 3D 打印，从而在一段时间内被创造出来。纳米技术不仅将提供新的材料和制造方法，还将提供量子计算机和极其精确的医疗操作。随着我们学会使用相同的技术来重新规划我们的食物、在藤蔓上嫁接农作物、治愈我们的身体和构建 DNA 微处理器，基因工程及其新兴的合成生物学将进一步融合制造、医学和媒体。在所有这些发展中，我们将更多地依赖于计算机的持续发展，这样我们才能以新的方式对数据进行数字化存储、处理、可视化和通信。

新的产业融合带来了许多潜在的影响，这些影响本身就可以写成一本书。然而，想找出哪些在道德上或法律上是可以接受的科学进展将会很快被证明是不可能的。将知识和创新贯穿于整个工业领域已经迅速成为常态。基于各自为政的工业部门的传统法律制度和由来已久的道德分歧将很快过时。

例如，目前大多数国家都严格控制基因工程，然而，合成生物学和生物打印技术得到的监管要少得多，纳米技术的研究和制造几乎不受任何限制；计算方面的进步，包括那些在人工智能方面的进步，则完全没有受到任何道德驱动的监管限制。

在医疗、制造和计算进步之间有明确界线的日子里，上述情况真的无关紧要。但正如我们所看到的，计算机科学家们很快就会创造出新的智能生命形式，而另一些人则会通过 3D 打印或将在网上购买的生物积木混合的方式构建新的生物实体。在这个美丽新世界里，我们当前的监管混乱应该引起极大关注。我们需要停止对行业的监管，并开始制定更广泛的原则。

上帝和新的宗教

到目前为止，本书避开了宗教话题。然而，围绕着许多未来技术的应用和监管的争论几乎肯定会受到更广泛的信仰体系的严重影响。基因工程、合成生物学、纳米技术、人工智能、生物技术和控制论都对生命本身的意义提出了根本性的问题。因此，它们都有宗教内涵。

纵观历史，那些宗教信仰根深蒂固的人也经常与那些推动新思想或科学进步的人发生冲突。其中就有尼古拉斯·哥白尼（Nicolaus Copernicus，他认为地球绕着太阳旋转）和查尔斯·达尔文（Charles Darwin，他的进化论）的理论就让他们卷入了与教堂的冲突。许多现代技术和医疗实践也曾遭到一些宗教领袖的反对。或者，正如生物化学家 J. B. S. 霍尔丹（J. B. S. Haldane）在 1924 年所写的那样："从火药到飞机，还没有哪一项伟大的发明不被认为是对某位上帝的侮辱。"

宗教为其追随者在一个不确定的、艰难的世界里提供了一种充实感和安全感。因此，一些宗教用怀疑的态度看待那些挑战现状的新思想和新技术也就不足为奇了。一些跨人文主义者，如马克斯·莫尔，后来将宗教和超人类主义视为无法共存的两类哲学。正如莫尔所指出的，超人类主义是超越人文主义的进化过渡，从其定义上来说，超人类主义拒绝神灵、信仰和崇拜。

幸运的是，大多数超人类主义者都不接受这样的字面意思。考虑到超人类实践有可能很快带来的不确定性和道德难题，它们甚至会引发宗教复兴。即使这种情况不会发生，上帝也会在超人类进化中占有一席之地。越来越多的科学将提出一些非常困难的问题，只有那些信念坚定的人才能回答。

因为制造、医学和媒体的从业者都学会了在纳米尺度上对物质进行数字化处理，所以有些人可能会仅仅把人类看作是精密的机器。强大的、甚至是有知觉的人工智能的发展还有可能被用来支持纯粹的“虚无主义者”或“简化论者”的人生观。然而，即使我们学会理解和规划我们身体里的每个基因，甚至每个原子，这并不一定意味着我们将不再相信我们思想的形而上的性质，也不意味着我们将不再相信科学解释之外的存在形式。

未来有知觉的人工智能甚至可能被崇拜为神创之极物，而不是上帝不存在的证明。那些进化到接受超越生物生命的宗教也可能成为超人类时代初期举足轻重的道德观念。那些体内有生物制品的人毕竟要去教堂、寺庙和犹太教会寻求心灵上的慰藉和认可。

纵观历史，宗教和科学的主要冲突通常只会在其追随者反对物质创造的本质时才会出现。认识到这一点，许多宗教已经允许科学家和医生在保留他们抚慰灵魂能力的前提下继续解释和操纵物质世界。几乎可以肯定的是，那些怀疑达尔文的人未来将与任何利用科技扮演上帝角色的人交战。然而，一些神创论者将来也有可能会通过控制论治愈的眼睛来看待这个世界。

与其说超人类和大多数宗教在哲学上是对立的，不如说它们是高度互补的。正如在第一章提到的，面对许多不可避免的未来挑战，一些人开始相信“一切都是命中注定的”。超越这种日渐盛行的观点只需要一件重要的东西，那就是信仰。信仰上帝，信仰科技进步，还是两者兼信都无关紧要。处在如此众多全球性挑战的边缘，世界需要数十亿人相信明天会更加美好。

走向永生?

大多数宗教向人们许诺某种形式的来生或转世。相比之下，那些相信超人类主义的人相信科技能够防止他们的生活过早地结束。前文已经讨论了生物重新编程、控制论和合成器官替换等延长生命的机制。然而，一些超人类主义者认为，更激进的机制有可能被用来延长人们的寿命。在科学和幻想的边缘，这些方法包括人体冷冻和上传。

人体冷冻法使用非常低的温度来保护人体以实现潜在的“复活”。如今，人体冷冻研究所和阿尔科生命延长基金两家公司为死后的人们提供了在液态氮中输入低温悬浮液的服务。他们的想法是，遗体将被保存下来直到医学技术能够治愈导致其死亡的疾病，同时能够修复冷冻过程中造成的任何损害。

选择冷冻的人很可能是因为他们对未来先进纳米机器人的发展充满信心，这些纳米机器人可以被注射到他们的体内来修复身体并激活他们的大脑。目前，人体冷冻研究所将刚刚死去的人冻结并将其无限期地冷冻下去，一次性费用为 2.8 万美元。另一种情况是，保险公司为冷冻付费，起价为每月 30 美元。2011 年 6 月，103 人（和 76 只宠物）长眠于该公司的低温贮藏设备中。

冷冻是为了将刚刚死去的人的尸体保存起来，而超人类主义者上传的概念是以电子的方式保存大脑。正如个人生命延长会议（Personal Life

Extension Conference）主席克里斯汀·彼得森（Christine Peterson）在2010年所说的那样，“我们的大脑是灰色的布丁，我们没有得到适当的支持”。为了克服这一障碍，未来的神经界面有可能被开发出来，让人类的大脑和记忆被上传到电脑里。如果这样的过程能够保持意识，那么，通过把他们的意识下载到一系列的机器人或生物制品中，人就可能永远活下去，或者即使被上传的个人可能只是在互联网的虚拟现实中漫游和冥想。这样一个完全数字化的来生是天堂还是地狱取决于你个人的观点。

我们的数字遗产

目前，把一个人的记忆上传到电脑还只是纯粹的科学幻想。然而，其他形式的数字化来生已经开始出现了。毕竟，有两种方法可以实现数字永生。一种方法是找到以电子方式感知永恒的方法（至少在人类文明结束之前）。另一种方法是将人的存在方式数字化蚀刻到未来的人类体验中。这一切都取决于那些寻求数字永生的人是否将意识视为一种关键的要求。如果不是这样，所需要的只是有能力对其产生影响并与之互动，那么，现在有几种方法。

举个例子，LifeNaut.com是一个基于网络的研究项目，它“允许任何人创建他们的记忆和遗传密码的免费备份”。虽然这个项目的最终目标是探索人类意识到电脑或机器人的转移，但访问者已经可以创建一个“记忆档案”或DNA“生物档案”。前者是在视频、图像、文档和音频中捕获的个人反射的数据库。然后，这些被用来驱动一个互动的化身，化身可以与其他人互动，并且根据自己的个人态度、价值观、习惯和信念做出回应。这可以让人在死后继续与你互动。

有些人已经达到了数字永生的水平。例如，流行的在线游戏《魔兽世界》（*World of Warcraft*）中有一个名为凯莉·达克的化身，它是由一个名叫达克·克劳斯的玩家创建的。2007年，达克死于白血病，其他玩家仍在与他的凯莉数字化身互动，后者可能永远在线。

从某种意义上说，不管我们愿不愿意，互联网正开始让我们中的许多人在数字上达到永生。在发达国家，超过 90% 的儿童在两岁之前就大量接触互联网。在我们死之前，我们中的许多人还会有意识地上传大量的数据和观点，同时也会留下大量的日常活动和互动的数字痕迹。

正是考虑到这一点，Yanko Design 公司设计了一款名为 E-Tomb 的太阳能数字墓碑。该装置旨在以传统的方式标记坟墓，并无线连接那些扫墓的人，他们可以看到故人的博客、推特和脸书等。

在你死后留下一个数字足迹或化身与他人互动与将你的意识上传至电脑是两个不同的概念。然而，前者已经成为现实，这可能预示着发展的方向。能否永垂不朽取决于我们怎样度过一生、我们在社会中扮演怎样的角色，以及我们如何以某种微小的方式为未来做出积极的贡献。

***

玩潘多拉游戏

根据希腊神话，第一个女人是潘多拉。众神之王宙斯赐给她一个漂亮的盒子。宙斯唯一的条件是永远不能打开盒子。不幸的是，正如宙斯所预料的，潘多拉好奇心非常强烈，她打开了盒子，于是释放出了死亡、疾病和许多其他的邪恶。

今天，我们自己超人类可能性的潘多拉魔盒里充满了各种各样的诱惑。随着我们的科学和知识在纳米尺度上逐渐融合，我们肯定有潜力控制和扩大我们自身生物的复杂性，创造出新的智能生命形式，从而令我们自己成为神。然而，我们仍然有时间来质疑我们是否真的应该这样做。

对于那些有很强的超人类能力倾向的人来说，即将到来的道德困境可能相对容易解决。然而，对于其他人来说，这是一个很大的充满变数的哲学问题。正如在第二十一章开头所讨论的，未来的研究将涉及两个基本问题。

第一个问题是“未来我们将如何生活？”而第二个问题是“我们会变成什么？”前一个问题不可避免地会得到大多数人的关注。我们将如何维持和推动文明的发展毕竟是一个根本的问题。同样，我们也不应该忘记，未来我们选择什么样的生活方式，可能会对人类的本质产生根本性的影响。

几乎可以肯定的是，人类的进化至少会在主宰自己的生物命运中扮演一些有意识的角色。据我们所知，还没有其他物种能够取得如此巨大的进化。我们的先辈们创造了火，而在当时他们还不知道火的所有功用。时至今日，科技创新亦是如此。

后记

奇点还是衰退？

我们都将在未来度过余生。因此，想知道未来什么样是很自然的事情。几十年后，由于自然资源枯竭，我们的经济会停滞不前吗？或者基因工程、纳米技术、3D 打印和太阳能是否能让我们克服巨大的挑战，创造一个新的黄金时代呢？

本书论述了上述重要问题背后的许多特殊之处。因此，任何读过前面二十五章的人应该都对未来有所了解了。一方面，本书概述了最多在几十年之后我们的石油燃料型经济将走到尽头，我们的饮食习惯必须改变，我们必须减少对汽车的依赖。另一方面，我们也有了许多可以帮助我们生存和发展的重大技术突破。经历了几个世纪的相对杀戮之后，医学的新时代即将来临。新的制造方法也可能引发 21 世纪的工业革命。在经历了亿万年的独自成长之后，人类可能很快就会与新的智能、合成生命形式分享自己的第一个星球。

第十七章概述了奇点的概念，即我们正在加速迈向技术成就极限。果真如此的话，那么我们很快就会看到许多尖端科技发展的爆发。今天，基因工程、纳米技术、3D 打印、人工智能和许多其他学科都已进入主流，走向大众市场。很明显，所有这些学科正在融合。因此，在一个领域内取得的创新成果或者解决问题将迅速导致在许多相关领域取得进展。在人工智能、基因工程或纳米制造方面取得突破性进展，几乎所有其他目前阻碍发展的障碍都有可能消失。如果这听起来是无稽之谈，那就考虑一下在低成本的计算机处理能力之后，有多少科学技术领域迅速发展起来了吧。

超越卡巴莱[1]表演

1995 年，我写了一本名为《网络商业》（*Cyber Business*）的书，预言了互联网和移动通信的未来。在此后的几年里，我针对在线开发如何改变我们的商业活动和个人生活进行了讨论。当时我的预言是，人们很快会用电脑买东西，在无线便携设备上获取信息，并在“个人虚拟网络”中进行社交，但当时这些预言被忽略了。原因可能是我的大部分演讲都是在晚餐后，或者是在公司放假或类似的公司活动中轻松调侃而出的。

到了 20 世纪 90 年代末，互联网热占据了主导地位。结果我那些关于互联网的古怪演讲迅速从餐后娱乐变成了主题演讲。或者换句话说，我曾经的演讲开始进入主流，我不再是茶余饭后助兴的卡巴莱表演者。

我以本书的内容为基础进行了一次演讲。令我吃惊的是，这是一次餐后演讲，书中的每一个主题——从石油峰值到 3D 打印、从合成生物学到太空旅行——仍然是卡巴莱材料。当然，人们对这些事情很感兴趣。尽管如此，我们看到的二十五个话题仍然被认为没有什么直接的、主流的意义。

正如前言中提到的，太多人继续表现得好像未来就像现在一样，这很可能是因为他们认为世界没有理由改变或者他们对于自身目前的生活相当满意。大多数人也可能对书中提到的很多东西没有意识，或者把它们当作噱头或科学幻想。因此，对未来观察家和未来塑造者来说，最基本的挑战就是让其他人改变他们满足现状、不思进取的心理。

① 卡巴莱（Cabaret），一种歌厅式音乐剧，演绎方式简单及直接，单纯通过歌曲与观众分享故事和感受。

现在是时候采取行动了

现在每个人都需要明白，人类文明要么是一头扎进奇点，要么加速走向集体衰落。最重要的是，由于我们自然资源基础的不断消耗，明天的世界不可能是今天的翻版。不管你喜不喜欢，我们现在正快速地走向一个截然不同的岔路口，无论未来走向何方，我们的时代已经改变，我们都面临着挑战。

除了知道有两种截然不同的未来，我们还应该非常清楚地意识到，我们走向奇点或衰落将取决于我们在未来二十年所采取的行动。这也有四个原因。首先，石油峰值、气候变化、水峰值、粮食短缺和更广泛的资源短缺对人类文明的影响还不是很大。换句话说，富足的时代还没有结束，这给我们留下了最后一点喘息的时间让我们共同应对。

其次，尽管2008年全球金融危机的影响还在持续，但大多数国家的经济仍在有效运转，世界各地的大多数政府和大型组织能够控制资源、采取一致行动、相互尊重，这是进行长期战略行动所必需的。这意味着我们塑造美好未来的机制仍然非常完整，等待着有效的使用。

未来二十年如此至关重要的第三个原因是，为了造福子孙后代，在此期间大多数人（至少在发达国家）的生活方式需要改变。

最后，正如我们在本书中看到的，即将到来的许多科技工具和可能性将引导我们走向奇点而不是衰退，前提是我们接受科技创新，并坚持不懈地促使这些开发修成正果。

综上所述，我们仍然能够修复世界。因此，我们眼下最大的挑战是，说服足够多的人为美好的未来而努力奋斗，而不是把剩余的时间浪费在追求个人享乐上。要做到这一点，最好的方法肯定是提出解决方案，当然还要提供关于未来挑战的信息。仅仅告诉人们石油峰值、水峰值、迫在眉睫的粮食短缺和资源耗竭，要么是得到他们的支持，要么只是简单地散布厄运和悲观情绪。但是，如果你告诉他们这些挑战的细节，以及电动汽车、太阳能、核聚变、纳米技术和基因工程将如何帮助解决他们将要面临的问题，人们更有可能受到激励并积极主动地付诸行动。大多数人会为了一个更好的明天而牺牲自我，但前提是要让他们看到一点希望。

今天，至少许多人（如果不是大多数人）都承认了气候变化。然而，我们应该在多大程度上改变我们的生活以适应气候变化的需要，这仍然会引起很大的争论。有些人认为我们应该立即大幅削减温室气体排放，而另一些人则倾向于为长期的地球工程解决方案带来的影响或希望做出计划。不管怎样，真正重要的是，气候变化正在与一系列可能的解决方案一起被探讨。

如果我们能够开始广泛探讨解决其他悬而未决的全球性挑战的可能性解决方案，那么未来的发展进程就真的开始了。诚然，当一些人提到石油峰值、水峰值、未来的粮食短缺和更广泛的资源消耗时，另一些人在高喊“电动汽车”“垂直农场”“合成生物学”和“太空旅行”。然而可悲的是，现在他们孤独的声音通常被那些末日论者的咆哮所淹没。他们消失在人群中，而人群中的那些人仍然不接受甚至认识不到明天将不会是今天安逸生活的延续。

本书展示了二十五件事情，我希望它们能让你意识到，不但世界会彻底改变，更重要的是，人类能够控制和创造一个非常美好的未来。有了这些信息，你就可以帮助别人把注意力集中在美好的未来解决方案上。现在是人类利用集体智慧的时候了，而这需要许多信念坚定的人充当领头羊。你可以成为其中的一员。

过去的五十年是相对稳定的时期，特别是对西方国家而言。但现在太阳正照射在这个特殊的黄金时代。除了本书中列出的二十五件事情之外，如果中国能够维持其水资源供应，它必将成为全球最大的超级大国。在全球范围内，病毒大流行也早该出现了，而且可能在医学进步有能力防止其造成数千万人死亡之前到来。恐怖主义和宗教原教旨主义也在上升，如果没有别的因素，我们生活在一个有趣和不稳定的时代，这就要求我们不断接受再教育。

***

明天的世界

放眼未来，明天的世界有时会让人觉得喜忧参半。认识到明天的可能性有时会使我们信心满满，有望得到更好的东西。然而，新的医疗手段、充足的食物和推动世界前进的机制可能姗姗来迟，无法帮助今天的芸芸众生，这何尝不让人难以接受呢？

放眼未来，明天的世界并不像起初表现的那样抽象。考虑未来量子计算机的力量或者我们对太空的征服，可能会成为我们日常生活中有趣的消遣。虽然我们知道未来技术姗姗来迟，不能及时地拯救我们所爱的人或者我们自己，但它们离我们越来越近了。因此，我们需要记住，尽管我们的境况可能比后代人更糟，但我们中的大多数人仍比我们的祖先幸运得多。

1957 年 7 月，英国首相哈罗德·麦克米伦（Harold Macmillan）声称，人们“从未有过如此美好的生活”。当时他说的可能没错，而在接下来的半个世纪里，大多数发达国家的繁荣水平仍会继续上升。几十年来，大多数人都能得到他们理应得到的水、食物、能源、原材料等等；医疗保健也得到了极大的改善，世界处于相对和平状态。

展望未来十年或二十年，从某种意义上来说，我们的宁静日子可能即将结束。很多人不再将水、食物、能源和原材料视为理所当然的事，但形势不会完全失控。在资源短缺和价格上涨的情况下，我们大多数人很快就会去寻找比现在更加精打细算、更节约的消费模式。未来几十年，数十亿人面临的基本挑战将是对物质要求更少、更珍惜。

尽管面临许多资源限制，但未来我们生活的许多方面可能会继续改善。无论奇点到来与否，医疗保健的进步肯定会进一步提高我们的生活质量并延长我们的寿命。消费模式的改变也可能与更多的当地化生活和城市垂直农场密切相关。对于那些希望活 200 岁的人来说，接下来的几十年很可能会让他们失望。然而，对于其他人来说，现在倡导的更绿色、更健康、更本地化、更少资源密集型的未来可能会成为改善当今生活的动力。